U0389267

低压负荷清洁高效调控技术

王顺江 等 著

科学出版社

北京

内 容 简 介

本书结合我国能源消纳实际情况,在现有相关负荷调控技术的基础上,提出了低压负荷清洁高效控制系统架构和关键技术。书中围绕低压负荷的清洁高效调控技术,首先全面分析了我国清洁能源现状和低压负荷的特点,介绍了相关控制技术,设计了低压负荷的清洁高效调控系统架构;然后针对低压负荷的清洁高效调控问题,设计了低压负荷相关调控装置、低压负荷通信技术,介绍了低压负荷的云计算、接入、防护、校验技术及相关负荷控制算法;最后研究了负荷调控系统的校验、拼接技术和控制策略,设计了负荷调控的总体架构。

本书可帮助读者掌握低压负荷的清洁高效调控技术,可供电力系统及其自动化等专业高校师生学习参考,也可为调度控制人员及管理人员提供参考。

图书在版编目(CIP)数据

低压负荷清洁高效调控技术 / 王顺江等著. -- 北京:科学出版社,2025. 3. -- ISBN 978-7-03-081092-2

Ⅰ. X382

中国国家版本馆CIP数据核字第20256NW786号

责任编辑:张海娜 纪四稳 / 责任校对:任苗苗
责任印制:肖 兴 / 封面设计:蓝正设计

科 学 出 版 社 出版
北京东黄城根北街 16 号
邮政编码:100717
http://www.sciencep.com

三河市春园印刷有限公司印刷
科学出版社发行 各地新华书店经销
*
2025 年 3 月第 一 版 开本:720×1000 1/16
2025 年 3 月第一次印刷 印张:17 3/4
字数:355 000
定价:**158.00** 元

本书撰写人员

王顺江	王爱华	于　鹏	李正文	王荣茂	庞振江
陈　群	胡　博	杨东升	周桂平	郑　伟	刘金波
周劼英	常乃超	李　晨	冯长友	宋　丽	葛俊雄
栗　宁	袁福生	王洪哲	李典阳	刘天泽	凌兆伟
杨彦军	葛延峰	孙畅岑	臧昱秀	王　巍	庄启明
王　越	李　超	洪海敏	王　浩	刘爱国	赵　军
张藤兮	句荣滨	王　健	赵　斌	李晓燕	李嘉懿
李文瑞	刘子阳	郭　凯	张　琪	任智强	李　越
高　伟	魏荣鹏	刘　刚	王　铎	王继娜	王　刚
金宜放	许睿超	刘广利	蔡东飞	刘盛琳	周　军
冯忠楠	李昊禹	王　喆	许静静	徐朗铭	胡秋玉
李昱潼	吴明朗	李　龙	石明丰		

前　言

为促进清洁能源发展，我国政府近几年制定并完善了一系列专项规划，对能源转型进行系统部署，明确提出要积极发展核能、风电、光伏等清洁能源，降低煤炭消费比重，推动我国能源结构持续优化。但随着经济的日益发展及用电结构的不断调整变化，在现有机制下，电力系统调度优化难以真正解决可再生能源的消纳问题。所以有效促进可再生能源的消纳，需要构建以新能源为主体的新型低压负荷清洁高效控制系统，提高电网对高比例可再生能源的消纳和调控能力。

本书研究的低压负荷能源清洁高效控制系统可以促进清洁能源的消纳。在发电侧备用资源紧张时，可通过预留或者减少用能以调节负荷，提供上下备用容量，增强电网安全运行和平衡能力，实现电网友好、用户满意的智能电网协调优化运行，推进可调负荷参与市场，对促进新能源消纳具有重要意义，不仅可以实现电网的安全高效运行和能源的有效利用，满足国家重大战略需求，还能促进能源高质量发展和经济社会发展全面绿色转型，为科学有序地推动实现碳达峰、碳中和目标和建设现代化经济体系提供保障。

全书共16章，第1章介绍我国清洁能源消纳现状和面临的挑战；第2、3章给出可用于清洁能源负荷消纳的低压负荷相关控制装置，包括智能断路器和智能调控器及相关技术；第4章介绍低压载波信息通信技术；第5章介绍集成融合终端技术；第6~9章研究低压负荷的控制边缘计算技术、即插即用技术、纵向加密认证技术、横向隔离技术；第10、11章在规约报文数据多级传输校验技术的基础上提出三维循环冗余校验(CRC)技术，提升数据校验能力，增强错误信息的定位和纠错功能；第12章介绍低压负荷控制算法，包括常用控制方法和负荷控制方法；第13章介绍多态多维信息互校验技术，解决负荷能源清洁高效控制系统数据存在不准确、不同步的问题；第14章介绍负荷能源清洁高效控制系统与各级电网模型拼接的总体实现方案和具体的实现流程；第15章介绍常规机组自动增益控制策略，讨论面向新能源消纳的负荷控制策略；第16章给出低压负荷能源清洁高效控制系统的整体架构。

本书所研发的技术和装置为国网辽宁省电力有限公司电力调度控制中心王顺江科研团队的研究成果，感谢各位专家和老师在本书撰写期间提供的支持。作者希望本书能为我国低压负荷清洁高效控制提供一种合理方案，促进我国大规模清洁能源消纳。由于作者经验不足，水平有限，书中难免存在疏漏或不足之处，希望读者能提出修改和补充意见。

目　　录

第1章 绪　　论

1.1　国家清洁能源的发展现状及趋势

为促进清洁能源发展，我国政府制定并完善了《中华人民共和国可再生能源法》等相关法律法规，并先后印发了《能源发展战略行动计划(2014—2020年)》、《关于促进新时代新能源高质量发展的实施方案》、《"十四五"可再生能源发展规划》、《能源生产和消费革命战略(2016—2030)》等系列专项规划对能源转型进行了系统部署，明确提出要积极发展核能、风能、太阳能等清洁能源，降低煤炭消费比重，推动我国能源结构持续优化。根据国家统计局的数据，2014~2023年全国电力装机结构如图1.1所示。从2014年至2023年，我国传统化石能源发电装机比例持续下降，新能源装机比例快速上升，尤其是风电和太阳能发电的发展更为明显。

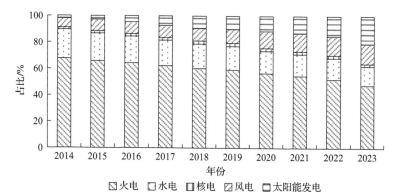

图 1.1　2014~2023 年全国电力装机结构

根据国家能源局数据，截至2024年底，全国可再生能源装机达到18.89亿kW，同比增长25%，约占我国总装机的56%，其中，水电装机4.36亿kW，风电装机5.21亿kW，太阳能发电装机8.87亿kW，生物质发电装机0.46亿kW。2016~2024年中国可再生能源发电装机容量及占比如图1.2所示，可以看出可再生能源装机从5.72亿kW增长到18.89亿kW，年均增长16%。另外，2016~2024年中国可再生能源年发电量及占比如图1.3所示，可以看出年发电量从1.51万亿kW·h增长到3.46万亿kW·h，年均增长11%。从"十三五"到"十四五"，我国可再生能源实现了较快增长。

图 1.2　2016～2024 年我国可再生能源发电装机容量及占比

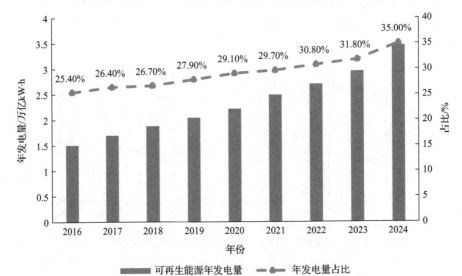

图 1.3　2016～2024 年我国可再生能源年发电量及占比

党的二十大报告提出，要积极稳妥推进碳达峰碳中和。立足我国能源资源禀赋，坚持先立后破，有计划分步骤实施碳达峰行动。完善能源消耗总量和强度调控，重点控制化石能源消费，逐步转向碳排放总量和强度"双控"制度。此外，深入推进能源革命，加强煤炭清洁高效利用，加大油气资源勘探开发和增储上产力度，加快规划建设新型能源体系，统筹水电开发和生态保护，积极安全有序发展核电，加强能源产供储销体系建设，确保能源安全。

目前，全球能源发展进入新阶段，以高效、清洁、多元化为主要特征的能源转型进程加快推进，能源投资重心向绿色清洁化能源转移，推动全球绿色能源发电装机容量持续增长，绿色能源发电已然成为全球发电的重要力量。2022 年 2 月 10 日，国家发展改革委、国家能源局发布《关于完善能源绿色低碳转型体制机制和政策措施的意见》，指出要推动构建以清洁低碳能源为主体的能源供应体系。以沙漠、戈壁、荒漠地区为重点，加快推进大型风电、光伏发电基地建设，对区域内现有煤电机组进行升级改造，探索建立送受两端协同为新能源电力输送提供调节的机制，支持新能源电力能建尽建、能并尽并、能发尽发。预计到 2025 年，我国电力装机容量达到 29.5 亿 kW，清洁能源装机容量 17 亿 kW，装机容量占比 57.6%，发电量占比 45%。其中，水电 4.6 亿 kW、风电 5.4 亿 kW、太阳能发电 5.6 亿 kW、核电 7210 万 kW、生物质及其他约 6500 万 kW。可再生能源在全社会用电量增量中的占比将达到 2/3 左右，在一次能源消费增量中的占比将超过 50%，可再生能源将从原来能源电力消费的增量补充，变为能源电力消费的增量主体。我国可再生能源将进入大规模、高比例、市场化阶段，将进一步引领能源生产和消费革命的主流方向，发挥能源清洁低碳转型的主导作用，为实现碳达峰、碳中和目标提供主力支撑。

1.1.1 风力发电发展现状及趋势

1. 风力发电发展现状

风电作为技术较成熟、可靠性较高的可再生能源，近年来在我国得到了快速发展。如图 1.4 所示，风电累计装机容量逐年增加，在我国能源供应中发挥着越来越重要的作用。2023 年，全国风电新增装机容量达到 7590 万 kW，其中陆上风电新增装机容量 6941 万 kW、海上风电新增装机容量 649 万 kW。到 2023 年底，全国风电装机规模达到 4.4134 亿 kW，占我国电力总装机容量的 15%，其中陆上风电累计装机容量 4.0434 亿 kW、海上风电累计装机容量 3700 万 kW。与此同时，我国风电产业技术创新能力也快速提升，已具备大兆瓦级风电整机、关键核心大部件自主研发制造能力，建立形成了具有国际竞争力的风电产业体系，我国风电机组产量已占据全球 2/3 以上市场份额，我国作为全球最大风机制造国的地位持续巩固加强。

2. 风力发电特点

1）优点

风能的蕴藏量巨大、可再生、分布广、无污染。风力作为可再生能源，在发电过程中不需要燃料，所以相对于常规火电机组运行，风力发电的成本低。通过风电并网还可以减少常规火电机组出力，从而减少污染物的排放，降低系统的整体运行成本。

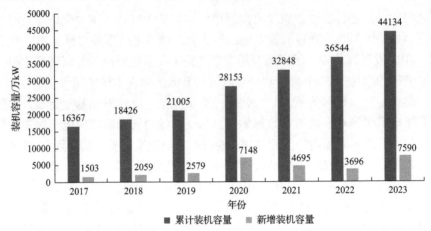

图 1.4　2017～2023 年全国风电新增装机容量及累计装机容量

2) 缺点

风能固有的波动性、随机性、反调峰等特点，使得大规模风电并网在有效缓解阶段性电力供需矛盾的同时，也给电网引入了新的安全稳定问题。

3. 风力发电对电网的影响

由于风电出力受自然条件的影响，例如，风速和风向的变化会造成风力发电的不确定性和波动性，从而影响电力系统的稳定性。其中，风力发电的波动性具有反调峰的特性，风电并网会增加系统净负荷的峰谷差；风力发电的不确定性是指风电出力负荷难以准确预测，所以在电力系统调度风电的过程中需考虑风电出力与预测值的偏差，并且要安排备用机组维持系统的稳定。风电的波动性和不确定性，会造成风电接入电网后，加大系统中常规机组的启停等调节任务，使系统的运行成本增加。

1.1.2　光伏发电发展现状及趋势

1. 光伏发电发展现状

21 世纪初，我国的光伏产业出现了翻天覆地的飞跃式变化。光伏发电作为清洁能源的一种受到了广泛的关注。如图 1.5 所示，2017～2023 年，我国光伏发电新增装机容量及累计装机容量都在持续增长。2023 年光伏发电新增装机容量达到 2.1688 亿 kW，累计装机容量达到 6.0949 亿 kW，超过水电成为全年第二大装机电源，占我国电力总装机容量的 21%。

2. 光伏发电特点

光伏发电的优点如下：

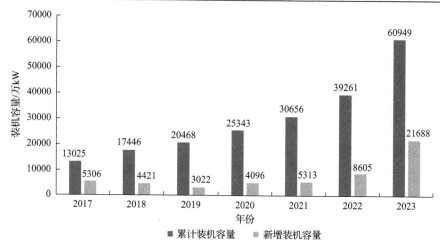

图 1.5 2017~2023 年全国光伏发电新增装机容量及累计装机容量

(1) 发电原理具有先进性, 光伏发电的发电原理是将光直接转化为电子, 不存在中间过程, 也没有机械运动, 这就意味着, 在这个过程中, 没有燃烧, 没有污染, 并且发电形式极为简单。从这个角度来说, 这种技术的发电效率极高。

(2) 太阳能资源是取之不尽、用之不竭的资源, 另外还有一个突出的优势就是它是清洁型能源, 非常环保。我国应该充分利用这项资源, 对其进行科学的利用, 这对于我国实现可持续发展有着巨大的作用。光伏发电所需的主要原料是硅, 这种原料在我国储存非常丰富。

(3) 光伏发电系统非常便于安装、搬迁以及扩大容量, 通过多年的研究, 我国的光伏发电系统性能也更加稳定、可靠。另外, 这种系统不需要工作人员经常维护, 运维成本也比较低。

光伏发电的缺点如下:

(1) 照射的能量分布密度小, 即要占用巨大面积。

(2) 获得的能源与四季、昼夜及阴晴等气象条件有关。

3. 光伏发电对电网的影响

光伏发电并入配电网后, 原本一个放射式或环式的无源网络改变为包含电源的有源网络, 运行电网的潮流也不再是单向地从传统的供电电源流向负荷。光伏发电系统对配电网造成的这种潮流改变, 进一步引起电网电压、继电保护等相应也发生变化。

1) 光伏并网发电对配电网电压分布的影响

按相关规定, 光伏发电并入配电网后不能主动调节电网电压, 但光伏发电的并入肯定会造成线路中传输的有功、无功及方向的变化, 从而影响配电网系统稳态电压分布。同时，由于影响光伏发电出力效果的因素较多且存在一定的不确定性，当特定位置的光伏发电系统的容量与总负荷之比达到一定值时，配电网有可能会出现线路末端电压甚至比首端电压还要高的情况，这会干扰线路电压调节设备的正常工作。因此，在含有光伏发电的配电网系统中，电压调节不能单纯地再通过变电站内变压器挡位调节开关及无功补偿装置进行调节，还必须考虑光伏电源的存在。加入光伏发电的变量后，配电网电压调节更加复杂。

2) 光伏并网发电对配电网继电保护的影响

光伏并网发电对配电网继电保护的影响存在诸多方面，光伏发电的容量、并网点、保护装置及配电网故障点的位置关系等都会影响配电网原有的保护动作情况。若光伏并网发电容量较大，当并入配电网时，其对并入点两侧配电线路存在分流的影响，当并入点的下游区线路故障时，上游区保护装置检测到的电流将会减小，造成上游区线路保护装置的保护范围减小，下游区的非故障处保护装置检测到的电流将会增大，造成下游区线路保护装置的误动作。由此可以看出，光伏发电系统并网运行将对配电网网络结构和配电网中短路电流的大小及流向产生深刻影响，因此给配电网继电保护设备的运行和控制造成多方面的影响。

1.1.3 水力发电发展现状及趋势

1. 水力发电发展现状

近年来，水力发电发展的步伐稳中有进，开拓的韧性有增无减。水力发电不消耗矿物能源，开发水电有利于减少温室气体排放和生态环境保护，有利于提高资源利用和经济社会的综合利益。随着我国经济增长、供给侧改革及经济结构调整的推进，节能减排、绿色增长已成为经济发展的共识。水力发电行业受到各级政府的高度重视和国家产业政策的重点支持。国家陆续出台了多项政策支持水力发电行业发展，《解决弃水弃风弃光问题实施方案》《关于建立健全可再生能源电力消纳保障机制的通知》等产业政策为水力发电行业发展提供了广阔的市场前景，为企业提供了良好的生产经营环境。如图 1.6 所示，截至 2023 年末，我国共有水电站 8600 余座，其中 2200 余座为大型水电站，总装机容量达 4.22 亿 kW（其中抽水蓄能 5064 万 kW），全国水电发电量 11408 亿 kW·h，占我国总发电量的 12.81%。

2. 水力发电发展趋势分析

在"双碳"背景下，水电行业发展前景长期依然向好。从能源发展的角度分析，水力发电的洁净性、可再生性及经济性都使其在未来具有广泛的应用前景，水力发电深度开发在国内是必不可少的。开发的关键在于做好生态环境的保护。

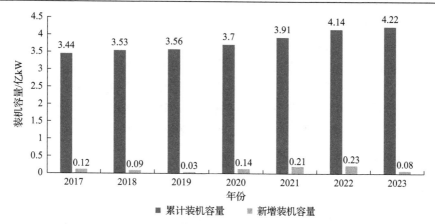

图 1.6　2017～2023 年全国水电新增装机容量及累计装机容量

未来，在水力发电建设与规划中，应该将生态环境保护放在核心的位置，围绕生态环境保护对水利水电工程进行综合开发，构建生态循环系统，来预防不可抗力因素所致的生态环境破坏与污染问题。只有始终将生态环境保护放在核心的位置，做好环境污染控制与生物保护，确保环境保护与能源开发的平衡，才能使国内水力发电的环境效益、经济效益及社会效益最大化，可持续地带动地区经济绿色环保发展。

3. 小水电接入对电网的影响

1) 对电能质量的影响

电能质量指标包括电压偏移、频率偏移、三相不平衡、谐波、闪变、电压骤降和突升等。小水电引起配电网的各种扰动会对系统电能质量产生影响。

2) 对网络损耗的影响

小水电可能增大或减少网损，这取决于小水电的位置、容量、负荷量的相对大小以及网络拓扑结构等因素。

3) 对系统继电保护的影响

小水电并入时，配电网发生了根本性变化，辐射式配电网将变为一个遍布电源和用户互联的网络，配电网成为一个多电源系统，这将对原配置不具有方向性的保护设备造成一定的影响。

4) 对电网调度和实时监控的影响

一些地区的小水电点多、面广，导致部分小水电通信联系薄弱，不易采集小水电发电过程中产生的实时电流、电压、有功功率、无功功率等信息，不利于调度员的正确决策。调度命令难以及时到达，监控难度较大，易造成小水电无序发电，难以发挥相应的资源优势和带动地方经济增长的作用，甚至会增加电网压力和发电行业整体成本。

5）对并网变压器的影响

当小水电通过变压器、线路、开关等与配电网相连时，一旦配电网发生故障切断小水电，若此时并网变压器空载运行，变压器的线路电抗与线路对地电容可能发生铁磁谐振，从而产生不规则的过电压、大电流，会严重威胁线路中的电力器件，还可能引起大的电磁力，使变压器发生噪声或损坏。

1.1.4　核电发展现状及趋势

1. 核电发展现状

2023 年我国在运核电机组 55 台，在运装机容量 5691 万 kW，占我国电力总装机容量的 2%，位居世界第三；全年发电量 4333 亿 kW·h，占我国当年总发电量的 4.86%，排在第四位；当年新增装机容量仅为 138 万 kW。图 1.7 为 2017～2023年我国核电新增装机容量及累计装机容量。

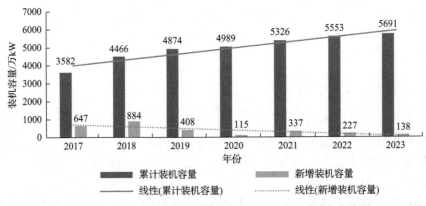

图 1.7　2017～2023 年我国核电新增装机容量及累计装机容量

2. 核电发展趋势

2021 年国务院政府工作报告提出，在确保安全的前提下积极有序发展核电。此外，《中华人民共和国国民经济和社会发展第十四个五年规划和 2035 年远景目标纲要》（"十四五"规划）提出，"推进能源革命，建设清洁低碳、安全高效的能源体系"，并强调要"安全稳妥推动沿海核电建设"。可以预见，我国核电行业将迎来重大发展机遇，为实现碳达峰、碳中和目标发挥积极作用。与此同时，核电发展本身的规律和未来新趋势也愈发明显。

核电机组建设和投入运行是一个平稳有序渐进的过程。目前，我国具备的核电主设备制造能力为每年 8～10 台/套，再加上核电厂选址要求高、建设周期长，核电装机容量不可能短期内较快增长。预计到 2035 年，我国核电机组发电量将占全国发电量的 10%左右，达到世界平均水平。

3. 核电机组接入对电网的影响

1)潮流问题

核电机组一般容量较大，属于区域电网的支撑电源，因此当其在电网中稳定运行时，其对整个系统潮流的影响以及短路电流水平的影响均可作为普通火电机组来进行考虑。

2)振荡问题

大容量核电机组的接入必将引起原有电网系统结构的变化。

3)无功补偿问题

电网运行时，大型核电机组的投入或退出将会给系统电压和无功容量带来较大波动，为保证电网的安全稳定运行，需要采取有效的调压手段和控制措施。

1.1.5 生物质发电发展现状及趋势

1. 生物质发电发展现状

进入"十四五"时期，生物质能的市场潜力正在逐渐被释放，中长期前景良好。在碳达峰、碳中和目标下，生物质能产业发展迎来诸多利好。

生物质是地球上最广泛存在的物质，包括所有的动物、植物和微生物，以及由这些有生命物质派生、排泄和代谢的许多物质。生物质发电是利用生物质所具有的生物质能进行发电(含农林生物质、垃圾焚烧和沼气发电)，是可再生能源发电的重要组成部分。生物质发电技术是目前生物质能应用方式中最普遍、最有效的方法之一，在欧美等发达国家，生物质能发电已形成非常成熟的产业，成为一些国家重要的发电和供热方式。如图 1.8 所示，在国家政策和财政补贴的大力推动下，我国生物质能发电投资持续增长。图 1.8 为 2017~2023 年全国生物质发电累计装机容量及新增装机容量。2023 年，我国生物质发电新增装机容量为 282 万kW，累计装机容量达 4414 万 kW。

2. 生物质发电特点

生物质发电作为一种新型的发电方式，优点主要有以下几点：

(1)普遍性。生物质能储量丰富，每年地球上产生的生物质能所蕴含的能量超过全球能耗总量的近 20 倍，传统生物质能源随处可见，价格低廉。

(2)可再生性。生物质能是植物通过光合作用将太阳能转化为化学能储存在体内的能量，再通过燃烧的方式将储存于生物体内的化学能转化为热能，两个过程

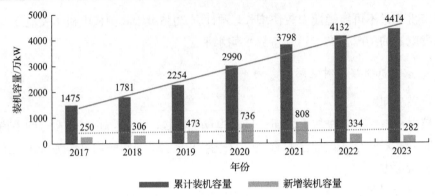

图 1.8 2017～2023 年全国生物质发电累计装机容量及新增装机容量

可以实现循环。

(3) 清洁性。生物质能与常规化石燃料相比，它的硫分和灰分都比较低，因此燃烧产生的有害气体远小于化石燃料。

生物质发电的缺点主要有以下几点：

(1) 空间要求。生物质能需要大量的空间和肥沃的土地来发展，用于生物燃料作物的土地无法用于种植粮食，在城市或建成区或者在耕地很少的国家，空间并不是总可用的，这限制了生物质能的发展。

(2) 氮氧化物污染。生物质提取过程如果涉及高温燃烧或发酵，就会增加大气中氮氧化物的含量。

(3) 导致森林的过度砍伐。生物质能源的主要来源之一是木材，为了发电，大量的木材及其他燃料被烧，会导致森林的过度砍伐。

3. 生物质发电对电网的影响

1) 电能质量问题

由于所建设的生物质发电是由用户自己来控制的，根据其自身的需要开机或停机，这可能会加大配电网的电压波动，影响其他用户的电能质量。

2) 继电保护问题

当生物质发电机组有功率注入电网时，减小了继电器的保护区，从而影响继电保护装置正常工作。由于配电网中大量的继电保护装置已经安装和整定完毕，在生物质发电机组与系统并网时，继电保护装置的参数整定与原来单一供电系统不同，这需要对配电网继电保护装置进行改造。如果配电网的继电保护装置具有重合闸功能，在电网故障时，生物质发电机组的切除时间必须早于重合闸时间，否则会引起电弧的重燃，使重合闸不成功。

3) 电流短路问题

当配电系统发生故障时，生物质发电的电流在短路瞬间会注入配电网中，从而增加了配电网的短路电流，存在使配电网的短路电流增大而使配电网开关的短路电流超标的问题。

4）可靠性问题

目前存在的生物质发电机组在启动时常常要利用公共电网的资源，当大系统停电时，生物质发电机组有时无法启动，发电机组会同时停运。

1.2 清洁能源发展过程中面临的挑战

1.2.1 调峰能力对新能源消纳的挑战

近年来，随着经济的日益发展及用电结构的不断调整变化，很多地区电网的最高负荷和峰谷差持续增大，面临的调峰形势愈发严峻。此外，我国目前还是以火电机组为主，水电、核电等调峰资源稀缺。调峰能力的不足已成为我国很多地区在电网大规模清洁能源消纳方面所面临的主要瓶颈之一。

1.2.2 清洁能源输电面临的挑战

我国部分地区由于本地电力供应不足，需要大量接受区外送电。大规模的区外清洁能源馈入电网后，大大提升了电网的供电能力，缓解了部分地区的能源紧张局面，有效促进了地区能源的清洁替代。与风火打捆相比，直流水电由于其送端一般为大型水电站，具有较大的调节能力，因此理论上其送电曲线具有较高的可调节性。但现行的跨区直流水电的输送方式更多是立足于送端水电站自身的安全稳定运行要求以及直流联络线的控制要求，很少顾及受端电网的负荷需求，经常会出现"两段式"甚至"一段式"的跨区联络线送电计划，这种"不调峰"甚至"反调峰"水电输送方式，没有充分发挥送端大型水电站对受端电网负荷的调节能力，在很多情况下会导致受端电网不得不被动消纳大量的低谷电力，进一步加剧了受端电网的调峰压力。

1.2.3 风特性对清洁能源并网的挑战

虽然同样是清洁能源，但风电与水电出力的时间序列特性有很大的不同，风电的特殊性如下。

1. 波动性

风电出力容易受到风向、风速、气温等自然因素的影响，因此风电出力很难维持在一个稳定的功率水平上，相邻时段间的出力波动性较大。而当发生超过风机切出风速或风速快速下降等气象事件时，会引发风电功率在较短时间内发生大幅度变化的风电爬坡事件，导致系统出现严重的功率不平衡，进而会引起系统频率偏移、切负荷等问题。

2. 随机性

虽然国内外众多专家学者对风电功率预测技术进行了深入研究，并取得了一定的研究成果，但目前风电的短期预测误差仍在 20%左右，这给电力系统调度工作带来了极大的困难。

3. 反调峰特性

一般来说，夜间风大而白天风小，因此风电在夜间的输出功率较大而在白天的输出功率较小，这种特点导致风功率曲线与电网负荷曲线的趋势相反，呈现出明显的反调峰特性。风电的反调峰特性增大了电网的调峰难度，当风电达到一定规模时，在负荷低谷时段将不可避免地出现弃风现象，造成了极大的资源浪费。

4. 不可调度性

在通常情况下，风电需全额上网，因此电网调度机构无法有效调度风电的出力，其出力波动需要由电网中的水电、火电等常规机组进行平衡。风电的上述特性使得风电大规模并网后，将导致系统峰谷差的进一步拉大，加大了对系统调峰的需求，系统的不确定性也显著增大，电力系统的有功功率优化调度及控制问题也更为突出。

1.2.4　我国电力市场发展面临的挑战

由于我国目前的电力市场改革仍然处于起步阶段，各方面都还相对不够成熟，配电、售电环节逐渐开放，调峰补偿、价格响应等市场机制尚未健全。首先，清洁能源的大规模部署与高比例并网将对电网的安全稳定运行带来冲击，尤其是分布式清洁电源，由于其容量小、出力波动大、输出具有随机性和间歇性等特点，将会对电网的一次、二次设备及电能质量产生较大的影响，进而对电网稳定运行造成安全隐患。其次，有些地区电网网架薄弱以及负荷偏低，导致电网无法将清洁能源产生的电能完全消纳，从而产生弃风、弃光现象，这严重制约了电力行业的健康可持续发展。再次，当前电力系统供需形势紧张。供给侧，由于国际能源供应短缺、价格走高，国内能源结构优化调整，电力供应面临严峻挑战；需求侧，由于疫情后经济恢复、用电需求增长，叠加极端天气带来的突发状况等，加大了电力保供难度。最后，新能源、分布式电源大量接入电网，"源-网-荷-储"能量交互新形式不断涌现，电力行业网络与信息系统安全边界向末端延伸。电力大数据获取、存储、处理使数据篡改和泄露的可能性增加，云计算、物联网、移动互联技术在电力系统深度应用，电力行业网络与信息安全风险持续升高。

综上所述，在现有机制下，电力系统调度优化难以真正解决可再生能源的消纳问题。所以有效促进可再生能源的消纳要从不同方面展开研究，构建以新能源为主体的新型电力系统，提高电网对高比例可再生能源的消纳和调控能力。

1.3　促进清洁能源消纳的关键因素分析

电力系统的特性是发、输、配、用电瞬时完成，电源调节能力、电网联通规模、负荷规模及响应能力共同决定了新能源消纳潜力。电力系统平衡的原则是调节常规电源出力跟踪负荷变化，当高比例新能源接入电力系统时，常规电源不仅要跟随负荷变化，还需要平衡新能源的出力波动，电源调节能力影响新能源消纳程度。电网互联后，可根据新能源出力灵活安排外送，相当于增大了新能源消纳空间。通过各类电能替代措施，增加用电规模，可为新能源消纳提供额外空间；通过需求侧响应可实现负荷的调节与转移，更好地适应新能源出力变化，减少弃风、弃光现象。

综上，促进新能源消纳，既需要技术驱动，也需要政策引导和市场机制配合。由此，将影响新能源消纳的关键因素总结为图 1.9 的"3+1"分析框架，其中"3"指"源-网-荷"三方，相当于硬件系统，决定消纳的潜力；"1"指政策及市场机制，相当于软件系统，决定消纳潜力发挥的程度。

1.3.1　促进清洁能源消纳的政策及市场机制分析

为促进清洁能源的积极消纳，多个国家通过实施一系列的政策及市场机制来刺激清洁能源的发展。

1. 碳税政策

碳税政策是以提高非清洁能源的使用成本而间接刺激市场对清洁能源的需求。目前，开展碳税政策的国家和地区主要有丹麦、荷兰、瑞典、欧盟、日本等，由于特殊的政治体制，美国只有部分州开展了碳税政策，缺乏国家层面的统一文件。丹麦、荷兰的碳税政策改革态度坚决，形成了成熟的碳税政策体系，得到了良好的碳减排效果；其他国家碍于碳税政策和经济发展之间的矛盾，对通过征收碳税来减少碳排放并不积极。

2. 清洁能源补贴政策

清洁能源补贴政策是一类对清洁能源发展给予直接经济刺激的制度，包括对供给侧的补贴(如光伏补贴、风电补贴等)以及对消费侧的补贴(如新能源汽车)。

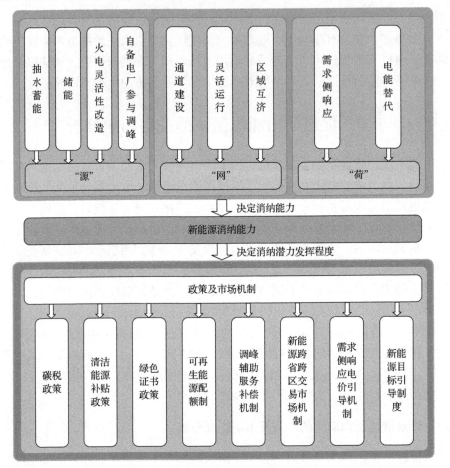

图 1.9　促进新能源消纳关键因素框架

3. 绿色证书政策

绿色证书政策是对清洁能源发电给予市场认可的制度，通过对一定单位的发电量颁发绿色证书使其可以通过市场交易获得收益回报，通常 1MW·h 的清洁能源电量核发 1 个绿证。当前世界上有 20 多个国家都实行了绿色电力证书交易制度，其成功经验表明，绿色电力证书交易可以通过市场化的方式给予清洁能源发电企业必要的经济补偿，是清洁能源产业实现可持续健康发展的有效措施。2017 年 7 月，中国绿色电力证书交易平台启动，正式开启了中国绿色证书交易市场。

4. 可再生能源配额制

可再生能源配额制是将可再生能源消纳比例的总体目标进行分解，要求各用能单元按照规定的配额消纳清洁能源，具有强制性。该政策直接刺激了市场对清洁能源发电的需求，是一种从消费者层面进行激励的手段。国外可再生能源配额制起步较早，国外学者针对此领域的研究内容主要可以分为政策理论机制研究、政策应用介绍、政策效果评估等。尽管在政策实施后期一些弊端逐渐显现，使得一些国家逐步放弃了可再生能源配额制，转而以其他政策代替，但就政策效果而言，可再生能源配额制仍然是提高可再生能源消纳比例、提升可再生能源市场竞争力最有效的政策。我国的配额制政策刚刚起步，还处于探索阶段，国内学者对该领域的研究主要集中于介绍国外较为成熟的经验和实践成果、配额制与其他政策的协调机制、配额分配方法、配额制与电力市场的关系、配额制政策优化方向等。

5. 调峰辅助服务补偿机制

调峰辅助服务补偿机制是一种平衡新能源发电和火力发电成本的机制，能够在促进风电、光伏等新能源消纳的基础上，切实发挥市场优化配置资源的作用，降低火力发电企业运营成本，保障电力系统安全、稳定、经济运行。目前，西北地区甘肃、宁夏、新疆、青海等主要省区调峰辅助服务市场，以及西北地区跨省调峰辅助服务市场均已运作，对于提高西北地区新能源利用率发挥了积极作用。但是，调峰辅助服务市场目前仍存在一些问题：一是在调峰辅助服务费用分摊中未足额考虑责权对等的问题；二是激励信号滞后的问题；三是辅助服务分摊费用总体存在偏高问题。

6. 新能源跨省跨区交易市场机制

跨省跨区交易市场定位为各类中长期外送计划、交易之外的富余可再生能源发电的增量外送交易。这种机制的优点在于多个地区间用电负荷、新能源出力可能存在一定互补性，有效利用这种互补性可以显著提升整体的新能源消纳能力。新能源跨省跨区交易的不足之处在于：在跨区输电的过程中，电力系统的输电功率要始终保持恒定，如果盲目追求远距离跨区消纳新能源，可能会造成南辕北辙的效果，带来输电通道和配套电源的容量浪费。

7. 需求侧响应电价引导机制

需求侧响应主要考虑了在大规模可再生能源并网时，电网运行峰谷特性。通过以需求侧响应的形式制定合理的价格/激励，引导用户参与电网调控过程，从而促进电网对可再生能源的消纳能力。目前，电力需求侧响应的补贴资金疏导机制以及相关政策法规还不健全，总体统领性的电力需求侧响应支持政策有待强化。

8. 新能源目标引导制度

我国自 2016 年开始实施新能源目标引导制度,从国家能源主管部门的层面进一步凝聚优先开发利用可再生能源的共识,建立目标导向的管理模式,从源头上理顺可再生能源与其他能源类型的发展关系。但是,目前适应新能源发展的能源体制机制尚未健全,充分反映能源资源环境成本的财税价格机制尚未建立。并且该制度为引导制度,而非约束性机制,缺乏配套的奖惩措施,实质约束力不足。

1.3.2 促进清洁能源消纳的相关技术分析

1. 提高电源侧调节能力

在电源侧,通过提高电源调节能力,提供更多调峰容量配合新能源消纳。通过加快储能辅助电力系统建设、开展煤电机组灵活性改造、促进自备电厂调峰等手段,可提高系统中电源的调节能力。

1) 抽水蓄能调节

抽水蓄能技术已经发展得十分成熟,抽水蓄能电站有着长达 80 年甚至 100 年的使用寿命。抽水蓄能电站具有极高的存储效率,可实现高达 80% 的整体效率,且自身的损耗率低。但是,抽水蓄能电站的建设有着极大的地理限制,要求上下水库存在于较近的范围内且有较高的高度差。抽水蓄能电站所能达到的能量密度相对有限,且投资成本高,回报周期长,通常需要 30 年以上的回报周期,有的甚至根本不能盈利。同时,由于抽水蓄能电站缺乏统一规划管理,不利于社会资源的优化配置。

2) 储能调节

储能技术,是将不易储存的能量转换成为更方便使用或者更经济的能量形式进行存储,并在未来需要能量供应时以特定的能量形式将储存的能量释放出来。截至 2020 年 11 月,除抽水蓄能,全球有近 80 个国家在建或投运了共 1347 项储能调频工程,其中 414 项达兆瓦级,涉及电源侧、输配环节和用电侧,包括物理储能(压缩空气储能、飞轮储能)、电化学储能(锂离子电池、全钒氧化还原液流电池、钠基电池、铅酸电池、钠硫电池、镍基电池等)、热储能(熔盐储热、冷冻水储热)、电磁储能(超级电容器等)和氢储能。截至 2020 年 10 月,全球兆瓦级各类型储能装机容量及项目数如图 1.10 所示。目前大规模的储能技术作为我国的发展战略,备受重视。"十四五"规划中,明确提出要提升清洁能源消纳能力和存储能力,提升存储能力的目的就是大力发展储能行业并大力支持储能技术的发展,国家也颁布了一些相关配套政策。下面举例说明部分储能系统的发展状况。

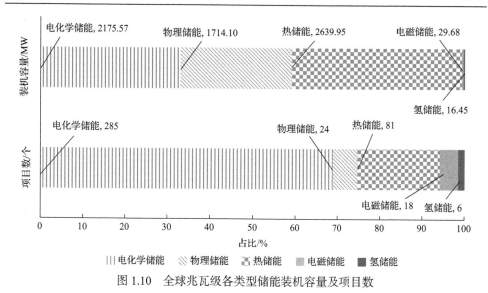

图 1.10　全球兆瓦级各类型储能装机容量及项目数

（1）电化学储能调节。

电化学储能具有响应速度快、有功/无功独立调节、选址范围广、建设周期短、扩容容易等优点，可有效解决能源转型过程中高比例可再生能源发电带来的电力系统安全和稳定问题，是提升可再生能源发电规模、增强电网稳定性和降低负荷用电成本的有效手段，是我国能源战略的重要途径之一。目前，锂离子电池技术成熟，循环寿命长，安全性好，是应用最广泛的电化学电池；铅酸电池循环寿命短，通过在铅酸电池负极引入活性炭材料，形成铅碳电池，循环寿命得以改善；钠硫电池工作时需高温溶解钠硫，存在安全隐患；全钒液流电池循环寿命最长，安全性高，目前处于产业化的初期阶段，随着电池制造技术的发展和批量生产，液流电池具有较大的应用前景。在储能电站电池选型时，要考虑电池的安全性，确保在极端工况下也能安全稳定运行，参与电力系统调频的电化学储能电站还要求电池能够快速响应电网较大的功率需求，另外，为提高电站运行效率，还要求电池具有较高的循环效率，从电站建设的经济性来说，循环寿命长的电池具有更大的经济优势。但随着电动汽车普及和大规模储能应用，锂离子电池已逐渐显现出锂资源匮乏的瓶颈问题。另外我国的锂资源进口依赖程度高达 80%，一旦海外锂矿进口被限制，国内锂离子电池企业将面临严峻的考验。

（2）电储热调节。

储热作为储能领域中非常重要的组成部分，具有成本低、寿命长、容量大、环保无污染等诸多优点。低成本、低约束条件的电储热技术，是解决三北地区弃风和冬季供暖污染问题的有效途径。随着调峰辅助服务市场政策的实施，储热作为调峰的手段之一，出现在更广泛的电力辅助服务市场视野内。目前，电储热在调峰市场中既可以作为可中断负荷以独立第三方主体参与调峰辅助服务，也可以协助火电机组参与深度调峰交易，促进火电机组的灵活性改造。但是，储热参与的调峰辅助服务市场尚处于初期建设阶段，对于市场参与者，单独投资建设电储热或者火电厂额外投建电储热系统都需要考虑两个主要问题：①投建电储热的容量大小；②建设电储热是否具有经济性。较小的电储热容量将导致投资方收益较低，而较大的电储热容量会带来投资成本过高的问题，通过优化电储热容量并分析收益情况可以为投资方提供参考，促进市场参与者的积极性。

(3) 太阳能热发电调节。

太阳能热发电是通过大量反射镜以聚焦的方式将太阳能直射光聚集起来，加热工质，产生高温高压的蒸汽，蒸汽驱动汽轮机发电。目前主要以塔式太阳能热发电为主，因为其运行温度高、效率提升空间大而在大规模发电方面很有发展前景。但是，目前运行和在建的塔式太阳能热发电站均采用单塔集热的方式，存在运行参数不高、集热效率较低、建造成本较高等问题。

(4) 飞轮储能调节。

飞轮储能是一种先进的物理储能技术，具有功率密度大、响应速度快、寿命长、免维护、可扩展性好、无污染等特点。其循环次数高达 15 万次，响应时间在 10ms 以内，很好地匹配了一次调频功率频繁波动以及较小时间尺度的要求。近年来，飞轮储能技术不断发展成熟，其成本也随之降低，迄今已基本与电池储能成本持平。目前，中国市场上飞轮储能应用成熟项目较少，仅有少数试点运行产品，且飞轮造价较高，后备时间极短，部分技术指标仍需进一步提高。

(5) 压缩空气储能调节。

在众多技术中，压缩空气储能具有成本低、可靠性高、寿命长、效率高、运行稳定和储能容量大等优点，近年来受到世界各国的广泛关注。在传统的压缩空气储能系统中，需要一个外部热源来加热压缩空气，并且总是由化石燃料提供。而化石燃料的使用不仅导致温室气体排放，而且提高了压缩空气储能电站的运营成本。这项技术需要燃烧化石燃料，从而导致了一系列的环境问题。目前，大部分电站采用先进绝热压缩空气储能系统，但是压缩产生热量的温度对系统性能有重大影响，高温先进绝热压缩空气储能装置存在一些挑战。近年来，我国也开始关注压缩空气储能技术，并取得了重大的进展和突破。目前国内还没有压缩空气储能电站的商业应用。

3) 火电灵活性改造

火电灵活性的改造，将提升燃煤电厂的运行灵活性，改善机组爬坡速度，缩短机组启停时间，增强锅炉燃料灵活可变性，实现热电联产机组解耦运行等。这种方式的不足在于：参与深度调峰的机组长时间偏离设计值运行，造成机组安全经济性下降；改造后的机组不同程度地存在锅炉低负荷稳燃和水动力循环的安全性问题、脱硝装置全负荷投入和汽轮机低负荷冷却问题，以及长期低负荷和快速变负荷时控制系统的灵活性问题。

4）自备电厂参与调峰

自备电厂参与系统调峰，会给电网调节提供更多的灵活性，电网消纳新能源的能力将会有所提高。目前，与其相关的支持系统需要改进，在试点阶段所有数据读取和交易只能靠人工进行，给电网调度、交易中心、营销等几个部门增加了工作难度。关于补偿费用税费问题，目前没有相关的政策可以参考，在交易实施初期，自备电厂无法给企业开出发票，在一定程度上影响了交易的进行。合同的签订形式为三方合同，需要电网公司、所有参与的风电企业共同签订，程序较为烦琐，还没有形成一套完整有序的交易流程。

2. 扩大电网覆盖范围

在电网侧，通过扩大电网覆盖范围，促进新能源大范围消纳。电网是实现电力资源优化配置的重要物质基础，电网的覆盖范围及联通程度一定程度上决定了其覆盖范围内的新能源可开发利用的规模。可以通过以下三个举措提升新能源消纳。

1）通道建设

加快建设跨区跨省输电通道，打造清洁能源大范围优化配置的坚强平台，满足新能源集中大规模开发和大范围消纳需求。但是，风光资源与区域负荷需求的不均衡以及外送电受通道建设和省间壁垒的影响，导致施工困难，进展不顺。

2）灵活运行

在工业生产中，高比例新能源消纳的关键是提升新型电力系统灵活性，可分别从供给侧、需求侧、电网侧提升灵活性。大力提升电力系统的灵活调节能力，可提高剩余电量的消纳空间。目前相应的措施进展缓慢：一是灵活负荷响应市场基础相对薄弱，从市场意识、市场空间等要素来看，实施条件较为薄弱；二是灵活负荷资源响应价格及补偿机制起步较晚，部分省份峰谷价差水平不够高。

3）区域互济

现阶段我国的新能源发展规划应与电网规划相适应，要充分保证可再生能源发展与电网建设的安全合理性，对网架结构进行调整并优化，构建新能源建设的成本分摊机制，以此提升新能源消纳水平。同时，规划建设与项目开发应遵循因地制宜的原则，根据不同地区的特点进行布局，以此发挥各地优势并通过相应规划机制补齐建设的短板。区域互济推进政策的全面落实，可充分发挥新能源规划建设的保障机制，提高各地区优先消纳可再生资源的积极性。目前，区域互济主要面临资源和需求逆向分布，风光资源大部分分布在三北地区，而用电负荷主要位于中东部和南方地区，由此带来的跨省区输电压力较大。

3. 实施需求侧响应和电能替代

在负荷侧,通过实施需求侧响应和电能替代,增加新能源消纳空间。一方面通过挖掘需方响应潜力,可以为新能源提供实时消纳空间。随着负荷侧灵活性增强,不仅可以通过需求侧响应减小负荷峰谷差,还可引导负荷跟随风电、太阳能发电的出力调整,有效减小弃电率。另外,通过加快实施电能替代,积极拓展本地消纳市场,也有利于促进新能源的消纳。

综上分析,为了确保电力系统的安全稳定运行,需要电力系统具有更优的自动调节能力,而需求侧响应作为电力系统有功功率调节的重要支撑,能够提高系统运行效率,是保证电力系统稳定运行的有效手段。据统计,当前我国每年居民用电量占总用电量的 1/3 以上,但是我国用户侧可再生能源电力使用需求较低,负荷灵活响应可再生能源出力波动的潜力未被充分挖掘,可再生能源电力供需难以匹配是造成大规模可再生能源消纳困难的关键原因。随着发电侧的补贴退坡和平价上网,以风电、光伏发电为主的可再生能源全额消纳需要考虑面对用户的直接供应,一方面发电侧应在现有西北可再生能源基地远距离输送的基础上,大力发展中东部负荷中心的分布式可再生能源;另一方面用户侧应着力培养负荷调节灵活、用电模式匹配的绿色电力消费用户,实现可再生能源供需平衡。因此,如何激发用户侧可再生能源电力使用需求、实现非水可再生能源直接面对用户供应、提升电网对可再生能源发电的消纳能力,是能源与电力"十四五"规划需要重点考虑的问题。

1.4　负荷调控技术对清洁能源消纳的影响

1.4.1　负荷调控技术概述

电力负荷调控技术是综合利用现代化管理、自动控制、计算机应用等多个学科技术进行电力营销管理、电力营销监控、营业抄核收、数据采集等活动的一门技术。科学应用电力负荷调控技术有助于均衡使用电力负荷,调平负荷曲线,增强电网运行的安全性、经济性,增加电力企业投资收益。随着电力市场的不断发展,先进的智能电网技术(如智能用电互动、智能家居、智能需求侧管理等)将不断提升电力系统资源配置的优化程度,从而显著提高电力系统消纳可再生能源的能力。另外,将物理信息系统应用于可再生能源消纳,可以通过集成先进的感知、计算、通信、控制等信息技术和自动控制技术,实现能源优化配置。需求侧家用电器负荷,尤其是温控负荷经过聚合后可成为高效的储能资源,在消纳可再生能源方面有着很大的潜力,可有效对应可再生能源出力波动,并且提高能源利用率,提高电网运行的安全性、经济性等。用户可通过互联网技术及负荷控制平台进行设备的个性化使用设定，获取家电负荷状态等。

为充分挖掘可调节负荷市场价值，2020 年 1 月，国家电网公司正式启动了负荷侧调控能力提升 3 年行动计划。2020 年 2 月，国家能源局发布《电力发展"十四五"规划工作方案》，提出要注重提升电力安全保障能力，推进电力供给侧结构性改革，重点在充分调动需求侧响应资源、合理推动支撑性基础性电源项目规划建设、统筹优化全国电力潮流、完善电网结构上做研究；注重提升电力系统整体效率，推动电力绿色转型升级，重点在高度重视节能增效、全面推动煤电清洁高效发展、提升系统调节能力、全面加快电能替代、降低能源对外依存度上做研究。2021 年 2 月，国家发展改革委提出要加快"源-网-荷-储"一体化建设，对可调节负荷参与电网调节提出了更高的要求。2022 年 2 月 10 日，国家发展改革委、国家能源局发布《关于完善能源绿色低碳转型体制机制和政策措施的意见》，其中指出要完善电力需求侧响应机制。推动电力需求侧响应市场化建设，推动将需求侧可调节资源纳入电力电量平衡，发挥需求侧资源削峰填谷、促进电力供需平衡和适应新能源电力运行的作用。拓宽电力需求侧响应实施范围，通过多种方式挖掘各类需求侧资源并组织其参与需求侧响应，支持用户侧储能、电动汽车充电设施、分布式发电等用户侧可调节资源，以及负荷聚合商、虚拟电厂运营商、综合能源服务商等参与电力市场交易和系统运行调节。《电力发展"十四五"规划工作方案》对科学谋划未来五年电力发展，推动能源转型升级，实现电力工业高质量发展，保障经济社会持续健康发展具有重要意义。

在能源互联网的大环境下，供需能源结构的变革包括需求侧响应方式的变化，需求侧响应由传统的电力需求侧响应变为综合需求侧响应。综合需求侧主要改变了用户在能源结构中的地位，用户从简单的能源消费者变为能源市场调控的参与者。综合需求侧的优势在于能够实现供需双方的能源综合协调和优化，降低可再生能源并网带来的随机性和不确定性，从而提升多能源协调能力和系统的运行效率及运行稳定。需求侧响应作为实现供给侧改革目标的关键手段，将需求侧响应资源作为一种与供应侧对等的系统资源，推动广域内能源的协调及优化配置和多种类能源横向跨界融合与优势互补，整合各类资源，实现整个能源利用体系的横向"多能互补"和纵向"源-网-荷-储"协调。

1.4.2　负荷调控技术对清洁能源消纳的意义

"双碳"目标下，新型电力系统的构建使得传统的"源随荷动"电网调控模式向"源荷互动"转变成为必然。提高新兴电网的负荷调控能力，对于推进可调节负荷参与市场、提高电力系统运行效率和促进新能源消纳具有重要的现实意义。而目前的技术均只侧重于某一方面去评估可调节负荷，尚未建立一套系统的可调节负荷调控能力评估体系，无法满足可调节负荷并网运行和市场化建设的需要，也无法为行业标准的制定提供参考。"双碳"目标下，大规模间歇性新能源的接入使得当前电网调节资源的局限性愈发凸显，为有效拓展电网调节空间，亟须推动当前的"源随荷动"调控模式向"源荷互动"转变。负荷调控技术作为新型电网调节手段，对于加快电力系统向"源-网-荷-储"协调互动模式转变、提升新能源发电消纳能力、助力实现碳达峰、碳中和目标具有重要意义。负荷调控技术对我国"双碳"目标的实现作用十分显著，仅以我国负荷水平较低的西南电网为例测算，2025 年最低负荷 0.6 亿 kW，通过可调节负荷的调节，可增加消纳清洁能源 25 亿 kW·h，减排 CO_2 达 250 万 t。

研究超大数量低压负荷高效调控的清洁能源消纳技术具有以下几方面优点：

(1) 充分挖掘负荷潜力，通过双向互动智能用电技术实现负荷优化调度，将可调节负荷作为新型调节资源，考虑其最终将与电源侧调节资源同台竞争参与市场，按"权责一致"原则，借鉴电源侧调节资源技术标准，可以为电力系统提供调峰、调频、备用等服务。

(2) 利用需求侧响应提供辅助服务，为用户制定需求侧响应策略提供支持，将用户对多能源的需求纳入需求侧响应范围内，考虑冷热电负荷的可控性及能量梯级利用，进一步挖掘多能源之间的互补与替代，通过引入更多的柔性调节手段(提前蓄能、温度控制、用能替代等)，以满足上级调峰需求为优化目标，得到用户综合需求侧响应策略，可以使发电机运行更高效，同时也能减少污染。

(3) 研究多元用户综合需求侧响应策略，指导用户制定合理的响应策略，并协助上级筛选需求侧响应用户的优化组合。通过实现可调控资源的灵活配置，可以加快双向信息互通速率，提高用户响应速度及响应的积极性，同时实现上级电网与用户之间的良性互动，实现精准负荷控制。

(4) 全面搜集用户侧的电气量、非电气量等信息，在制定需求侧响应方案时可以兼顾用户意愿和用户舒适度，以提高用户参与度，并进一步挖掘用户的可调控潜力。以较低的补贴费用获得最大的响应潜力，从而有效地缓解电力缺额，实现系统与用户侧的共赢。

(5) 通过负荷调控系统与集成融合终端、用户信息采集控制终端的信息交互，扩大了用户群体的规模，降低了用户响应的不确定性，实现了参与需求侧响应用户的优选，灵活利用了可调控资源，最大化资源的利用率，保证了响应方案的实施完成度。

(6) 针对居民负荷提出有效的调度策略，优化电网资源配置，调节负荷在电网低谷时段增加的用能，或者提供电网高峰时段减少用能的调峰服务，力促新能源消纳或者电网削峰，并减少不必要的投资，降低供电成本。在发电侧备用资源紧张时，可调节负荷通过预留或者减少用能，提供上下备用容量，增强电网安全运行和平衡能力。

　　因此，充分研究超大数量低压负荷高效调控的清洁能源消纳技术，将对完善"源-网-荷-储"协调互动控制理论，实现电网友好、用户满意的智能电网协调优化运行，推进可调负荷参与市场，促进新能源消纳具有重要意义。不仅可以实现电网的安全高效运行和能源的有效利用，满足国家重大战略需求，还对促进能源高质量发展和经济社会发展全面绿色转型，为科学有序地推动碳达峰、碳中和目标的实现，建设现代化经济体系提供保障。

1.5　本 章 小 结

　　本章主要探讨了各类国家清洁能源的发展现状、趋势以及在发展过程中所面临的挑战。首先从调峰能力、输电、并网以及我国电力市场等方面详细阐述了清洁能源在发展中面临的挑战；其次从政策、市场机制以及相关技术等关键因素方面讨论了如何促进清洁能源的消纳问题；最后着重探讨了关于负荷调控技术对清洁能源消纳的影响，强调其在推动清洁能源发展中的重要性和意义，通过提升电网的稳定性和可靠性，有效解决清洁能源波动性大、不稳定的问题，为清洁能源的大规模消纳提供了技术保障，为后续章节的讨论奠定了重要基础。

第2章 低压智能断路器技术

在清洁能源消纳工作中，低压侧负荷调控的需求越来越紧迫。低压智能断路器作为实现负荷调控最为核心的设备之一，其重要性也越来越凸显。低压智能断路器是一类具备高速电力载波通信功能、信息采集功能、短路保护、接地保护功能和负荷控制功能的电力设备。低压智能断路器以其高稳定性、高可靠性以及实时性的特点，可实现刚性负荷控制、需求侧响应柔性调节、安全监测功能，是用户电力负荷快速精准柔性控制的核心装置。低压智能断路器在负荷调控中的核心功能主要包括以下四个方面。

1）电能计量功能

低压智能断路器可以实时感知用电设备的用能情况，对用电设备的能耗情况进行统计与分析。通过大数据技术，对用电负荷进行精准辨识，根据设备的启动、运行、停止等特征判断设备工况。

2）负荷监测功能

低压智能断路器可实现用户负荷的实时监测，有别于目前终端仅通过电表获取用户总体负荷信息，借助非侵入式负荷识别技术，可对可调节负荷、可中断负荷进行细分监测，精准获取每类负荷的实时用电状态，支撑系统精准控制用户负荷。

3）控制功能

低压智能断路器满足需求侧管理要求，开展细分负荷的多路精准控制，支撑电力需求侧管理、有序用电工作开展，可增强电网需求侧管理弹性，提升用户服务水平。

4）信息安全功能

面对复杂的网络环境，低压智能断路器具备信息安全功能，抵御网络攻击或木马病毒，避免发生信息安全事故。

国际上常见的低压断路器主要有施耐德公司的 MT 系列、西门子公司的 3WN系列、ABB 公司的 F 系列、三菱公司的 AE 系列、梅兰日兰公司的 M 系列等产品，然而这些产品并不具备电能计量、高速电力线载波通信（high-speed power line communication，HPLC）、信息采集和控制功能，还不能称为智能断路器。国内虽然研制智能断路器的厂家众多，但是在技术先进性和自主可控性方面还有待提高。

本章 2.1 节给出一种自主可控低压智能断路器的典型设计，2.2 节和 2.3 节分别对负荷用能信息采集和控制技术、低压智能断路器涉及的信息安全技术进行详细阐述,2.4 节简述低压智能断路器的负荷调控应用现状,并对未来应用进行展望。

2.1　低压智能断路器典型设计

本节给出一种自主可控低压智能断路器的典型设计。该低压智能断路器基于自主可控的 SCM62X 主控芯片设计,该芯片采用高性能 ARM Cortex-M4 内核,支持 DSP(digital signal processor,数字信号处理器)指令集和 FTU(feeder terminal unit,馈线终端单元)指令集。内核运行频率可配置,最高可达 150MHz,主要安装在用户侧,如配电柜、低压出线 JP 柜、分支箱和电表箱,上行与集成融合终端通信,下行与各种可调负荷通信,能够计量高载能用户电量、需量、电压、电流、功率、功率因数等数据,能够自动采集高载能用户的运行数据,实现就地存储和远传,实现大用户用电量的统计。

进一步,通过对大用户用电进行实时监控,对用电异常进行实时检测,对大用户的负荷进行控制和管理,可实现“削峰平谷”有序用电。本节介绍的低压智能断路器不仅是一台保护装置,更是集测量、保护和通信等功能于一体的多功能综合性用户负荷调控智能设备。

2.1.1　硬件系统

低压智能断路器采用模组化结构,包括一次本体部分和二次电控部分。一次本体部分主要包括开关基座、灭弧室、电机、脱扣器和电流互感器等。二次电控部分基于硬件平台化、软件 APP(application,应用程序)化的设计理念以及模组化的结构设计,包括主控模块、电源计量模块、后备电源、载波模组、串口模组、DO(digital output,数字输出)模组和 DI(digital input,数字输入)模组,硬件系统框图如图 2.1 所示,主控芯片如图 2.2 所示,安全芯片如图 2.3 所示,智能断路器实物如图 2.4 所示。

1. 工作电源

低压智能断路器采用交流三相四线供电,电源出现断相故障,即断一相或两相电压的条件下,交流电源能维持断路器正常工作。断路

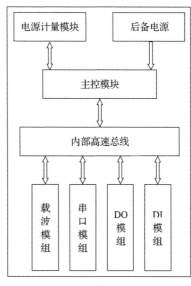

图 2.1　二次电控部分硬件系统框图

器供电额定电压为 AC 220V/380V，允许偏差为–20%～20%；工作频率为 50Hz，允许偏差为–10%～10%。

图 2.2　主控芯片　　　　　　　图 2.3　安全芯片

图 2.4　智能断路器实物

2. 后备电源

低压智能断路器后备电源采用超级电容方式，供电顺序依次为主电源、超级电容。终端后备电源充电的时间不大于 1h。主供电源供电不足或消失后，后备电源自动无缝投入并维持断路器及功能模块正常工作不少于 3min。

3. 硬件接口

低压智能断路器的硬件接口是与其他设备或系统进行交互的重要部分，这些接口可以分为以下几类：

(1) 2 路 RJ-45 以太网通信接口，用于控制负荷和本地维护，传输速率选用 10Mbit/s/100Mbit/s 全双工；

(2) 1 路远程通信接口，可连接 HPLC 模块、微功率无线通信模块或 HPLC+HRF（HRF 指高速无线通信）双模通信模块；

（3）2 路 RS-485 通信接口，其中 1 路可以通过软件切换为 RS-232 接口；

（4）1 路蓝牙接口，支持蓝牙 5.0 及以上版本，支持与 2 个主机和 3 个从机并发通信；

（5）秒脉冲输出接口，具备有功、无功光电脉冲输出接口；

（6）多路开关量输入接口和继电器控制接口；

（7）北斗/GPS（全球定位系统）双模，用于地理位置信息采集和对时，终端能够通过参数配置，切换为 GPS/北斗工作模式。

4. 关键参数指标

低压智能断路器的关键参数指标如表 2.1 所示。

表 2.1　低压智能断路器关键参数指标

名称	内容
壳架电流/A	250/400/630
主控芯片	自研
安全芯片	自研
过载、短路特性	三段保护、电子可调
过压保护值	电子可调
欠压保护值	电子可调
缺相保护值	电子可调
上行通信接口	HPLC
本地通信接口	RS-232、RS-485、蓝牙
时钟	采用硬时钟芯片，内嵌可微调晶振，在 (23 ± 2) ℃条件下，日计时误差 ≤±1s/天
计量功能	测量精度：电压 ≤±1%，电流 ≤±1%，频率 0.01Hz；有功功率 ≤±1%，无功功率 ≤±2%，功率因数 ≤±1%
地理信息采集与对时	支持北斗/GPS 定位与对时，定位精度：水平误差不大于 10m，高程误差不大于 15m

2.1.2　软件架构

低压智能断路器的软件架构由操作系统层和应用层组成。操作系统层包括操作系统内核、硬件驱动框架、启动程序、系统接口、硬件抽象层和系统组件，操作系统通过系统接口为 APP 提供系统调用接口，通过硬件抽象层提供硬件设备访问接口，系统组件与应用层通过消息总线通信；应用层包括基础 APP 和业务 APP 以及相应的容器，APP 之间通过消息总线进行数据交互。软件架构如图 2.5 所示。

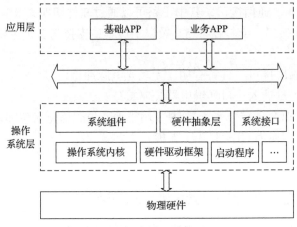

图 2.5　软件架构图

2.1.3　工作方式

低压智能断路器上行通过 HPLC 与集成融合终端通信，下行通过串口、蓝牙等本地通信采集电能表和负荷的数据。通过遥信模组采集负荷的工况，利用遥控模组对负荷进行精准和柔性控制。根据采集的负荷数据进行能效分析，同时实时监测自身状态和停电状态，发现状态异常主动上报。

2.2　负荷用能采集和控制技术

低压智能断路器以高频采集数据为基础，能够对负荷进行经济性分析、节能水平分析、运行状态分析，最大可切断 630A 的额定电流负荷。通过接收融合终端发出的控制命令，并经过数据安全校验后，对负荷进行调控。主备冗余调控的机制，使得当通信出现异常时，可根据备用调控特征库进行直接负荷控制，实现无缝衔接和柔性调控。

2.2.1　用户可调负荷电压越上限告警及调控

当任一相电压达到电压越上限定值时，进行时间 T 延时。若越上限未解除，则向集成融合终端上送告警事件，随后，智能断路器根据负荷调控系统的命令，对负荷进行刚性或柔性调控。电压越上限告警逻辑如图 2.6 所示。

2.2.2　用户可调负荷电压越下限告警及调控

当设备电压低于电压越下限定值时，进行时间 T 延时。若越下限未解除，则向集成融合终端上送告警事件，随后，智能断路器根据负荷调控系统的命令，对负荷进行刚性或柔性调控。电压越下限告警逻辑如图 2.7 所示。

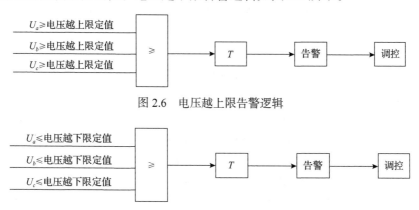

图 2.6　电压越上限告警逻辑

图 2.7　电压越下限告警逻辑

2.2.3　用户可调电流越限告警及调控

当负载电流达到电流越限定值时，进行时间 T 延时。若越限未解除，则向集成融合终端上送告警事件，随后，智能断路器根据负荷调控系统的命令，对负荷进行刚性或柔性调控。电流越限告警逻辑如图 2.8 所示。

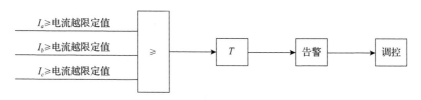

图 2.8　电流越限告警逻辑

2.2.4　漏电电流越限告警及调控

当漏电电流达到零序电流越限定值时，进行时间 T 延时。若漏电电流未解除，则向集成融合终端上送告警事件，随后，智能断路器根据负荷调控系统的命令，对负荷进行刚性或柔性调控。漏电电流越限告警逻辑如图 2.9 所示。

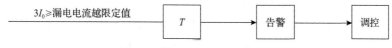

图 2.9　漏电电流越限告警逻辑

2.2.5　主备冗余调控

低压智能断路器的负荷调控采用主备冗余设计，可实现负荷精准调控。当智能断路器与集成融合终端通信正常时，主调控投入，通过接收主站的指令进行调控；当智能断路器与集成融合终端通信异常时，借助于备用调控特征库，对负荷进行调控，避免出现调控异常事故。

2.3　信息安全技术

智能断路器采用自主可控的 ESAM（embedded secure access module，嵌入式安全控制模块）安全芯片，集成国家密码管理局认定的国产密码算法 SM1 对称加密、SM2 非对称加密、SM3 消息摘要加密等三种算法，密钥长度和分组长度均为 128位，可以实现数据的加密、解密、签名、验签、身份认证、访问权限控制、通信线路保护等多种功能，保证了数据存储、传输、交互的安全性。图 2.10 为安全芯片内部的系统框图。

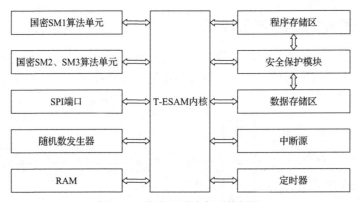

图 2.10　安全芯片内部系统框图
RAM 指随机存取存储器；SPI 指串行外设接口

2.3.1　硬件安全防护

硬件安全防护确保在各种工作环境中安全运行，主要有以下方面：
（1）终端采用安全芯片，支持营销、配电专业密钥管理，能实现终端的密钥生成、存储和使用。安全芯片支持终端自身防护以及终端与主站、物联管理平台、运维工具进行交互时的安全防护功能。
（2）基于可信根对终端的系统引导程序、系统程序、重要配置参数和通信应用程序等进行可信验证，在检测到其他可信性受到破坏后进行报警，并将验证结果形成审计记录发送至物联管理平台。

2.3.2　软件安全防护

软件安全防护能够有效提升安全性和可靠性，主要有以下方面：

（1）低压智能断路器采用安全加固操作系统。

（2）具备安全启动机制，对操作系统内核、文件系统和系统应用程序进行完整性检查，在检测到其可信性受到破坏后进行响应。

（3）支持对操作系统端口禁用、服务禁用、版本安全升级等功能。

（4）能够鉴别软件更新包的来源，并对更新文件进行完整性校验。

（5）具有备份和恢复能力，防止更新异常导致系统失效。

（6）对重要行为和重要安全事件进行审计，包括事件的日期和时间、用户、事件类型及其他与审计相关的信息，对审计记录进行保护，通过集成融合终端上传至主站。

（7）具备对终端软硬件资源的管控功能，防止终端资源被非法或越权使用。

2.3.3　终端接入安全

采用设备唯一标识和数字证书相结合的方式，实现断路器接入主站时的双向身份认证，认证后方可进行数据交互。

2.3.4　业务数据交互安全

业务数据交互系统确保设备与系统间通信的机密性，主要有以下方面：

（1）负荷调控类业务交互数据的机密性保护。

（2）智能断路器根据交互数据的重要程度，设置不同的安全防护措施；对于调控类等关键数据实现完整性和可用性保护，并采用追加随机数或时间戳等新鲜性设置信息实现抗重放保护；对采集类等一般数据采用 MAC（medium access control，媒体介入控制）校验技术实现完整性保护。

（3）同时具备对关键性数据和一般性数据存储的机密性、完整性保护功能。

（4）容器和应用软件应经授权机构进行统一的数字签名，安装前强制验证签名的有效性。

（5）对重要行为和重要安全事件进行审计，包括事件的日期和时间、用户负荷、事件类型及其他与审计相关的信息，对审计记录进行保护，集成融合终端上传至主站。

（6）对终端数据中心的访问权限管控，不同 APP 仅可在权限范围内对数据中心进行读写操作。

2.3.5　安全在线监测

低压智能断路器支持安全在线监测审计功能，安全异常发生时，终端 2min 内生成事件并上报。支持的安全在线监测审计内容如表 2.2 所示。

表 2.2　安全在线监测审计内容

序号	审计内容
1	关键目录文件变更监控
2	危险操作命令信息监控
3	口令信息变更监控
4	USB 非法接入监控

注：USB 指通用串行总线。

通过对 USB、串口等本地设备的接入增加实时的事件上报，并通过对关键目录和文件操作以及指令操作进行在线监测，实现安全防护的要求。

2.3.6　终端运维安全

终端运维安全是确保系统稳定和可靠的重要环节，有以下方面：

(1)采用基于唯一标识和数字证书相结合的身份认证技术，可对运维工具进行身份认证。

(2)运维工具应采用用户名/强口令、动态口令、安全介质、生物识别、数字证书等至少两种措施组合的访问控制措施。

(3)对交互数据的机密性进行保护。

2.4　低压智能断路器应用展望

低压智能断路器采用统一标准的系统开发环境，实现软、硬件设计解耦。硬件设计标准统一，提升设备可测试性和可制造性；业务功能通过部署不同 APP 扩展，可同时部署运检和营销的业务 APP；同时提供边缘智能服务，满足实时业务、数据优化、应用智能、安全与隐私保护等方面业务要求；通信功能模块化，具备直接更换升级可能性；模组化设计支持台区设备在通信和业务层面即插即用，实现设备免调测接入，降低设备部署成本和维护成本。基于自主可控的低压智能断路器负荷调控目前已在辽宁、宁夏等公司应用，主要应用方案包括高载能负荷调控应用和低压智能台区应用。

2.4.1　高载能负荷调控应用

低压智能断路器通过实时监测高载能工业负荷(如机械加工设备、石油化工设备和金属冶炼设备)的用能情况，通过 HPLC 将数据汇聚到集成融合终端，集成融合终端再通过 Wi-Fi、4G、5G 或者以太网通信传送至负荷调控系统，负荷调控系统能够实时掌握负荷调控过程中负荷曲线的变化趋势，全面掌握负荷调控方案的控制执行情况，并对执行不到位的负荷进行动态调整，确保负荷调控精准实时。图 2.11 为负荷调控系统端侧拓扑图。

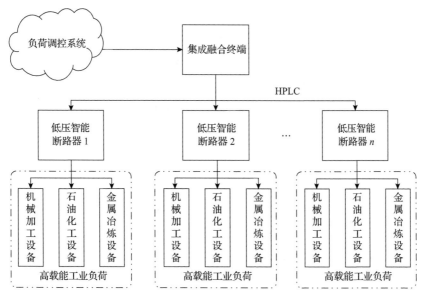

图 2.11　负荷调控系统端侧拓扑图

2.4.2　低压智能台区应用

通过在 10kV/0.4kV 的台区下部署不同电流等级的低压智能断路器，可以覆盖当前低压智能台区的所有应用场景。变压器出线端采用 630A 智能断路器，分支线采用 400A 智能断路器，用户负荷侧采用 250A 智能断路器，负荷与断路器本地通信，智能断路器通过 HPLC 与集成融合终端通信，集成融合终端再通过远程通信与云主站进行通信，该方案推动了电网调控由"源随荷动"向"源荷互动"转变，实现了全景统计、精准调控、智能分析。图 2.12 为多级负荷调控拓扑图。

展望未来，为满足低压用户侧复杂场景和业务数据高速稳定传输需求，可通过对配电台区现有的配电箱、地墙、墙箱以及表箱进行智能化改造。通过安装具备高速载波通信功能的低压智能断路器和集成融合终端，可实现低压台区智能化全覆盖。低压智能断路器作为远端感知设备中很重要的一环，应用前景可待。本章研究的低压智能断路器产品不仅可在智能工厂、智慧城市、智能社区、智能交通、智能水务、智慧安防等领域应用，还可在其他低压配电的地方广泛推广应用。

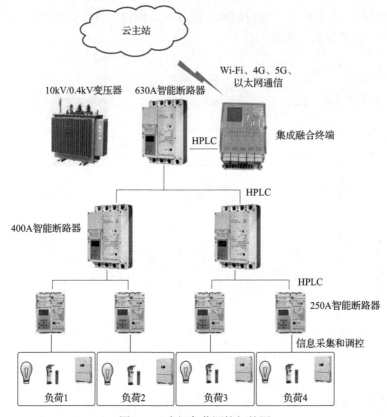

图 2.12　多级负荷调控拓扑图

2.5　本 章 小 结

本章首先对低压智能断路器技术进行了概述，阐述了其在负荷调控中的四大核心功能。其次设计了一款自主可控的低压智能断路器，并介绍了其硬件系统、软件架构和工作方式。同时，基于高频采集数据，详细阐述了智能断路器的负荷用能信息采集和控制技术，从硬件、软件、终端接入、业务数据交互、安全在线和设备运维等维度，系统说明了智能断路器的信息安全技术。最后，对低压智能断路器的应用进行了展望。

第3章 低压负荷智能调控器技术

低压负荷智能调控装置是依据《电力能效监测系统技术规范》等系列标准设计的集数据采集、智能控制、通信传输等功能于一体的智能化电力微机设备，可对电气量(电压、电流、功率等)、非电气量(温度、湿度、压力等)、数字量(运行状态、故障状态、告警信息等)等用电系统中的设备进行实时采集处理，通过与管理系统的数据交互，为电力用户、综合能源服务机构、各级政府等提供能效服务，为综合能源服务管理与节能减排工作提供数据支撑与智能服务。

本书设备研发基于 ARM(advanced RISC machines)微处理器架构，通过独立采集芯片和信号转换外围回路构成简洁高效的数据采集和处理系统，其独特的设计和先进的表面贴装工艺大大提高了系统的可靠性和抗干扰能力。硬件具有两级看门狗，可保证系统在异常时能及时复位；完善的软硬件自检还能使系统在运行时保证保护动作可靠性；采用具有多重写闭锁功能的串行 E2PROM(electrically-erasable programmable read-only memory，电可擦除可编程只读存储器)保存定值、系数和配置，确保这些参数不被误修改而且能够掉电保持。

3.1 信息通信接口技术

通信接口是指 CPU(central processing unit，中央处理器)和标准通信子系统之间的接口，本章所研究低压负荷智能调控器可提供 RS-485、CAN(controller area network，控制器局域网)、以太网和 4G VPN(virtual private network，虚拟专用网络)专用无线通信接口。

(1)设备基于主 CPU 芯片 TTL(transistor-transistor logic，晶体管逻辑)电路控制器扩展 MAX485 电平收发芯片，提供 2 路 RS-485 串行下行总线接口。

发送：当 DR 为高电平时，DE 使能，RE 不使能，来自单片机 TX 引脚的信号从 DI 进入，通过 AB 发送到 RS-485 总线上。

接收：当 DR 为低电平时，RE 有效，DE 无效，来自 RS-485 总线的信号从 AB 进入 MAX485，然后从 RO 端输出到单片机的 RX 端。

(2)设备基于主 CPU 芯片自带 CAN 通信接口，配置 ADUM1201 隔离芯片及 TJA1040 电平收发芯片，提供 1 路 CAN 下行总线接口。

基于 ADUM1201 隔离芯片的 iCoupler(磁隔离)技术取消了传统 CAN 总线控制的光电耦合器中的光电转换技术，采用其集成的变压器驱动技术和接收电路。

不仅硬件电路更加简单，还降低了控制电路功耗，并提高了数据传输速率。同时，还提高了时序精度，对瞬态共模抑制能力也有更好的表现，使信号传输方向更加灵活。

(3)设备基于主 CPU 芯片 SPI 总线扩展以太网 PHY(physical，端口物理层)控制器 DP83848，提供 2 路以太网接口。

设备选用的主 CPU 内置了 MAC 层的处理能力，并且使用 DMA(direct memory access，直接内存访问)技术强化了 MAC 层能力，其单独分配了一个 MAC 层的 DMA 数据总线，由一段 MAC 层控制器来对数据总线上的数据进行存取处理。拥有 DMA 能力的 MAC 层，可以在用户代码完全不干预的情况下，将 DMA 中的数据发送给 PHY，同时在 PHY 接到数据后，将 PHY 的数据读取到 DMA 中，并通知中断。MAC 与 PHY 通信使用 RMII(reduced media independent interface，简化媒体独立接口)。

数据流：ADC(analog to digital converter，模拟/数字转换器)接口模块→FIFO(first-in first-out，先入先出存储队列)模块→发送控制器→内部 RAM1/内部 RAM2→RMII 发送模块。ADC 接口模块采集模数转换芯片的数据，FIFO 用于缓存数据，发送控制器将 FIFO 中的数据打包成标准的 UDP(user datagram protocol，用户数据报协议)数据包并保存在 RAM 中，两个 RAM 实现乒乓操作，RMII 实现将 RAM 中的数据送到 PHY 芯片。

(4)设备集成独立的 4G VPN 专用无线通信接口，采用独立 CPU 搭载 4G 通信芯片设计。

接口支持 TDD-LTE/FDD-LTE/TD-SCDMA/WCDMA/CDMA 频段，并且可以完全兼容 EDGE 和 GSM/GPRS 网络。模块将射频、基带芯片集成化在一块独立接口板件上，实现无线网络接收、发送、基带信号解决功能。模块将 3GPP TST27.007 以及增强型 AT 命令封装于公共函数库，控制模块根据 PPPD/RNDIS/ECM 拨号，通过调用函数库中拨号专用型指令，可以使模块与服务端开始开展信令协议、IP(internet protocol，互联网协议)分配详细地址等。拨号取得成功模块可采用后载波聚合技术，为设备提供 150Mbit/s 的峰值网络服务。

3.2 信息通信规约应用

规约是连接系统、接口和构成采集控制系统的其他设备的实时通信协议，对于不同的通信接口设备，依据不同的接口特性设计并应用了相应的专有规约。

1)Modbus 规约

Modbus 规约是工业自动化领域应用最为广泛的通信协议，其开放性、可扩充性和标准化使它成为一个通用工业标准。目前 Modbus 规约主要使用的是

ASCII(American standard code for information interchange, 美国信息交换标准代码)、RTU(remote terminal unit, 远程终端单元)、TCP(transmission control protocol, 传输控制协议)等, 并没有规定物理层。目前 Modbus 常用的接口形式主要有 RS-232C、RS-485、RS-422, 也支持以太网, Modbus 的 ASCII、RTU 协议则在此基础上规定了消息、数据的结构、命令和应答的方式。Modbus 数据通信采用 Master/Slave(主/从)方式, 即 Master 端发出数据请求消息, Slave 端接收到正确消息后就可以发送数据到 Master 端以响应请求; Master 端也可以直接发消息修改 Slave 端的数据, 实现双向读写。设备将 Modbus 规约封装为标准规约函数, 提供给设备的 RS-485 总线接口、CAN 总线接口、下行以太网接口调用, 设备通过标准函数与参数辅助为各种接口应用提供不同的场景应用。

2)DLT645 规约

DLT645 规约是由电力行业制定,由国家发展改革委发布的规范多功能电能表与数据终端设备进行数据交换时的物理连接和协议。规约规定了 RS-485 接口的电气性能及数据链路层的主/从半双工通信方式。该规约有 1997 和 2007 两个版本。两个版本在物理层通信接口参数、协议层控制码、数据标识上有诸多不同。

3)IEC60870-5-103 规约

IEC60870-5-103 规约是国际电工委员会(IEC)针对变电站内信息和功能的数据交换而制定的配套标准之一, 其对物理层、链路层、应用层、用户进程做了大量的具体规定和定义, 详细说明了继电保护设备的信息接口。标准描述了两种信息交换方法:一种方法是基于严格规定的应用服务数据单元和标准化报文的传输应用过程;另一种方法是使用通用分类服务可以传输几乎所有可能信息。例如, ASDU(application service data unit, 应用服务数据单元)可传送定值、遥测量, 完全可以不考虑设备使用 ASDU 是用来传送何种信息的, 而可以通过软件的方法把 ASDU 中的信息放在一个存储结构中。功能信息则反映在上层数据库或在调用此 IEC60870-5-103 动态库时所应用的流程和赋予的参数类型。函数库对设备是完全透明的, 对于信息类型、量纲、单位存储方式等均由后台数据库完成相应属性组织, 这样解决了实际过程中数据量大、处理繁杂的问题, 提高了软件的实用性。本规约函数库提供给设备的 RS-485 总线接口、CAN 总线接口、下行以太网接口调用。

4)IEC60870-5-104 规约

IEC60870-5-104 规约规定了 IEC60870-5-101 的应用层与 TCP/IP 提供的传输功能的结合。该协议是一种基于以太网方式与调度系统通信的协议, 它在以太网 TCP/IP 链路上传输 IEC60870-5-101 协议的 ASDU, 实现与主站的通信。为保证应用层 ASDU 的通信可靠性, 引用了 ITU-T X.25 标准, 包装了 APIC(advanced programmable interrupt controller，高级可编程中断控制器）传输接口，规定了应答和重发机制。其采用平衡方式 TCP/IP 传输模式，C/S（client/server，客户端/服务器）模式端口号默认为 2404。通过对 I 帧格式报文的计数及确认来保证信息传输的安全性。IEC60870-5-104 采用 OSI/RM 七层协议中的五层。①物理层：采用透明传输比特流。②数据链路层：将数据组装成数据块。③网络层：为分组交换网上的不同主机提供通信。④运输层：完成应用程序进程交代下来的任务。⑤应用层：面向用户的应用程序层数据。规约同属 IEC60870-5 系列标准的配套标准，它与 IEC60870-5-101 共享相同的应用数据结构和应用信息元素的定义及编码，很好地保持了标准的兼容性，给通信数据的处理带来极大的方便。

3.3　实时信息采集技术

本装置通过主 CPU 芯片内置的 ADC 通道提供模拟量及多组状态量的实时采集功能。实时信息采集是利用数模（A/D）转换、通信技术和数据处理技术集成的综合性系统实现的。

3.3.1　模拟量采集

现场常见的电压、电流、温度等模拟量测量需要进行 A/D 转换后变为数字量再由 CPU 进行处理。目前行业内主流采集算法为半（周）波傅里叶算法和全（周）波傅里叶算法。半（周）波傅里叶算法即认定待测模拟量为正负对称的波形，只需对其正半周的波形进行测量即可。当测量的交流量正负半周并不完全对称时，特别是电力系统故障时，正负波形将会严重失真。此时若用半（周）波傅里叶算法显然不能真实地反映被测量的实际值，故必须采用全（周）波傅里叶算法。半（周）波傅里叶算法是将被测量削掉负半周，仅将正半周引入测量范围。全（周）波傅里叶算法不存在削波，而是将正负半波全部纳入测量范围。本设备主 CPU 内置 12 位高精度 ADC，采用全（周）波傅里叶算法提供交流电压和交流电流各三组。本设备在全波测量电路上设置了电平移动电路，采用锁定被测量零值转换范围中点技术提高测量回路的抗干扰性。采样信号在一个数据窗中的特点是，随着数据窗的移动，数据窗内的每个采样点的值也是变化的，单独把数据窗内每个采样点从 $x(1), x(2), \cdots, x(12)$ 作为信号引出来分析，每一点都是时域的采样信号，它和原信号是一致的，不过依次超前一个采样间隔，因此可以用相量来表示每个采样点的信号。信号中存在的各次谐波分量用相量表示时，除旋转速度不同，反映到每个相量之间的超前滞后的角度也是有区别的。针对上述特点及对傅里叶算法的深入研究，本设备通过基于相量方法的滤波算法来设计，其基波计算精度十分可观。

3.3.2　状态量采集

在电力及工业自动化控制系统中需要采集断路器分合、电机启停、电磁阀开闭等执行机构的状态。本设备支持 5 路 24V(内部)/220V(外部提供)遥信量采集。对开关量输入设备设计硬件 RC 滤波及光耦合隔离。开关量输入 CPU 进行计算处理的传统方式一般是对多路选择开关进行定时扫描,即遥信定时扫描工作在实时时钟中断服务程序中进行,多路选择开关每扫描完全部遥信状态后,需要间隔固定时间再次扫描,例如,每 5ms 执行一次,当发现有遥信变位时,就更新遥信数据区,并按规定插入传送遥信信息。同时,程序会记录遥信变位时间,以便完成事件顺序记录(sequence of event,SOE)信息的发送。这种技术对遥信变位的分辨率一般在 3~5ms。本设备设计采用循环扫描技术,多路选择开关完成扫描后无须再间隔一定的时间,而是立即重复遥信扫描和输入过程,这样每个遥信的实际扫描周期将小于原定的时间间隔,从而可将遥信分辨率提高至 2ms。同时在数据处理算法上引入了软件防抖技术,通过双点位遥信值及扫描周期位变量时序检测方法提高防抖水平。

3.4　实时控制技术

对接入线路的运行数据实时采集,通过模拟量及数字量的采集实时获取设备运行工况并上传至能源管理中心。装置可通过规约或控制出口接入运行设备的控制回路,并通过能源管理中心 AGC(automatic gain control,自动增益控制)对运行设备进行负荷控制调节。装置内置自动调节算法,可配置自动调节模式,实现多种自动数据管理。用户可依据时段、定值等设置不同轮次负荷调节模式。装置可自动分析用电负荷情况及负荷趋势,为可控负荷监测与管理中心提供 AGC 指令和日前调峰计划。

负荷控制能够实现多种控制方式,以适应不同的运行条件及要求,负荷控制方式的选择或切换可通过手动或自动方式来实现。不同的负荷控制方式对应不同的反馈控制结构,可通过改变反馈控制来实现不同的负荷控制。设备自动负荷控制包括软件协议控制和继电器出口直接控制,内置的功率/电流跟随算法可实现精准投切。算法数据源可智能判断规约接口源或设备自采源,并可实现多源数据共享。设备支持中心透明数据传输机制,可将控制权转交给管理中心。由管理中心控制时设备工作于传输模式,但保护类定值仍然有效,对过负荷等事件仍然执行控制措施。

3.5　本　章　小　结

　　本章介绍了低压负荷智能调控器技术的应用,首先介绍了该技术的基础理论,然后基于技术理论对硬件设计、标准规约应用进行了详细阐述,最后对设备的实际化应用提出了具体的功能性建议。

第4章 低压载波信息通信技术

4.1 通信技术

典型的用电信息采集、配电自动化系统如图 4.1 所示，系统由平台、终端、本地通信模块、节点通信设备等构成，其中各设备间主要通信方式为：

(1)主站平台和终端设备间的通信使用 4G、5G、光纤等专网/公网；

(2)终端和本地通信模块，智能断路器、电表与通信节点模块之间使用 USB、RS-485 等串口通信；

(3)本地通信模块和智能断路器、电表上的通信设备等之间使用电力线载波技术或者微功率无线通信技术通信。

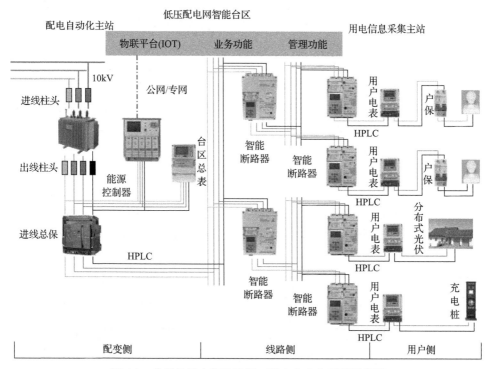

图 4.1 典型的用电信息采集、配电自动化系统示意图

上述专网/公网、USB、RS-485 等通信方式技术相对成熟可靠，可满足当前业务需求。而在终端和智能断路器、电表间所使用的高速电力线载波技术或者微功

率无线通信技术，其通信速率存在瓶颈，难以满足不断提高的用电信息采集、配网采集及故障检修业务应用的需求。

从多角度对比目前应用于用电信息采集、配电自动化控制业务中的几种主要通信技术，如表 4.1 所示，可以分析出宽带电力线载波通信技术具有明显优势。

表 4.1　主要的电力系统采集业务使用协议标准

项目	HPLC（宽带）	G3-PLC（窄带）	PRIME（窄带）	RF（微功率无线）
通信速率	>1Mbit/s	<240kbit/s	<130kbit/s	<10kbit/s
费控业务支持度	高	低	低	低
抗电网噪声能力	强	强	弱	不涉及
抗电网负载变化能力	强	强	弱	不涉及

4.2　电力线载波通信技术

电力线载波通信技术是指利用现有的电力网进行数据信息传输，即把载有信息的信号加载于电力线路上进行传输，接收信息的调制解调器再把信号从电力线路中通过解耦方式提取出来，解调为正确的数据，以实现信息的传递。电力线路为强电设计，具有机械强度高、传输可靠的特性。利用现有电力线缆的有线网进行通信，不需要额外通信线路建设投资费用和日常维护费用。因此，电力线载波通信技术在电力系统的调度、运动、保护、生产指挥、业务通信等方面进行各种信息传输，实现信息与能量的双向流动、交换、共享，是电力系统中重要、特有的通信方式。

4.2.1　物理层技术

电力线载波通信物理层技术根据载波频率、稳定性、通信速率、调制方式和效率可以分为低速窄带电力线载波和高速宽带电力线载波，二者对比如表 4.2 所示。

表 4.2　电力线载波通信的分类

项目	低速窄带电力线载波	高速宽带电力线载波
载波频率	载波频段集中在低频，频带宽度小于500kHz	载波频段分布在 0.7～30MHz，频段宽度可达10MHz
稳定性	载波信道少，信道窄，容易被集中干扰，导致通信中断	载波信道多达 256～1024 个，信道宽，不易被集中干扰，数据通信连续性有保障
通信速率	普遍在 2.4～128kbit/s	可大于 2Mbit/s，满足更多使用场景
调制方式和效率	单载波调制、扩频等调制方式无法提高载波效率	基于 OFDM/DMT 多载波调制方式

注：OFDM 指正交频分多址复用；DMT 指离散多载波。

　　由对比可知，高速宽带电力线载波通信技术在各方面相较于低速窄带技术更具有优势，并且随着电力线载波通信技术在全球范围内由窄带向宽带、由低速率到高速率的演进，基于 OFDM 物理层技术的宽带技术已成为主流。

　　20 世纪 90 年代至 21 世纪初，主流高速宽带电力线载波通信技术为国外标准，不完全适用于国内复杂的网络和线路环境，且存在通信距离短、成本高、不可控等问题，因此需要制定我国自主可控的通信技术标准，并研发相应的电力线通信芯片及对应的宽带载波通信模块，建立高带宽、高可靠、低时延、低成本的电力线通信网络，以满足用电采集、配电台区监测等多种应用场景的需求，促进电力线载波通信芯片、通信模组、智能终端全产业链的健康发展。为此，国家电网公司联合中国电力科学研究院与诸多业内公司，联合制定《低压电力线高速载波通信互联互通技术规范》，并于 2018 年推广成为 IEEE 1901.1 国际标准，成为 IEEE 1901 电力线载波通信标准体系的重要组成部分。

　　在国家电网 HPLC 标准，即 Q/GDW 11612.41—2016《低压电力线宽带载波通信互联互通技术规范 第 4-1 部分：物理层通信协议》，与中国南方电网 BPLC（broadband power line communication，宽带电力线载波通信）标准，即 Q/CSG 1204111.4—2022《低压电力线宽带载波通信规约 第 4 部分：物理层通信协议》中规定了物理层 OFDM 系统相关技术细节。两者均使用频段 2～12MHz，最大频段内可使用 411 个子载波，并区分分集拷贝的基本模式与扩展模式。其中，分集拷贝基本模式使用 BPSK（binary phase shift keying，二进制相移键控）与 QPSK（quadrature phase shift keying，正交相移键控）调制，而在扩展模式中最高可使用 16QAM 调制，理论最高物理层速率可超过 10Mbit/s。

4.2.2　数据链路层技术

　　在 Q/GDW 11612.42—2016《低压电力线宽带载波通信互联互通技术规范 第 4-2 部分：数据链路层通信协议》与 Q/CSG 1204111.5—2022《低压电力线宽带载波通信规约 第 5 部分：数据链路层通信协议》分别给出了详细的数据链路层技术细节。统一地，在 MAC 子层使用基于信标帧的广播机制，并同时支持 TDMA（time division multiple access，时分多址复用）和 CSMA（carrier sense multiple access，载波侦听多址接入）/CA（collision avoidance，冲突避免）信道侦听与冲突避免的信道访问机制。通过基于网络规模大小的信标周期与路由周期设定，规划网络各类周期参数。

　　基于 CSMA/CA 的信道侦听与访问机制，允许各网络节点在缺乏统一时隙调度的情况下，自发决策等待、退避、接收与发送各状态之间的转换，从而节省网络调度信令开销，但在通信网络中节点数量较大时通信效率将受到较明显的影响。

4.2.3 网络拓扑与组网策略

典型的电力线载波通信网络拓扑如图 4.2 所示,其形态为主/从结构树状拓扑。其中 CCO(central co-ordinator,集中器)为网络主节点,负责完成组网控制、网络维护管理等功能,其对应的设备实体为集中器本地通信单元。PCO(proxy co-ordinator,代理)与 STA(station,终端)为网络从节点,其对应实体为终端设备本地通信单元,包括电能表载波模块、I 型或 II 型采集器载波模块等。组网过程中,部分 STA 将由 CCO 指定成为 PCO,负责 CCO 与 STA 之间或 STA 与 STA 之间的数据中继转发。

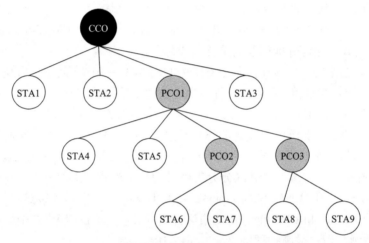

图 4.2　典型的电力线载波通信网络拓扑示意图

组网过程可简单描述为:

(1)CCO 上电后开始周期性发送中央信标帧;

(2)接收到 CCO 信标帧的 STA 向 CCO 发起关联请求;

(3)CCO 根据白名单判断是否准许 STA 的关联请求,若准许入网则反馈关联确认或关联汇总指示,并分配给新入网 STA 一个 TEI(terminal endpoint identifier,网络设备标识);

(4)已入网 STA 根据 CCO 分配的发现信标时隙周期性发送发现信标,以探测 CCO 发送的中央信标未抵达的节点;

(5)接收到发现信标的节点同样发送关联请求,并可选择通过发送发现信标的 STA 中继转发;

(6)所有入网 STA 均可向 CCO 申请指派其附近的其余节点作为其自身代理,被指派为代理的 STA 则成为 PCO;

(7)CCO 按照心跳周期检测判断已入网 STA 是否离线,STA 也可通过判断心跳周期内信标帧接收情况判断自身是否离线，已离线 STA 可重新发起关联入网请求。

此外，低压电力线宽带载波通信单元应具备自动路由快速组网、网络实时优化和动态变化功能，即无需人工干预，通信单元之间应该能够自动建立数据传输路由关系。当信道变化、中间节点被拆除或故障后，系统能够自动建立新路由。

4.3　电力线载波通信的国内外标准化现状

电力线载波通信技术作为电力系统传输信息的一种基本手段，在电力系统和远动控制中得到广泛应用，经历了多个技术的迭代，形成了很多不同的标准。电力线载波通信技术涉及的标准组织十分复杂，既有窄带电力线载波标准又有宽带电力线载波标准，既有国际、区域和国家标准组织，也有行业和联盟组织，不同的标准组织工作重点不同，不同标准组织之间错综交互。标准组织从各自专注的领域进行相关标准化的工作，标准化的对象各异，各种标准采用的技术也各不相同，主要形成的协议标准如表 4.3 所示。

表 4.3　电力线载波通信技术标准

	DL/T 395—2010《低压电力线通信宽带接入系统技术要求》
国内电力线载波通信标准	DL/T 546—2012《电力线载波通信运行管理规程》
	Q/GDW 11612《低压电力线宽带载波通信互联互通技术规范》系列标准
	Q/CSG 1204111《低压电力线宽带载波通信规约》系列标准
	IEC 61334 系列标准
国外窄带电力线载波标准	PRIME
	G3-PLC
	IEEE 1901.2
	ISO/IEC 12139-1
国外宽带电力线载波标准	IEEE 1901 系列标准
	HomePlug 系列标准
	ITU-T G.hn

从通信速率、可用频段、有效带宽、调制技术、MAC 层技术对各技术标准进行对比，如表 4.4 所示。

其中 IEEE 1901.1 为国家电网公司、中国电力科学研究院联合我国相关企业，基于 Q/GDW 11612《低压电力线宽带载波通信互联互通技术规范》系列标准所制定并进行国际标准化推广的成果。

表 4.4　各协议的技术对比

技术	标准名称	通信速率	可用频段	有效带宽	调制技术	MAC 层技术
窄带电力线载波	IEC 61334	1.2～2.4kbit/s	60～76kHz	16kHz	S-FSK	—
	PRIME	21～128kbit/s	42～90kHz	47kHz	OFDM、97 子载波、DPSK/DQPSK	TDMA、CSMA/CA
	G3-PLC	35.9～90.6kbit/s	35.9～90.6kHz	54.7kHz	OFDM、36 子载波、DPSK/DQPSK	CSMA/CA
	IEEE 1901.2	500kbit/s	10～500kHz	490kHz	OFDM、DBPSK/DQPSK/D8PSK	CSMA/CA
宽带电力线载波	HPGP	10Mbit/s	1.8～30MHz	28MHz	OFDM、BPSK/QPSK/16QAM	CSMA
	HP 1.0-HPAV	14Mbit/s/85Mbit/s/200Mbit/s	1.8～30MHz	28MHz	OFDM、1155 子载波、BPSK/QPSK/16～1024QAM	TDMA、CSMA/CA
	IEEE 1901	200Mbit/s～1Gbit/s	1.8～100MHz	48～98MHz	FFT-OFDM、Wavelet OFDM	CSMA/CA
	IEEE 1901.1	0.5～10Mbit/s	0.7～12MHz	3.2～10MHz	OFDM	TDMA、CSMA/CA
	ITU-T G.hn	500Mbit/s～1Gbit/s	2～80MHz	48～78MHz	OFDM、4096QAM	TDMA、CSMA/CA

注: S-FSK 指频移键控(spread-frequency shift keying), DPSK 指差分相移键控(differential phase shift keying), DQPSK 指差分四相移键控(differential quadrature phase shift keying), D8PSK 指差分八相移键控(differential 8-phase shift keying), BPSK 指二进制相移键控(binary phase shift keying), 16QAM 指 16 阶正交幅度调制(16-quadrature amplitude modulation), QPSK 指正交相移键控(quadrature phase shift keying), FFT-OFDM 指快速傅里叶变换正交频分复用(FFT-orthogonal frequency division multiplexing), Wavelet OFDM 指小波正交频分复用(wavelet orthogonal frequency division multiplexing)。

　　我国的低压电力网布局结构复杂, 面临线路信号衰减大、噪声源多等问题, 使用低压电力线路作为数据传输介质技术难度较高。电力线载波通信技术的难点主要集中在如何克服信号传输衰减, 电网及无线的干扰, 研究主要方向包括调制解调技术、信道编码技术、信号检测技术、中继路由算法, 以及信道优化。Q/GDW 11612《低压电力线宽带载波通信互联互通技术规范》系列标准是国家电网公司企业标准, 可全面适应我国用电网络环境。该标准采用先进的调制解调技术, 具有以 OFDM、双二元 Turbo 编码、时频分集拷贝为核心的物理层通信技术规范, 以及以信道接入时序优化、树形组网、多台区网络协调为代表的数据链路层技术规范, 实现了数据在电力线上双向、高速、稳定传输, 解决了低压电力线通信关键技术问题。通过构建高带宽、高可靠、低时延、低成本的电力线通信网络, 支持远程自动抄表、配电台区监测等多种应用场景，实现了以电力线载波通信为基础的物联网技术在能源互联网中的有效应用。

4.4　电力线宽带载波通信模块典型硬件设计

电力线宽带载波通信模块典型化的应用硬件设计如图 4.3 所示。

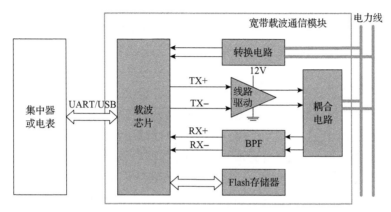

图 4.3　电力线宽带载波通信模块典型硬件设计示意图
BPF 指带通滤波器；UART 指通用异步收发器

电力线宽带载波通信模块由载波芯片、线路驱动、耦合电路、Flash 存储器以及各种接口电路组成。发送数据过程：智能电表、断路器或集成融合终端通过 UART/USB 发送的数据，经过分帧、加密、编码、交织、分集拷贝等处理，调制成适合在低压电力配电线路上传输的 OFDM 信号，通过耦合电路发送到电力线上传输。接收数据过程：系统通过耦合电路，接收电力线上的 OFDM 调制信号，经过数模转换、时钟/帧同步、解调、分集合并、信道解交织、解码等处理，恢复出数据，通过 UART/USB 发送给智能电表、断路器或终端。最终完成智能电表、智能断路器和集成融合终端之间的通信，整个通信过程基于国家电网公司企业标准 Q/GDW 11612《低压电力线宽带载波通信互联互通技术规范》。

4.5　电力线载波通信软件技术

电力线载波通信模块软件运行在载波芯片上，包括驱动电路、协议模块、操作系统、应用层等，可实现多个产品形态的宽带载波通信单元包括单相表、I 型采集器宽带载波模块、三相表宽带载波模块、II 型采集器宽带载波模块、集中器宽带载波模块等。其中，驱动电路部分提供各外设的驱动功能；协议模块提供协议的解析封装及各协议流程的处理，并为应用层、业务层提供数据通信接口，包括

Q/GDW 1376.2—2013、DL/T 645—2007、DL/T 698.45—2017 等协议类型；操作系统提供任务管理、消息队列、信号量、互斥信号量、内存管理等服务功能；而应用层则负责提供抄表业务功能，支持抄表业务功能和其他深化功能。

软件功能技术方面，需实现自动路由快速组网、网络实时优化和动态调整功能。从业务层协议设计上实现数据传输，满足节点触发和 CCO 主动触发两种方式，满足业务上数据主动采集和数据主动上报功能，由电表模块触发或者 STA 模块触发的事件产生后，可以通过数据上报的方式及时上报给集中器，集中器可以通过主动通信的方式实时控制、设置 STA、电表执行动作和配置参数，以及查询 STA、电表的数据和状态。主要实现如下两个方面：网络管理和业务功能。

4.5.1　网络管理

网络管理技术主要应用在数据链路层中的网络管理子层，主要功能是完成通信网络的管理工作，包括多网络网间协调、单网络组网、网络拓扑维护、路由维护、链路资源管理、链路配置管理、链路故障管理、链路性能管理、时钟同步管理等。协议上主要是关联请求、关联确认、代理变更请求、关联指示、代理变更确认、关联汇总指示、代理变更确认、离线指示、心跳检测、列表发现、延迟离线指示、通信成功率上报、过零 NTB（network time base，网络基准时间）采集指示、过零 NTB 上报、网络诊断报文等协议的实现使用。

此外，网络管理支持电力线 A/B/C 三相节点组网管理功能，支持本地通信单元白名单管理机制，允许白名单地址入网，剔除不在白名单地址范围内的节点，防止非法宽带载波通信单元接入系统，并可保障传输数据的安全性。

4.5.2　业务功能

在业务支撑方面，低压电力线宽带载波通信单元支持 CCO 与 STA 的数据透明传输通信，支持各类业务应用协议，CCO 与 STA 并发通信数不小于 5 个。性能指标应满足 Q/GDW 1373—2013 规定的要求。同时，低压电力线宽带载波通信单元应支持广播对时、从节点注册、事件上报、远程费控、文件传输等基本功能，以及台区户变关系识别、相位识别、曲线采集与存储、ID（identity document，身份号）管理、远程升级以及抄控器协议维测等深化应用功能。

4.6　本 章 小 结

本章介绍了应用于用电信息采集与配电自动化控制场景下的低压电力线载波通信技术、组网策略与软硬件技术要求。从国内外标准化角度，介绍并分析了现有各类电力线载波通信技术的特点、适用场景及应用情况。其中，针对我国的低压电力网布局结构复杂、线路信号衰减大、噪声源多等问题，国家电网公司发布的 Q/GDW 11612 系列标准可更好地适应我国用电网络环境，实现数据在电力线上双向、高速、稳定传输，支撑以电力线载波通信为基础的物联网技术在能源互联网中的有效应用。

第 5 章 集成融合终端技术

近年来，我国清洁能源产业不断发展壮大，已成为推动能源转型发展的重要力量。同时，清洁能源发展不平衡不充分的矛盾也日益凸显，特别是清洁能源消纳问题突出，已严重制约了行业健康可持续发展。化石能源发电厂按计划发电，而风电、光伏等新能源发电随天气变化呈现出随机波动的特性，仅靠传统调节资源来调控电网的难度不断增加，传统调节资源的调度空间越来越小。因此，亟须深化拓展电网调节资源，推动"源随荷动"传统模式向"源荷互动"协同模式的转变。与此同时，低压用户侧存在大量具备调节潜力的负荷资源，具有点多量大、容量较小、电压等级低、主体多样等特征。如何将负荷端资源依据用电需求进行相应调节，是清洁能源消纳必须重视的问题之一。

台区终端作为连接主站和用能终端的纽带及重要管理节点，成为电力物联架构中不可或缺的一环。相较于原来执行单一专业标准的台区终端，作者团队自主研发的集成融合终端按照多专业标准开发，实现了低压营配专业的深度融合。集成融合终端采用了"云管边端"的智慧物联体系架构，接入用电负荷调控系统，在满足远程抄表、精准时钟管理、远程费控、低压配电网运行状态监测、电能质量综合治理需求的基础上，上行与云主站通信，下行通过 HPLC 与各种能源侧用能终端通信，用于用能数据的采集、转换、上传以及控制策略的接收、下达。

国际上，以 ABB、西门子和施耐德为代表的电气巨头均在转型，纷纷走出电气设备框架，没有布局集成融合终端装置。同时国外的技术封锁，使我国能源互联网领域面临巨大挑战。为了在负荷调控领域实现完全自主可控，作者团队在充分研究低压配电网特性和用户特征的基础上，完整设计出基于"国网芯"的集成融合终端，充分发挥 HPLC 和信息安全的优势，极大地提高了清洁能源消纳的负荷调控技术的可靠性、灵活性，使得系统资源调配达到整体最优。

本章 5.1 节给出自主可控集成融合终端的典型设计，5.2 节和 5.3 节对高频负荷数据并发采集技术和集成融合终端 APP 微应用设计进行详细阐述，5.4 节对集成融合终端的应用进行分析和展望。

5.1 集成融合终端典型设计

本节从硬件系统、软件架构、工作方式和典型技术指标等方面介绍集成融合终端的典型设计。集成融合终端采用硬件平台化、软件 APP 应用程序化的设计理念以及模组化的结构设计，北向通过 4G、5G 等方式与用电信息采集主站进行数据及控制指令的交互，南向通过 HPLC 方式与低压智能断路器、智能电表等端设备交互，集计量、负荷单体模型构建、可调节负荷全面采集、监控及综合分析等功能于一体，最终实现可调节负荷运行态势的全景感知和分析控制。

5.1.1　硬件系统

终端硬件包括电源交采板和主控板两部分，核心元器件完全自主化。主控板围绕自主可控的"国网芯"SCM701 主控芯片设计，采用 ARM Cortex-A7 架构单芯 4 核处理器，主频为 1.2GHz，外围集成 1GB/2GB DDR3 SDRAM 和 8GB Flash 存储器、两路千兆以太网等外设接口。安全方面采用硬件加密 ESAM 芯片，可支持 SM1、SM2、SM3、SM4 加密算法，CPU 最高工作频率为 32MHz，支持 SPI 通信方式。电源模块采用自主研发的第三代半导体氮化镓电源模组，基于自主研发的氮化镓功率芯片研制，具有高效率、低带宽、低待机功耗的特点，其中输出效率达到 90%以上，待机功耗小于 0.5W，静态耐压达到 900V。集成融合终端硬件系统框图如图 5.1 所示，基于 SCM701 主控芯片的核心板如图 5.2 所示，集成融合终端实物如图 5.3 所示。

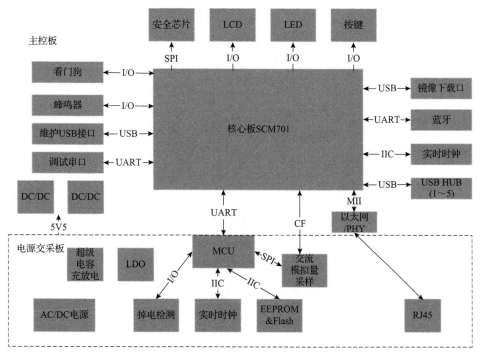

图 5.1　集成融合终端硬件系统框图

LCD 指液晶显示器；LED 指发光二极管；LDO 指低压差线性稳压器；IIC 指集成电路总线；
MCU 指微控制器单元；UART 指通用异步收发传输器；CF 指紧凑型闪存

图 5.2 基于 SCM701 主控芯片的核心板

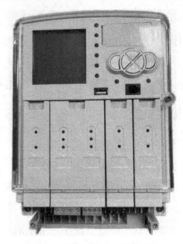

图 5.3 集成融合终端实物

5.1.2 软件架构

软件采用分层架构设计，包括系统层和应用层，系统层包括统一嵌入式操作系统、硬件驱动、系统接口层、硬件抽象层（hardware abstraction layer，HAL），统一嵌入式操作系统通过系统接口层为应用层提供系统调用接口，通过 HAL 提供硬件设备访问接口；应用层包括各类 APP，如基础 APP、边缘计算 APP、高级业务 APP 以及其他 APP，APP 之间通过消息总线进行数据交互，具有较强的灵活性和可扩展性。集成融合终端软件架构如图 5.4 所示。

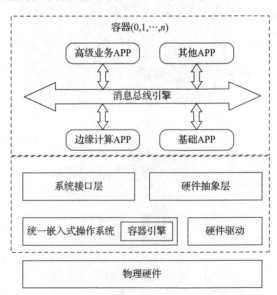

图 5.4 集成融合终端软件架构图

5.1.3 工作方式

采集任务如抄表功能，由集成融合终端按照主站系统的任务计划向各个计量表抄取数据信息并进行分、时、日、月级别的数据信息存储，汇总后统一交由主站系统集中处理。集成融合终端与计量表即装即用，安装后自动同步用户档案并执行采集任务。以外接 RS-485 信道的电能表描述具体流程如下：

（1）系统启动后，采集任务调度管理 APP 向系统管理器注册并订阅数据中心的数据更新事件；

（2）采集任务调度管理 APP 启动后，主动从数据中心读取采集任务及采集方案参数；

（3）数据中心应答采集任务和采集方案等参数；

（4）采集任务调度管理 APP 实时检查任务执行周期，采集任务满足执行条件后，根据对应采集方案要求采集的数据项组织采集任务报文；

（5）采集任务调度管理 APP 将组织好的报文通过对应 RS-485 接口发送给电能表，并等待电能表响应；

（6）采集任务调度管理 APP 接收到来自 RS-485 接口的响应报文后，解析出对应数据，并将数据存入数据中心。

集成融合终端通过 HPLC 与低压智能断路器进行信息交互，下面以远程控制用户负荷为例描述具体流程如下：

（1）主站发送远程负荷控制开合相关指令参数；

（2）集成融合终端控制 APP 根据数据内容更新控制参数；

（3）集成融合终端控制 APP 根据数据内容通过 HPLC 传输至用户负荷控制终端；

（4）用户负荷控制终端收到集成融合终端的开合指令，对负荷进行开合控制，并将控制结果反馈给集成融合终端；

（5）集成融合终端控制 APP 收到控制成功指令，生成事件日志并存入数据中心，并将事件数据上传至主站。

5.1.4 典型技术指标

1. 后备电源

终端采用超级电容作为后备电源，并集成于终端内部。当终端主电源故障时，超级电容能自动无缝投入，可维持终端及终端通信模块正常工作至少 3min，并具备与主站通信 3 次完成上报数据的能力；失去工作电源时，终端保证保存各项设置值和记录数据不少于 1 年，超级电容免维护时间不少于 8 年。

2. 功耗

(1)终端整机工作功耗：≤25V·A。

(2)交流工频电量每一电流回路功耗：≤0.75V·A。

3. 接口数量

(1)终端具备 1 路无线公网/无线专网远程通信接口，并具备双 APN(access point name，接入点)通道的接入能力，支持 2G/3G/4G，并可向 5G 演进。

(2)终端本地通信接口：终端具备 2 个 RS-485、2 个 RS-232/RS-485 可切换串行接口、1 个电力线载波通信接口/微功率无线通信接口，RS-232/RS-485 接口传输速率可选用 9.6kbit/s、19.2kbit/s、115.2kbit/s。

(3)终端具备 2 路以太网接口，1 路用于主站通信或远程升级，另 1 路用于本地升级维护，接口速率 10Mbit/s/100Mbit/s 自适应。

(4)终端具备 1 路本地连接 HPLC 模块、微功率无线通信模块或载波无线双模模块，通信接口同时支持 UART 和以太网，支持速率 115.2kbit/s 以上。

(5)终端具备 4 路开关量输入接口，可采集变压器档位、断路器位置状态、柜门开合状态、水位、烟感等信号。

(6)终端具备 1 路蓝牙，用于本地运维设备，支持蓝牙 4.2 及以上。

(7)终端具备 1 路北斗接口，用于本地地理位置信息采集和对时。

4. 支持通信协议

终端远程通信应支持 DL/T 634.5101—2022、DL/T 634.5104—2009、DL/T 698.45—2017 协议，终端本地通信支持 DL/T 698.44—2016、Modbus、DL/T 698.45—2017、DL/T 645—2007、Q/GDW 1376.2—2013 协议。

5.2　基于 HPLC 及多信道管理的高频负荷数据并发采集技术

现有终端采集频度较低，为了提升负荷调控的精细化水平，对数据采集频度提出了新的要求。本节提出一种集合 HPLC 调制采样技术及多信道管理的高频数据并发采集方法，解决信道之间的冲突及通信延迟问题，实现 15min 曲线数据的高效并发采集。

5.2.1　HPLC 调制采样技术

基于 HPLC 电能采集方案主要采用 HPLC 调制采样技术，前端 ADC 充分保证电流、电压采样率。图 5.5 为采用基于 HPLC 的调制方式进行采样，采集到的电压、电流原始数据包含 2～21 倍电压、电流的谐波数据信息。在工频过零点附近发送由 64 个正交频分复用字符组成的帧信号，其传输时间为 1/6 周期，结合上述参数可以获得基于 HPLC 调制的参数信息。

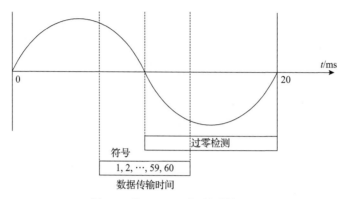

图 5.5　基于 HPLC 调制采样原理

5.2.2　多信道管理

利用多信道管理能够实现并发抄表，主要是利用 CCO 与 STA 之间通信时间短、STA 与负荷调控终端之间通信时间长的特点，实现多目标地址（m）、多数据项（n）发送任务。相较于传统的单目标、单数据项的抄读方式，数据在 CCO 与 STA 之间传输及 STA 与负荷调控终端之间通信可以并行执行，大大缩短抄读时间，提升 HPLC 信道的利用率。

同时，数据采集与控制指令都需要占用 HPLC 信道，同时下发指令时存在信道冲突，为了不影响数据采集，满足控制指令的实时性要求，采用指令方式解决信道、任务冲突。集成融合终端本地通信管理 APP 具有"虚拟路由"功能，可对"共享资源"CCO 模块进行管理，避免多 APP 并发访问带来的冲突，同时进行优先级管理。此外，可针对终端与本地通信模块交互中的各类异常，以及关联业务 APP 的异常访问进行处理，保证控制通道和抄表通道通畅。HPLC 信道额外增加一个信道用于控制指令的交互，实现抄表及控制指令并行处理，进而消除信道冲突。

利用 HPLC 调制采样技术及多信道管理能够支撑集成融合终端并发进行高频电能数据采集任务，同时集成融合终端在此基础上拥有多级采集任务优先级管理功能，支持按业务类型编排优先级，使抄表端口按照优先级进行排序，确保高优先级业务优先执行。

5.3 集成融合终端 APP 微应用设计

集成融合终端基于容器管理技术和软硬件解耦技术设计，加载营销 APP 可以实现集中器功能，加载配电 APP 可替代配变终端，加载光伏监测 APP 可对分布式光伏系统进行实时监控。集成融合终端采用"全面感知、广泛互联、边缘计算、数据融合、智能应用"的设计思路，将 APP 功能设计分成"感应用"及"知应用"。

5.3.1 感应用

第一类应用以"感应用"为主，主要进行数据采集及监控、数据交互及通信，包括交流数据采集、变压器状态量监控、集中器数据交互、智能电表数据交互、剩余电流动作保护器监控、塑壳断路器监控、电能质量监控(智能电容器控制、换向开关控制)等。

5.3.2 知应用

第二类应用以"知应用"为主，主要对数据进行计算、融合、分析以及事态研判和主动配网。"知应用"根据面向客户的不同又分为两类。

1. 面向输配电侧

该类应用主要包括低压配网动态分析及故障研判、故障定位、低压配电线路阻抗分析、台区精益线损分析、配电台区负荷监测及智能调节、网络拓扑分析、用户停电智能研判、户变关系与相位识别等。

2. 面向用户侧

该类应用主要包括分布式光伏接入、台区及重点用户能效综合管控、有序用电/用能方案推送等。

5.4 集成融合终端应用分析与展望

目前，集成融合终端的应用主要体现在柔性控制、负荷监测、可调资源协同调度、安全用电、无功管理、碳排放服务几个方面，其典型应用如图 5.6 所示。

在柔性控制方面，集成融合终端通过 HPLC 与低压智能断路器进行信息交互，实现可调节负荷的调节，将现有刚性负荷控制方式转变为考虑激励、价格、调节成本等多种因素的柔性互动方式；在负荷监测方面，集成融合终端可实现用户侧用能的实时数字化监控，对用户侧的各用能回路负荷进行精准监测；在可调资源

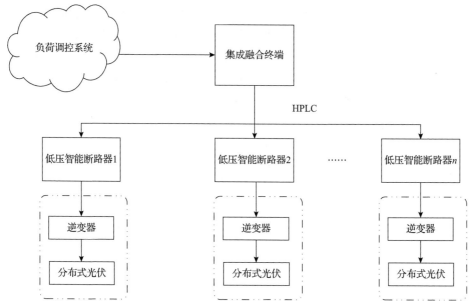

图 5.6 集成融合终端典型应用示意图

协同调度方面，集成融合终端实现可调资源接入、负荷资源协同分析、可调资源统一调度；在安全用电方面，集成融合终端通过安全用电监测模块，实现异常用电的特征提取和隐患诊断；在无功管理方面，集成融合终端通过用户侧无功状态感知和互动调节模块，实现对用户用电无功状态的感知和自动补偿；在碳排放服务方面，集成融合终端可根据不同的用能场景，结合电碳模型，计算用户碳排放量并挖掘用户的碳减排潜力，提出相应的碳减排技术。

长远来看，集成融合终端的推广应用分为三个方面：一是可服务于电力用户能效管理与经济运行，通过空调、蓄冷蓄热、电锅炉等用能系统的柔性负荷调节与配网系统的无功优化、经济运行等，实现电力用户日常用能管理，助力能效提升，降低能源使用成本，提升管理效率；二是可支撑电力用户电价分析、电力市场与碳市场交易，通过集成融合终端边缘计算与运行分析功能，实现电力用户能源价格动态分析预测，支撑用户参与电力市场与碳市场，合理参与包括需求侧响应在内的市场化交易，降低能源价格，从而吸引电力用户主动应用新型电力负荷管理系统参与市场化交易；三是能在有序用电时期为政府和电网提供精准调控技术手段，全面实现可调节资源的市场化拓展需求和低碳高效的长远目标。

5.5 本 章 小 结

本章介绍了集成融合终端技术，首先阐述了集成融合终端国内外研究现状，设计了一款自主可控的集成融合终端，介绍了其硬件系统、软件架构和工作方式；然后介绍了基于 HPLC 及多信道管理的高频负荷数据并发采集技术，详细阐述了集成融合终端的 HPLC 调制采样技术和多信道管理技术，以及基于容器的管理和软硬件解耦技术，从"感应用"和"知应用"的维度，设计了集成融合终端 APP 微应用；最后对集成融合终端的应用进行了展望。

第6章 低压负荷控制边缘计算技术

边缘计算，是一种在物联网、人工智能、大数据及云计算快速发展形势下提出的新计算模式，可将具有计算、存储、应用等能力的智慧平台部署在靠近数据源头的网络侧，提供边缘意义上的智能服务，从而得到更快的网络服务响应，满足行业在实时业务、应用智能、安全与隐私保护等方面的基本需求。

边缘计算在工业界的发展也备受关注，其潜力已在世界范围内得到广泛认可。边缘计算可以用在需要提高响应时间和节省带宽的场合，用于位置捕获，存储、处理和分析数据。因此，边缘计算是一种分布式计算框架，它使应用程序更接近物联网设备、本地终端设备或边缘服务器等数据源。边缘计算对智能联网设备的应用有着重要的作用，能极大地促进人工智能解决方案的部署。随着5G通信技术与分布式人工智能技术的发展，边缘计算技术结合5G网络与人工智能实现物联网的边缘智能应用逐渐兴起。

现代云计算平台依托于虚拟化服务技术，将系统的各类资源进行有效整合和管理，为用户提供高效的计算服务和应用需求。云计算是一种简单的分布式计算模型，它能将庞大的任务分解成无数个小任务，利用服务器集群进行处理和分析，最后将计算结果合并返回给用户。然而，终端设备的大量接入暴露了云平台计算模型的局限性。云计算是将弹性的物理资源和虚拟资源以共享的方式进行服务供应与管理，而边缘计算是在网络的边缘节点以分布式处理和存储提供基于数据的服务。边缘计算通过网络边缘进行数据处理，减轻云端网络核心节点的压力，是未来实现大规模智能终端分布式智能管理的一种理想解决方案。但是，边缘计算并不是云计算的替代品，而是对云计算的补充和延伸，它为边缘端的终端设备提供了丰富、便捷、灵活的弹性资源。

一般来说，边缘计算具有四个特点：①智能化，即边缘计算可以与人工智能技术结合，使终端设备能够处理更加复杂的业务；②低时延，即边缘计算平台将计算任务下沉到边缘端，采用分布式计算在数据源头进行高效处理，可以有效地缩短响应时间；③低能耗，即边缘计算的分布式架构可以减少与云之间的数据传输和网络通道的占用，从而降低数据处理成本和设备运行能耗；④可靠性，即分布式边缘设备可以为系统提供就地计算和管理功能，在云中心处理不及时或者通信故障的情况下，保证局部系统的稳定运行。

边缘计算适用于实时、短周期的数据分析和本地决策等场景，而云计算适合进行非实时、长周期数据的大数据分析。因此，边缘计算与云计算的协同具有诸多优势。边缘计算靠近数据的产生侧，是为云计算提供数据的采集单元，可以支撑云端的大数据应用，能缓解云平台在网络带宽、计算存储等方面的压力，云端通过大数据分析之后形成的计算结果和业务规则也可以传输到边缘端来提升终端业务处理能力。

6.1　基于云边协同的边缘计算

边缘计算具备 IaaS(infrastructure as a service,基础设施即服务)、PaaS(platform as a service, 平台即服务)和 SaaS(software as a service，软件即服务)三大服务模式，支持多样化的部署模式，是涉及边缘 IaaS、边缘 PaaS 和边缘 SaaS 的端到端开放平台。边缘 IaaS 与云端 IaaS 实现资源协同，边缘 PaaS 和云端 PaaS 实现数据协同、智能协同、应用管理协同、业务编排协同，边缘 SaaS 与云端 SaaS 实现服务协同。

不同于整合大量资源的云计算平台，边缘计算平台是一个分布式的平台，包含了各种协议和功能。边缘节点应能提供计算、存储、网络、虚拟化等基础设施资源，应具有本地资源调度管理能力，应能与云端协同。边缘节点接受并执行云端资源调度管理策略，包括边缘节点的设备管理、资源管理以及网络连接管理。边缘计算平台的主要技术特征如下。

1)数据协同

边缘计算平台负责终端数据采集，对数据进行初步处理与分析，并将处理结果以及相关数据上传至云端。边缘计算平台与云计算平台在数据层面协同，支持数据在边缘与云端可控有序流动，形成完整的数据流转路径，高效低成本地对数据进行全生命周期管理与价值挖掘。

2)智能推理

边缘计算平台能按照 AI(artificial intelligent，人工智能)模型执行推理，按需实现分布式智能。

3)管理调度

边缘计算平台不仅为各种应用程序提供了一个可以部署和运行的环境，而且还负责对这些部署在本节点上的多个应用程序进行全生命周期的管理和调度。

4)应用实例

边缘计算平台能提供模块化、微服务化的应用/数字孪生/网络等应用实例。

5)SaaS

边缘计算平台能按照云端策略实现部分 SaaS，与云端 SaaS 协同实现面向客户的按需 SaaS。

6.1.1　云边协同技术

云边协同是最近受到关注的一种协同计算形式，也是相对较为成熟的一种技术模式。边缘计算是云计算的延伸，在云边协同中，云端负责大数据分析、模型训练、算法更新等任务，边缘端则基于就地信息进行数据的计算、存储和传输。

一般来说，云边协同有三种模式：①训练计算的云边协同，即云端根据边缘上传的数据对智能模型进行设计、训练和更新，边缘端负责搜集数据并实时下载最新的模型进行计算。②云导向的云边协同，即云端除了承担智能模型的设计、训练和更新，也会承担模型前端的计算任务，然后将中间结果传输给边缘端，让边缘端继续计算而得到最终结果。该模式旨在权衡云端和边缘端的计算量和通信量。③边缘导向的云边协同，即云端只负责初始的训练工作，模型训练完成之后下载到边缘端，边缘端在执行计算任务的同时，也会利用实时就地数据来对模型进行后续训练。该模式旨在满足应用的个性化需求，更好地利用局部数据。

现阶段，通过对云边协同技术进行深入的研究，提出一种双层的多云中心协同范式，利用上层云中心和边缘云的计算协同，有效地执行移动客户的复杂计算任务。云边协同将成为未来智能产业技术发展的重要趋势，使云计算和边缘计算互相作用，弥补不同应用场景下的短板。

6.1.2　边缘智能技术

深度学习、神经网络、强化学习等智能算法能部署在边缘计算的框架中，利用分布式的智能终端承担复杂系统的计算任务，为边缘端应用提供强有力的支撑。现阶段，由于大部分智能算法和模型较为复杂，边缘端设备的性能一般难以满足要求，智能计算服务部署在云中心以处理业务需求。然而，这样的中心式构架不能满足一些超实时应用的需求，如实时分析、智能制造等，因此在边缘端部署智能算法可扩展边缘计算的应用场景。

以深度学习为例，深度学习是广泛应用在电力系统中的一种智能算法，它要求边缘计算设备具有相应的承载算力。基于前述云边协同技术，云中心将训练好的深度学习模型进行分割，并下沉到不同的边缘节点，边缘节点下层智能终端对采集的数据进行预处理，边缘节点利用数据和卷积神经网络(convolutional neural network，CNN)进行计算并返回结果给云中心，云中心将边缘节点返回的结果输入全连接卷积神经网络(fully-connected convolutional neural network，FCNN)得出最终的结果值。边缘智能计算架构如图 6.1 所示。

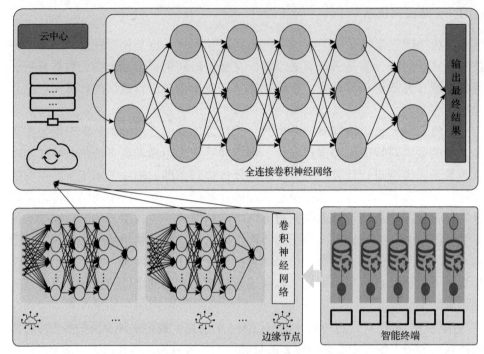

图 6.1　边缘智能计算架构

现阶段，深度学习的训练都放在云中心，而训练数据都在边缘端，这种模式并不适用于所有的深度学习应用场景，尤其是对于一些需要本地信息和持续迭代训练的应用。海量数据的传输需要占用通信信道的资源，这不仅会带来极大的网络资源消耗，也难以确保信息传输的可靠性。另外，边缘端的部分数据涉及边缘节点中终端用户的隐私，将所有的数据上传给云中心并非一个实际的做法。因此，应该将带有稳定计算资源的边缘计算节点看成多个训练中心，在本地采集信息并进行数据预处理和模型训练。这种训练方式需要结合边缘导向的云边协同和边边联邦训练协同两种模型，训练示意图如图 6.2 所示，主要有以下几个步骤：①云中心将初步训练的深度学习模型完整地下发给某个边缘节点，这个边缘节点可以称为聚合服务器（aggregation server，AS）。②边缘节点参与 AS 的模型训练，利用其本地数据训练局部模型。③边缘计算节点将更新的局部模型发送给 AS，得到更新后的全局模型。这种模型训练方法在保护边缘节点数据隐私和安全的前提下，减小了整个系统的通信压力，增加了模型训练的可靠性。

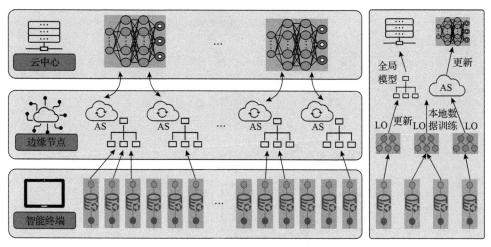

图 6.2 模型训练示意图
LO 指本地

6.2 基于 Autoformer 网络的负荷预测技术

负荷预测对于负荷控制和管理具有积极、重要的意义,集成深度学习和集成学习方法构建了融合模型,实现对高载能用户的负荷预测,可动态预测 15min 频率、1~7 天周期内的超短期负荷,为负荷控制提供依据。

基于 15min 负荷数据和多维度时间特征,首先采用基于深度学习的 Autoformer 网络(图 6.3)实现用户未来负荷的第一阶段预测;再基于第一阶段输出和未来部分的时间特征、历史特征建立集成学习模型,对用户未来负荷进行第二阶段的预测。模型总体结构如下所示:

$$z_l^i = g\left(x_h^i, e_h^i, x_{l+h/2}^i, e_l^i\right) \tag{6.1}$$

$$y_l^i = f(z_l^i, x_{h/2}^i, e_l^i) \tag{6.2}$$

式中,i 为用户序号;h 为用户历史负荷序列长度;l 为用户负荷的预测序列长度;e_h^i 为用户 i 的历史时间维度特征矩阵;$x_{l+h/2}^i$ 为用户 i 的长度为 $h/2$ 的历史负荷序列和长度为 l 的 0 值序列合并后的序列;e_l^i 为预测时间长度 l 的时间维度特征;$g(\cdot)$ 为深度学习网络;z_l^i 为第一阶段输出;$x_{h/2}^i$ 为用户 i 的长度为 $h/2$ 的历史负荷特征序列;$f(\cdot)$ 为集成学习模型;y_l^i 为第二阶段模型预测输出,也为最终负荷预测算法输出。

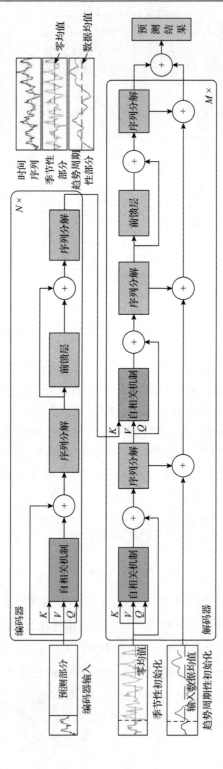

图6.3　Autoformer网络结构图

6.2.1　深度学习阶段

在第一阶段,使用了 Encoder-Decoder(编码器-解码器模型)结构的 Autoformer 对用户负荷进行超短期预测,整体结构如图 6.3 所示,模型计算过程如下:

(1)Encoder 部分的模型结构,由序列分解结构、自相关(Auto-Correlation)机制和 FeedForward(正反馈)组成,并通过 N 层计算,详细结构如下:

$$S_{\mathrm{en}}^{l,1},* = \mathrm{SeriesDecomp}\left(\mathrm{Auto\text{-}Correlation}\left(\chi_{\mathrm{en}}^{l-1}\right) + \chi_{\mathrm{en}}^{l-1}\right) \tag{6.3}$$

$$S_{\mathrm{en}}^{l,2},* = \mathrm{SeriesDecomp}\left(\mathrm{FeedForward}\left(S_{\mathrm{en}}^{l,1}\right) + S_{\mathrm{en}}^{l,2}\right) \tag{6.4}$$

式中, $\chi_{\mathrm{en}}^{l-1} = S_{\mathrm{en}}^{l-1}$, $l \in \{1,2,\cdots,N\}$ 表示第 l 层, χ_{en}^{0} 是 $l=1$ 时的初始输入,为 χ_{en} 的初始输入,即 $\left(X_h, E_h\right)$,其中 X_h 为长度为 h 的历史负荷序列, E_h 为长度为 h 的历史时间维度特征。

(2)Decoder 部分结构由自相关机制、序列分解结构交替计算,再由 FeedForward 和序列分解结构计算组成,通过 M 层 Decoder 组成 Decoder 结构。具体结构如下:

$$
\begin{aligned}
S_{\mathrm{de}}^{l,1}, T_{\mathrm{de}}^{l,1} &= \mathrm{SeriesDecomp}\left(\mathrm{Auto\text{-}Correlation}\left(\chi_{\mathrm{de}}^{l-1}\right) + \chi_{\mathrm{de}}^{l-1}\right) \\
S_{\mathrm{de}}^{l,2}, T_{\mathrm{de}}^{l,2} &= \mathrm{SeriesDecomp}\left(\mathrm{Auto\text{-}Correlation}\left(S_{\mathrm{de}}^{l,1}, \chi_{\mathrm{en}}^{N}\right) + S_{\mathrm{de}}^{l,1}\right) \\
S_{\mathrm{de}}^{l,3}, T_{\mathrm{de}}^{l,3} &= \mathrm{SeriesDecomp}\left(\mathrm{FeedForward}\left(S_{\mathrm{de}}^{l,2}\right) + S_{\mathrm{de}}^{l,2}\right) \\
T_{\mathrm{de}}^{l} &= T_{\mathrm{de}}^{l-1} + w_{l,1} \times T_{\mathrm{de}}^{l,1} + w_{l,2} \times T_{\mathrm{de}}^{l,2} + w_{l,3} \times T_{\mathrm{de}}^{l,3}
\end{aligned}
\tag{6.5}
$$

式中, $\chi_{\mathrm{de}}^{l-1} = S_{\mathrm{de}}^{l-1,3}$ 为最终 Decoder 部分周期项的输出, $l \in \{1,2,\cdots,M\}$ 为第 l 层 Decoder; χ_{de}^{0} 为 Decoder χ_{de} 的初始输入, $\chi_{\mathrm{de}} = \left(x_{l+h/2}, E_l\right)$, $x_{l+h/2}$ 为长度为 $h/2$ 的历史负荷序列和长度为 l 的 0 值序列合并后的序列, E_l 为预测时间长度为 l 的时间维度特征; χ_{en}^{N} 为 Encoder 输出的结果; $w_{l,i}$ 为第 i 个趋势分量 $T_{\mathrm{de}}^{l,i}$ 的权重, $i=1,2,3$ 。

(3)第一阶段模型整体输出为趋势部分和周期部分的叠加,详细计算公式如下:

$$Z = W_S \times \chi_{\mathrm{de}}^{M} + T_{\mathrm{de}}^{M} \tag{6.6}$$

其中,周期部分为 Decoder 中多个周期分量的权重计算结果,其权重为 W_S 。

以上计算过程中涉及分解结构、FeedForward 和自相关机制的计算,FeedForward 为普通的全连接层,详细计算公式如下:

$$\chi_t = \mathrm{AvgPool}(\mathrm{Padding}(\chi)) \tag{6.7}$$
$$\chi_s = \chi - \chi_t$$

式中，χ_t 为分解后的趋势分量，χ_s 分解结构输出的周期分量，可统一表示为

$$\chi_t, \chi_s = \mathrm{SeriesDecomp}(\chi) \tag{6.8}$$

自相关机制主要通过不同滞后时间步的前后序列 $Q:\{\chi_T\}$ 和 $K:\{\chi_{T-t}\}$ 的自相关值计算，使用 Auto-Correlation 表示，详细计算过程如下：

$$R_{\chi\chi}(t) = \lim_{L \to \infty} \frac{1}{L} \sum_{T=1}^{L} \chi_T \chi_{T-t} \tag{6.9}$$

$$\hat{R}_{Q,K}(t_1), \hat{R}_{Q,K}(t_2), \cdots, \hat{R}_{Q,K}(t_k) = \mathrm{softmax}\left(R_{Q,K}(t_1), R_{Q,K}(t_2), \cdots, R_{Q,K}(t_k) \right) \tag{6.10}$$

$$\mathrm{Auto\text{-}Correlation}(Q,K,V) = \sum_{i=1}^{k} \mathrm{Roll}(V, t_i) \hat{R}_{Q,K}(t_i) \tag{6.11}$$

式中，$R_{Q,K}$ 为序列 Q 和 K 的自相关系数。

6.2.2　集成学习阶段

在第二阶段中，使用了随机森林回归算法对第一阶段模型输出结果进行二次学习，实现最终结果的优化并输出。其模型表示如下：

$$f(Z_l, X_{h/2}, E_l) = \frac{1}{T} \sum_{i=1}^{T} h_i(Z_l, X_{h/2}, E_l) \tag{6.12}$$

式中，T 为决策树的个数；Z_l、$X_{h/2}$、E_l 分别为第一阶段模型的输出、历史输入和多维时间特征。

通过两阶段的模型学习，可实现用户未来 1～7 天 15min 的负荷预测，支撑未来的负荷调控和实施，为负荷调控提供依据和规划。

6.3　边缘计算在低压负荷控制中的应用

6.3.1　基于规则的边缘计算

具体的负荷控制流程中，可能出现基于专家经验的负荷控制规则，规则通常在云平台配置、生成、管理、下发等。

边缘端智能节点负责接收云计算节点下发的规则，并进行存储、解析，结合

规则中定义的触发条件,完成相应的业务功能。其中,规则解析引擎负责对规则脚本进行校验、解析,将其转为可执行的指令程序;规则执行引擎则是获取这些指令程序启动、终止的条件,提供调度及监控功能,可对各个指令程序统一管理及调度,如监控数据情况,发现数据指标达到触发门限时启动相应的指令程序实现负荷控制功能。

基于规则的边缘计算采用在云平台生成负荷控制规则、边缘节点执行规则的模式,一方面,云端规则生成满足了分析业务的多样性时需要较多算力支持的需求;另一方面,边缘端规则就近处理实时性的问题,同时通过不断调整和更新规则,使边缘节点根据不同的场景转化为不同的智能节点,实现了高效的协同和实时的计算。

6.3.2 基于人工智能的边缘计算

负荷预测和负荷控制算法是负荷控制的重要组成部分,对实时性要求高,因此边缘计算非常适合该应用场景,可以快速进行 AI 模型训练和推理,从而赋予设备智能控制能力,以响应实时负荷控制的需求。

1. 边缘节点推理

将负荷预测算法或负荷控制算法在边缘节点进行部署,在这种情况下,终端设备将其数据发送到附近的边缘节点,并在边缘节点处理后接收相应的结果,实现快速的负荷控制。以边缘端的负荷预测为例,其边缘端计算具体流程如下:

(1)提取用户的历史负荷数据,并以张量数据结构表示;

(2)准备时间特征,包括历史和未来部分的时间特征,以张量数据结构表示;

(3)进行第一阶段的深度学习模型推理,并保存输出;

(4)进行第二阶段模型推理,并保存推理结果,可对推理结果格式按约定进行标准化并存储、应用。

2. 在线学习

模型在边缘节点部署后,需要定期进行更新,并基于新数据进行在线训练,以实现模型的更新。如果边缘节点满足在线学习的算力需求,即可基于近期的数据对模型进行在线训练,实现模型的在线更新。但边缘节点设备不一定满足在线学习的算力需求,该情况下需要基于云边协同实现模型的更新和维护,云平台基于新数据对边缘节点进行训练,再将训练后的模型下发到各个边缘节点,边缘节点使用最新的模型进行推理和应用,从而实现整个在线学习的过程。

在线学习不仅能实现边缘计算的更新和维护,而且能个性化地对本地数据进行充分学习,更充分地学习到本地负荷的变化趋势和规律,通过长期的学习能有效提升负荷预测或负荷控制的精度。

6.4　本章小结

　　本章介绍了低压负荷控制边缘计算技术，边缘计算作为新兴计算系统范式的代表，是提升电力系统在线分析、稳定运行和紧急控制等能力的有效手段，为满足电力系统的多元化运行和控制需求提供了可靠的方法和平台。边缘计算的核心优势在于通过协同技术与智能算法的融合，可高效解决传统中心化电力系统无法求解的复杂计算任务，同时减少边缘端与云中心的数据通信，增加系统的安全可靠性，并保护边缘端数据隐私。目前，边缘计算已经呈现出越来越成熟的技术规范，将为电力系统运行与控制中各环节业务提供安全可靠、高效稳定的应用服务，也为电网高度智能化的建设提供强有力的技术支撑。

第7章 低压负荷用户即插即用技术

7.1 低压负荷用户即插即用介绍

为了实现工业园区内各低压负荷用户高效且安全接入电网，并且接受电网调度机构统一负荷控制，需要将其智能断路器和智能调控器接入园区集成融合终端，以实现遥信、遥测、遥控、遥调等"四遥"操作。

针对上述功能，为了便于低压负荷用户实现即插即用功能，首要问题是解决各个低压负荷用户接入集成融合终端后，园区内各个负荷的拓扑自动更新，并重新进行拓扑计算形成全新等效负荷发送给调度主站。对于该问题可以采用变电站的"源端维护，全网共享"技术进行类比实现，对园区内各个电力体系中的结构、一次设备、二次设备等系统全面构建电力模型，从而形成相关的文件，对园区内电力系统运行体系进行全面的描述，当智能断路器和智能调控器接入通信网络后，将文件传输至集成融合终端，以实现即插即用的功能。

在实现即插即用的功能后，如何保证即插即用功能的安全性是我们关注的下一个重点，如何保证智能断路器、智能调控器与集成融合终端之间通信的完整性、保密性、可用性，以及对智能断路器伪造顶替接入的防范都是能否安全实现低压负荷控制的关键。对于智能融合终端，应对新接入的智能断路器采用"零信任"状态，通过"三次信任"，即底层物理地址认证、密钥认证、身份认证后，使其获得正常通信的权限。下面将对上述简介中提到的各项技术进行介绍与讲解。

7.2 零信任网络

目前，典型的企业网络结构变得日益复杂。单个企业的网络可能由多个内部网、远程办公室、移动办公用户以及云服务构成。随着企业网络的边界日益模糊，传统的基于边界防护的网络安全策略不再适用。在这种背景下，业界提出了零信任架构（zero trust architecture，ZTA）。ZTA 假设网络是恶意的，即使是企业的内部网也不例外。在这种新的模式下，企业需要不断地重新评估内部网络的风险，然后制定措施来应对这些风险。

零信任的雏形源于 2004 年成立的耶利哥论坛，该论坛是一个总部设在英国的首席信息安全官群体，其成立的使命正是定义无边界趋势下的网络安全问题并寻求解决方案，该论坛提出要限制基于网络位置的隐式信任，并且不能依赖静态防御。

2010 年，John 正式提出了零信任这个术语，明确了零信任架构的理念，该模型改进了耶利哥论坛上讨论的去边界化的概念，认为所有网络流量均不可信，应该对访问任何资源的所有请求实施安全控制。

2011 年，Google 公司基于这一理念开始了其 BeyondCorp 项目实践，旨在实现"让所有 Google 员工从不受信任的网络中不接入 VPN 就能顺利工作"的目标。2017 年 Google 基于零信任架构构建的 BeyondCorp 项目得以成功完成。

2013 年，国际云安全联盟在零信任理念的基础上提出了软件定义边界（software defined perimeter，SDP）网络安全模型，并最终于 2019 年发布了《SDP 标准规范 1.0》，进一步推动零信任从概念走向落地。Gartner 在 2019 年发布的行业报告中指出，零信任网络架构（zero trust network architecture，ZTNA）也称为 SDP，其围绕 1 个或 1 组应用程序创建基于身份和上下文的逻辑访问边界。当时根据 Gartner 的数据，到 2023 年，有 60% 的企业将淘汰大部分的 VPN，而使用 ZTNA。到目前为止，可以说 SDP 是零信任理念最主要的一种落地实践。

零信任网络架构具有广泛的应用前景，能够解决多种场景下的网络安全问题。

7.2.1　零信任系统简介

零信任架构正处于快速发展的阶段。关于零信任架构，目前尚没有统一的定义。在 NIST（National Institute of Standards and Technology，美国国家标准与技术研究院）发表的"Zero trust network architecture with John Kindervag—Video"中指出，零信任架构是一种端到端的网络/数据保护方法，包括身份、凭证、访问管理、运营、终端、主机环境和互联基础设施等多个方面。

与传统的只关注边界防护、对授权用户开放过多访问权限的安全方案相比，零信任网络提供了一种基于身份的更细粒度的访问控制方法，该方法的核心思想是网络中的一切实体，不区分外网与内网，均默认为是不可信的，都需要经过认证和授权。对实体的认证与授权以单次连接为单位进行，访问控制策略随状态变化动态调整。

7.2.2　零信任网络的体系结构

1. 零信任网络各逻辑组件功能

零信任网络的参与方主要包括访问主体、受访资源、访问控制系统、辅助系统等。

访问控制系统由 PE（policy engine，策略引擎）、PA（policy administrator，策略管理器）、PEP（policy enforcement point，策略执行点）等核心组件构成。

（1）策略引擎：该组件负责最终决定是否授予指定访问主体对资源（访问客体）

的访问权限。策略引擎使用企业安全策略以及来自外部源(如 IP 黑名单、威胁情报服务)的输入作为"信任算法"的输入,以决定授予或拒绝对该资源的访问,策略引擎的核心作用是信任评估。

(2)策略管理器:该组件负责建立客户端与资源之间的连接,会生成客户端用于访问企业资源的身份验证令牌或凭据。它与策略引擎紧密相关并依赖于其决定最终允许或拒绝连接。策略管理器的核心作用是策略判定点,是零信任动态权限的判定组件。

(3)策略执行点:负责建立、持续监控并最终结束访问主体与访问客体之间的连接。策略执行点实际可分为两个不同的组件:客户端组件(如用户笔记本电脑上的智能体(agent))与资源端组件(如资源前控制访问的网关)。策略执行点的核心作用是确保业务的安全访问。

除上述核心组件外,系统中还有进行访问决策时为策略引擎提供输入和策略规则的辅助系统,包括持续诊断和缓解系统、行业合规系统、威胁情报系统、数据访问策略、公钥基础设施(public key infrastructure,PKI)系统、ID 管理系统、安全事件管理系统等。

(1)持续诊断和缓解系统:该系统收集关于企业系统当前状态的信息,并将更新应用到配置和软件组件中。持续诊断和缓解系统还提供给策略引擎关于系统访问请求的信息。

(2)行业合规系统:该系统确保企业与当前政府管理策略的一致性,以及企业开发的所有策略规则的合规性。

(3)威胁情报系统:该系统提供帮助策略引擎进行访问决策的威胁信息。

(4)数据访问策略:数据访问策略是企业为企业资源创建的关于数据访问的属性、规则和策略的集合。策略规则集可以编码在策略引擎中或由策略引擎动态生成。

(5)PKI 系统:该系统负责生成和记录企业对资源、应用等发布的证书,包括全局 CA(certificate authority,第三方认证中心)生态系统和联邦 PKI。

(6)ID 管理系统:该系统负责创建、保存和管理企业用户账户和身份记录。系统中既含有必要的用户信息,也含有其他企业特征,如角色、访问属性等。

(7)安全事件管理系统:该系统集合了系统日志、网络流量、资源权利以及其他相关信息,为企业信息系统提供有关安全态势的反馈。

2. 零信任网络的运行机制

零信任网络的运行机制主要包含以下四个步骤:
(1)访问者向 PEP 发送访问请求;
(2)PEP 将访问请求转发给 PE;

（3）PE 根据访问者设备和用户认证的情况，结合访问者所使用的应用、协议及加密情况等诸多因素进行综合考量，对该访问请求进行授权，并将授权结果通过 PA 下发给 PEP；

（4）PEP 根据授权结果决定是否允许该访问请求。

同时，PEP 需要将授权后的访问行为进行记录，并反馈给 PE。PE 会根据访问行为实时调整策略。在零信任模型中，不会给网络参与者定义和分配基于二元决策的策略，而是不断地通过反馈机制，对策略进行动态调整。

7.2.3 零信任机制依赖的核心技术

1. 身份认证技术

身份认证技术，即证实认证对象是否属实和有效，是网络安全的第一关。零信任是以身份为中心进行授权的，因此可靠的身份认证技术尤为重要。目前网络中常用的认证技术包括基于口令的认证、基于散列函数的认证、基于公钥密码算法的认证、基于生物特征的认证等。其中，基于公钥密码算法的认证技术具有技术成熟、安全性高、使用方便等特点，已获得了广泛的应用，为维护网络环境的安全发挥了重要作用。零信任安全模型下，基于公钥密码算法的认证技术仍将得到广泛应用。

传统的网络安全技术，多采用一次认证，认证通过后即长期授予权限。攻击者可以通过冒用合法用户身份的方式侵入系统，从而导致安全机制失效。在零信任模型下，对用户访问行为的监控是持续进行的，能够根据用户的行为实时调整策略。若发现攻击行为，能够及时终止该用户的访问权限，避免进一步的损失。这也是零信任模型区别于传统安全技术的重要特征。

2. 访问控制技术

零信任模型的核心是对资源的访问控制。访问控制是通过某种途径显式地准许或限制主体对客体访问能力及范围的一种方法，其目的在于限制用户的行为和操作。作为一种防御措施，避免越权使用系统资源的现象发生，同时通过对关键资源的限制访问，防止未经许可的用户侵入，以及因合法用户的操作不当而造成的破坏，从而确保系统资源被安全、受控地使用。当前应用比较广泛的访问控制技术包括基于角色的访问控制(role based access control，RBAC)和基于属性的访问控制(attribute based access control，ABAC)。

在 RBAC 模型中，引入了"角色"的概念。每一种角色都意味着该类用户在组织内的责任和职能。基于 RBAC 技术，权限会优先分配给角色，然后将角色分配给用户，从而使用户获得相应权限。RBAC 定义的每种角色，都具有一定的职能，不同的用户根据其职责的差异被赋予相应的角色。RBAC 可预先定义权限与角色之间的关系，能够明确责任和授权，进而强化安全策略。

在 ABAC 模型中，使用实体属性(组合)对主体、客体、权限及授权关系进行统一描述，通过不同属性的分组来区分实体的差异，利用实体和属性之间的对应关系进行安全需求的形式化建模，可以有效解决开放网络环境下更细粒度的访问授权问题以及用户大规模动态扩展问题。与 RBAC 相比，ABAC 具有访问控制粒度更细、更加灵活的特点。

零信任模型下，需要解决对用户的最小化授权、动态授权控制等问题。现有的零信任实现方案多基于 ABAC,也有部分方案是基于 RBAC+ABAC 的方式实现的。可以预见，在今后相当长的一段时间内，RBAC 和 ABAC 仍将在零信任模型中发挥重要作用。

3. 人工智能技术

零信任模型下，需要实现自适应授权控制，仅依赖预先设定的访问控制规则是无法满足该要求的。人工智能技术主要研究如何运用计算机模拟和延伸人脑功能，探讨如何运用计算机模仿人脑所从事的推理、证明、识别、理解、设计、学习、思考及问题求解等思维活动，并以此解决咨询、诊断、预测、规划等人类专家才能解决的复杂问题。

采用人工智能技术，综合用户身份信息、网络环境信息、历史行为等数据，是最终实现对用户、设备、应用的认证和授权达到细粒度自适应控制的有效途径。随着技术的不断发展，人工智能的识别、决策效率不断提升，将极大提高零信任模型在恶意行为下的响应精度与效率。

7.2.4　面向零信任环境的新一代电力数据安全防护技术

1. 基于国产密码的电力终端身份认证

在移动、泛在、混合、广域互联的零信任网络环境下，传统基于物理边界构建安全基础设施、依赖网络位置建立安全信任的防御架构被彻底打破，基于身份的认证和授权成为新安全防御体系的信任基础。

考虑到基于"用户名+密码"的身份认证模式易受木马、密码字典等攻击的影响，大部分电力系统选择采用 PKI 提升身份认证的安全管控性能。PKI 机制依托 CA 构建公钥和身份信息(用户名称、邮件地址、资产编号等)的对应关系，作为一种中心化的密钥管理方式，电力终端数量的日渐增多使得 CA 证书的管理日趋复杂，一旦网络请求超过资源处理能力，容易导致证书的注册、颁发、更新、注销等服务出现问题。同时，中心化的方式易使 CA 遭受单点故障和拒绝服务攻击。基于身份标识密码(identity-based cryptograph, IBC)技术与 PKI 技术都属于公钥密码技术，二者可实现相同的功能，进行加/解密、签名验证和密钥交换等密码操作。

但 IBC 机制不需要申请和交换证书，极大地简化了密钥管理的复杂性。但是，由于 IBC 机制的私钥在用户端管理，一旦泄露将给接入验证带来很大威胁。

为提升加密算法的自主可控性，实现数据保护技术国产化，基于 IBC 机制的国产密码算法 SM9 被提出。该算法将用户的唯一标识作为公钥，与零信任网络环境的数据加密需求具有极高的契合度。SM9 算法基于密钥认证登录，结合挑战/握手认证协议(challenge handshake authentication protocol, CHAP)可实现用户身份的安全认证，可有效抵抗传统模式面临的第三方攻击。基于 CHAP 的认证机制需要服务器端每次向用户端发送一个随机"挑战值"，用户端收到"挑战值"后，按照事先协商好的方法进行应答。CHAP 通过交互过程来校验对端的身份，能够安全地验证用户的身份标识，确认登录用户的真实身份。同时，CHAP 可对每次认证设置不同的"挑战值"，进而阻止来自访问者的重放攻击。"挑战"相当于提出问题，"握手"相当于回答问题，其主要流程如下：

(1) 用户端向服务器端发送访问请求；

(2) 服务器端返回接受请求信息和"挑战值"；

(3) 用户端使用私钥对"挑战"进行应答；

(4) 服务器端核对收到的应答是否正确，正确则认证通过，反之则失败。

SM9 算法适用于海量终端场景下各种新兴应用的安全保障，可把"用户名+密码"的认证方式升级为密钥验证的方式，提升海量终端接入电力系统的安全防护能力，如密码云服务、智能终端安控、业务邮件防护、物联网节点防护等。这类应用可使用终端编号、手机号码、邮件地址等身份信息形成公钥，实现数据加密、身份认证、通话加密、通道加密等功能，具有使用便捷、易于部署等特点。如图 7.1 所示，为防止密钥被窃取导致终端接入风险，联合手机号码和无线终端编号作为用户的 ID 信息，向统一认证平台注册并生成私钥传递给无线终端。操作员每次登录无线终端时，统一认证平台收到请求后解析出报文信息中的手机号码，并向该手机号码发送随机验证码，无线终端收到验证码后用私钥进行签名并发送给统一认证平台，若认证通过，则确认该终端及密钥处于安全的状态，允许下一步操作；若未通过，则拒绝接入。

同时，为强化密钥的安全存储和使用管理，遵照通用身份认证框架(universal authentication framework, UAF)协议，私钥被存储在终端专有模块中，以提升安全性。综合利用 UAF 机制和 SM9 算法各自的优势，构建一种统一的身份认证方案，解决操作员在多个电力业务系统中重复注册和认证的问题。针对大规模终端接入，充分运用 SM9 加密机制，无需用户在服务器端注册，只需要借助手持终端手机号和统一认证平台就可完成认证，能够很便利地实现多电力业务系统间的统一身份认证，有效支撑电力终端的高等级安全验证。

图 7.1 为基于 UAF 与 SM9 的协同认证架构，通过 UAF 实现"无口令"认证，

并联合 SM9 算法形成电力业务多场景统一身份认证授权机制,使终端接入认证更加安全便捷,提升了海量终端的接入安防水平和身份认证效率。

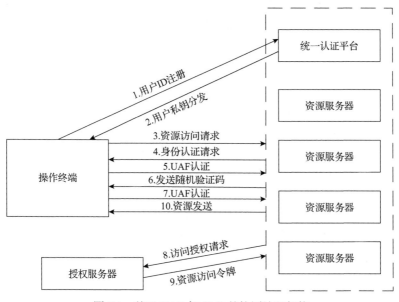

图 7.1　基于 UAF 与 SM9 的协同认证架构

2. 基于量子密钥分发的电力数据保护

密码技术被广泛用于抵抗第三方攻击行为,保障网络空间数据的机密性及完整性。针对日益复杂的网络环境,我国已建立了完整的国产密码体系,涵盖对称密码、非对称密码及摘要密码等算法,已大规模应用于交通、金融、能源、制造等行业。密码技术主要包括密钥和算法两部分。其中,密钥的安全非常关键,一旦被第三方获取,密码技术将无法进行有效防护。随着网络攻防技术的不断演进,密钥在生成、分发、应用、存储和更新等环节面临日益严峻的安全形势。

量子密钥分发(quantum key distribution,QKD)技术凭借其安全的分发机制在各领域开展实用化验证及应用。与传统通信模式不同,QKD 可发现任何企图窃取密钥信息的第三方行为,有效提高了数据保护的安全级别。近年来,QKD 技术基于电力核心业务的示范应用开展性能评估,推进了该技术的实用性。为提升能源互联网环境下电网信息交互的安全性,采用了 QKD 技术保障电网数据的安全传输。电力行业充分考虑了调度自动化、配电自动化、用电信息采集、视频会商等业务属性构建的 QKD 网络,极大地提升了电力量子密钥加密的性能。同时,为降低量子密钥应用难度,构建标准化电力 QKD 架构,电力行业开展了量子密钥云服务研究,实现多业务场景加密密钥的在线更新,可解决传统电网密钥安全分发问题。图7.2描述了三个典型电力业务场景中基于QKD技术保障业务数据传输安全。①生产调度方面：确保调度指令、配电信息、保护数据等的安全。②电力营销方面：确保营销数据、用电信息、客户隐私等的安全。③运营管理方面：确保办公业务、数据灾备、视频会商等的安全。

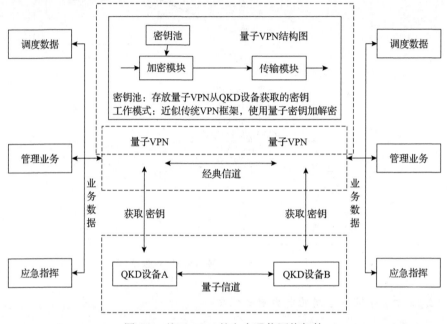

图 7.2　基于 QKD 的电力通信网络架构

电力行业结合现有基础网络、业务特点与信息安全需求，验证环境配备 QKD 设备、量子 VPN 以及满足衰减要求的光纤通道。实验选取了电网实际链路开展调度自动化、数据灾备等业务测试，并在实验环境下开展了承载配电自动化及用电信息采集业务的性能测试。调度自动化业务测试线路全长 142.82km，目的是验证 QKD 系统承载遥信、遥测、遥控和遥调等业务的指令加密传输性能。

生产端的远程终端单元将站内遥信、遥测信息分别上送至省调度自动化系统和移动主站(子站)，并与调度自动化系统和移动主站(子站)接收的遥信、遥测信息进行一致性对比。厂站端通过 RTU 下发遥控、遥调指令，并比对 RTU 接收到的报文是否与移动主站(子站)发送的报文一致。实验结果表明，基于 QKD 的数据加密传输与经典加密传输的内容一致，实现了厂站和主站间遥信、遥测、遥控、遥调业务的稳定运行，且调度自动化系统收到指令后正常动作。其中，厂站端与总部主站间的业务传输时延<3ms，符合电力控制类业务稳定运行的要求。针对电力灾备业务，测试采用客户端向服务器端请求数据下载的模式，开展了 QKD 成码率和量子 VPN 传输性能测试。验证结果表明，在线路损耗为 13dB 时量子密钥

成码率达到 27.79kbit/s。当业务报文包长度超过 1024B 时，量子 VPN 的传输速率为 581Mbit/s（时延≤8ms），且数据库备份比对一致，传输性能满足电力灾备业务指标，进一步提升了大数据量在线传输的安全级别。

综合以上基于 QKD 技术的电力业务测试结果，所提方案可以充分满足电网稳定传输的各类指标，可提升业务数据的安全防护级别，有效保障能源信息交互安全，支撑电力系统的智慧化及信息化。

3. 基于区块链的电力商务数据保护

考虑到电力数据价值的不断挖掘，不仅需要关注数据在流转环节的安全防护，也需要关注数据从生成到归档全生命周期的可信性。随着电力行业大力推进"互联网+"转型，电子商务、金融科技、电动汽车、综合能源等业务得到快速发展，企业供应链也在不断变化和延伸，覆盖了制造商、服务商、渠道商、金融机构、监管机构、客户等节点。随着供应链管理难度日益增加，协同效率面临诸多制约，表现在数据孤岛、数据信任和履约保障等方面。能源互联网战略的实施使得各类电力系统呈现广泛互联的态势，内外网数据交互日益频繁，形成了多利益主体参与的业务场景，推进信息共享的同时信任风险也在增加，提升数据防护和数字取证能力成为需要解决的问题之一。

区块链作为基础支撑性技术，具有很好的渗透性，可与大数据、物联网、人工智能等新兴技术进行深度融合，数据保全、溯源的技术特性可有效提升电力信息化技术水平和支撑能力。区块链属于多节点参与、共同维护的去中心化数据库，具有防伪造、防篡改、可追溯等特点。上链信息记录了交易的所有信息，形成了过程高效透明、数据高度安全、多方信任协同的运行机制，与分布式能源互联交互具有极高的契合性，有利于解决电力产业链中的生产协同、信息共享、隐私防护、数据可信、行为可溯等问题，促进生产效率的提升和运营成本的降低。区块链由区块头和区块体两部分构成，其中区块头由版本号、前一区块散列值、Merkle 根节点、时间戳、难度值、随机数及交易记录组成。基于散列算法特性，若任意交易记录被篡改，其二叉树结构 Merkle 树的根节点必然发生改变，其他节点验证散列值时能够明显地发现问题。

供应链金融的不断发展，形成了多主体参与、信息不对称、信用机制不完善、信用标的非标准的场景。供应链中存在多层供应和销售关系，但核心企业的信用往往只能覆盖到与其有直接贸易往来的一级供应商和一级经销商，无法传递到更需要金融服务的上下游两端的中小企业。考虑到该模式与区块链技术有天然的契合性，区块链作为一种分布式账本，为参与方提供了公平互信的平台，降低了多主体间的信用协作风险和安全维护成本。基于区块链的供应链协同使上下游企业共同参与交易，多方信任推进产业生态链向更真实、更透明和更智能方向发展，实现了数字身份、数据资产等信息的互联互通、可信共享、有序协同,可确保企业合约按照约定公正、独立的运行机制自动执行。因此,基于区块链技术构建电力供应链,能够打通各主体间的交易关系,实现信用在核心企业和远端企业之间传递,扩展供应链金融的服务范围。资产数字化使资产价值具备了可确权、可传递和可拆分等特点,极大提升了数字资产的流动性。链上所有交易由生态链上的多方共同参与,各方都有完整的交易数据,确保了合同、订单及支付等信息的真实性。能源互联网战略使得新兴业务急剧增加,数据融通、设备安全、个人隐私、多主体协同等问题逐步凸显,制约了产业链上下游的协同发展。区块链技术的应用解决了参与方身份真实性的问题,基于密码学的安全机制确保了交易无法抵赖,并对交易各环节的身份认证有着严格的认证要求。图 7.3 为基于区块链的数据信任传递路径。

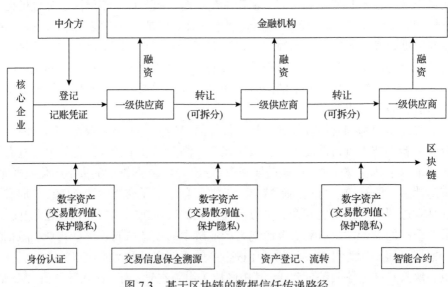

图 7.3　基于区块链的数据信任传递路径

针对电力业务协同化的应用需求,依托区块链多点维护、数据协调一致等特性,利用智能合约、共识机制等技术,构建公开、透明、公正的电力供应金融链,形成开放互联的产业形态,实现弱业务连接向强数据互通的转变,推进新兴业务共享生态体系建设,提升电力行业商务数据的可信共享能力。核心企业依托电力供应金融链为上下游企业提供全面的金融服务,实现企业运营提质增效,并协同金融资本和实体经济构筑金融机构、企业和供应链互利共存、持续发展的产业生态。

图 7.4 为面向电力行业的区块链公共服务,承载存证、交易、数据协同等共享类业务,构建了客户公平、可信的产业生态圈,推动分布式能源、能源交易结算、司法存证、网络安全等业务落地。目前,基于区块链的电力供应金融链实现

"订单融资"与"应收账款保理"融资放款额超 3000 万元，并在接近零成本的前提下，为百万光伏用户提供具备法律效力的线上签约服务。同时，企业工商信息、电费交纳信息、供应商评价信息等数据已上链存证，为多维度企业信用评价提供强力支撑。

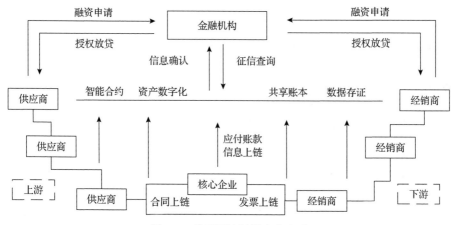

图 7.4　基于区块链的电力金融

随着区块链在电力商务领域的深化应用，电力企业积极开展了在电费金融、光伏云网、积分通兑、大数据征信、电子发票、司法存证等领域的探索研究和创新应用。目前，上链数据总量超过 430 万条，已完成电费金融产品"电 e 贷"交易订单数据上链存证 2.6 万条，服务中小微企业超 1 万户，授信金额达 16.18 亿元。同时，企业积极开展区块链技术和财务管控机制的深度融合，将电子合同、用户协议、订单信息等数据上链存证，实现电子发票高效共享、安全传输、多主体协同，规避了虚假票据和重复报销带来的财务风险，提升了企业应对财务风险的控制能力。

7.3　源端维护技术

IEC 61850 系列标准，成为国际电力行业的一个统一标准。与此同时，我国紧跟国际电力发展步伐，将 IEC 61850 系列标准等同引用为我国电力行业标准 DL/T 860。但是对于设备的源端维护仍然还没有一个明确的具备权威性的定义，为了满足电力发展的需要，2009 年，国家电网公司在 DL/T 860 基础上制定的《智能变电站技术导则》对源端维护做出了如下相关解释。

变电站作为调度/集控系统数据采集的源端，应提供各种可自描述的配置参量，维护时仅需在变电站利用统一配置工具进行配置，生成标准配置文件，包括变电站主接线图、网络拓扑等参数及数据模型。变电站自动化系统与调度/集控系统可自动获得变电站的标准配置文件，并自动导入自身系统数据库中。同时，变电站自动化系统的主接线图和分画面图形文件，应以标准图形格式提供给调度/集控系统。

7.3.1　源端全景技术

随着一体化电网运行智能系统源端维护技术的不断发展，我国也制定了相关管理制度，并且在相关管理制度中对一体化电网运行智能系统的源端维护技术进行了分析，对技术的形式也进行了详细的介绍。其中源端的全景技术是源端维护技术中的重要组成部分，大致可以分为三个部分，分别为公共区、应用区、扩展区，并且在运行过程中，它们都有着各自的功能和运行方式。但是，在运行过程中，为电力模型构建和设计的流程相对较为简单，并且便于理解和使用，在该技术运行过程中，还具有一定的关联属性。

在源端全景技术不断扩展的过程中，主要是利用一次设备和二次设备进行扩展，并且也是全景模型构建的核心要素。源端全景技术在电力系统中得到了广泛的应用和关注。另外，在该技术不断扩展的过程中，应当根据电力系统的需求进行扩展，避免在不同的电力控制区域内进行扩展，因为这样不仅使工作效率得不到有效的提高，也在一定程度上影响了一体化电网运行智能系统的稳定运行。

7.3.2　厂站源端技术

厂站源端技术是利用 IEC 61850 系列标准进行电力模型构建，对电力体系中的结构、一次设备、二次设备等系统全面构建电力模型，从而形成相关的文件，对电力运行的体系进行全面的描述。但是，在构建电力模型的过程中，必须要严格遵循我国的相关规定。

另外，在构建电力模型的过程中，厂站源端技术应当将相关的文件进行一定的再转换，最终形成文件信息，其中含有电设备、导电设备拓扑连接关系、导电设备与二次设备逻辑节点等信息，并且将这些内容形式进行有效的融合和关联，这样对一体化电网运行智能系统的稳定运行具有重要的意义。

7.3.3　控制技术

在电力系统正常运行的过程中，为了保证主站横向间、主站纵向间等系统的数据能够有效地进行融合和交换，需要严格按照我国相关的制度进行配置。在二次系统构建的过程中涉及的数据和信息，都应当进行详细的整合，并根据其形式和规范性，进行详细的编码，这样每一个设备、数据、信息都有统一的身份和标识，从而形成了源端控制技术。

控制技术是对信息、数据等形式进行有效的控制，并且与电力系统建立良好的关系，相互进行融合和关联。同时，源端控制技术在对信息、数据库控制的过程中，对控制的对象进行了增设。

7.3.4　技术的关联性

在对源端进行维护的过程中，要严格按照我国的规章制度进行，对电网系统的数据、信息进行统一编码，并且使电网系统的各项技术进行有效的融合和关联，这样可以保证电力系统安全、稳定地运行。

7.4　身份认证技术

身份认证技术就是计算机网络中对操作者身份确认而形成的一项有效解决措施。计算机网络中用户身份信息可以利用特定数据表示，计算机在实际应用期间，能实现对用户数字身份的识别，对用户授权也都是针对用户数字身份授权。身份认证是保护网络资产的首道关口，其对确保安全意义重大，因此要加强对身份认证内容的分析。

7.4.1　电力行业中移动应用面临的问题

1. 安全风险

安全风险针对的是移动终端设备。近几年，我国移动互联网技术得到了飞速发展，智能移动终端设备也都朝着小型化方向发展，因为设备在应用期间发生的丢失现象而引起的信息数据风险也不断增多。与此同时，操作移动设备期间，采用的操作系统可能会有漏洞，这也使得网络黑客对设备攻击具有可乘之机，增加了数据丢失的风险。

2. 安全接入风险

安全接入风险针对的是网络层。现代电力行业在运行过程中，黑客入侵的主要对象就是企业服务器。黑客对网络通信内容截取，通过对业务系统漏洞或主机漏洞进行扫描操作，攻击服务器，进行入侵。一旦出现上述问题，将对企业服务器安全系统造成破坏，导致电力企业在运行期间出现较大的经济损失。

7.4.2　身份认证技术的具体应用

1. 指纹身份认证

识别系统获取用户的指纹信息，然后将该项信息存储到系统中。获取指纹信息后，要提取其特征信息，得到相应图像，然后进行下一步处理，同时要利用图像获取用户指纹特征，形成模板，并且将其存储到指定的数据库中。指纹识别优点主要体现在以下几个方面：

（1）每一份指纹都是独一无二的，用户指纹特征并不会丢失，不容易伪造，安全性高。

（2）人的指纹不会随着年龄的增长而发生改变。通过对指纹识别技术的应用，能够改善数字认证方法，为用户登录提供了便利条件。

2. 语音身份认证

该项技术就是对输入声音装置进行应用，通过反复测试和记录声波变化，然后进行频谱分析，将数字化处理后的声音模板进行存储，从本质上来说，这是一种声音识别技术。虽然人类声带器官在生理结构方面差异较小，但是声音的发出是一个烦琐的过程。同时，不同人的五官会存在一定差异，牙齿、喉咙都会对声音造成影响，因此不同人的声音存在较大差异。语音识别技术为非接触式技术，其容易被用户广泛应用，需要注意的是声音会受人身体情况影响，经常会在一定范围内发生改变，这也就加大了语音识别系统在应用过程中精准匹配的难度。除此之外，采集声音结果会受到声音质量、速度等因素影响，并且容易被记录，从而出现声音欺骗，这也是导致语音身份认证技术未得到广泛应用的重要原因之一。

3. 视网膜身份认证

视网膜具有显著差异性和终身不变的特点，这也是视网膜身份认证技术出现的原因，在该项技术的基础上结合相关算法，能够实现高准确性认证，并且认假概率很低，该项技术在具体应用过程中面临的第一个重要问题就是无法录入。虽然无法录入对视网膜身份认证技术的应用造成了一定阻碍，但是该项技术具有高精度识别能力，这也使该项技术在激烈竞争中占有一席之地。视网膜是一种相对稳定的生物学特征，一般不会受其他因素影响，因此是一种应用于网络安全的准确认证技术。但是，在对该项技术进行应用时，视网膜扫描要求使用者高度配合，并且高频率的红外线扫描会对视网膜功能造成不良影响。此外，相关认证体系建设需要投入大量资金，难以实现对普通消费者的吸引，这也就导致该项技术在日常应用中难以推广。

7.5　本章小结

本章介绍了低压负荷用户即插即用技术，主要包括零信任网络、源端维护技术以及身份认证技术。其中，零信任网络是一种端到端的网络/数据保护方法，包括身份、凭证、访问管理、运营、终端、主机环境和互联的基础设施等多个方面，零信任网络通过消除系统架构中的隐含信任来防止安全漏洞，要求在每个接入点进行验证，而不是自动信任网络内的用户；源端维护的内容包括数据模型、网络拓扑、接线图等，数据模型统一在变电站端进行配置和维护，调度/集控端不需要重复建立数据模型，而是导入源端数据模型直接使用，减少了调度/集控端的维护工作量，实现了调度/集控端数据免维护；身份认证技术是对信息接收方进行身份鉴别的技术，主要介绍了基于生物特征的识别技术。

第 8 章　低压负荷控制纵向加密认证技术

8.1　纵向加密认证装置的作用

电力专用纵向加密认证装置是按照国家经贸委第 30 号令《电网和电厂计算机监控系统及调度数据网络安全防护规定》及国家电监会 5 号令《电力二次系统安全防护规定》的要求，根据《电力二次系统安全防护总体方案》的部署，针对电力二次安全防护体系中电力调度数据保密通信而设计的专用密码设备，是电力二次系统安全防护的核心关键设备，实现了《电力二次系统安全防护总体方案》中要求的安全防护功能，满足电力二次系统安全防护的要求。

纵向加密认证主要采用认证、加密、访问控制等技术措施，实现数据的远程安全传输以及纵向边界的安全防护，实现双向身份认证、数据加密和访问控制，是电力监控系统安全防护体系的纵向防线。电力专用纵向加密认证装置部署在 I 区与 I 区之间（实时）或 II 区与 II 区（非实时）之间，应成对布置，送端与发端点对点解析，存在加密和解密的双向过程，同时绑定地址。

纵向加密认证装置主要用于对调度数据网中传输的数据进行加密处理，无纵向加密认证装置时，调度数据网中传输的报文等均为明文，存在被外界窃取的风险，不法分子可能通过在调度数据网搭线窃听明文传输的敏感信息，为后续攻击做准备，明文传输的 104 规约报文被抓包后如图 8.1 所示，可以直接解读。

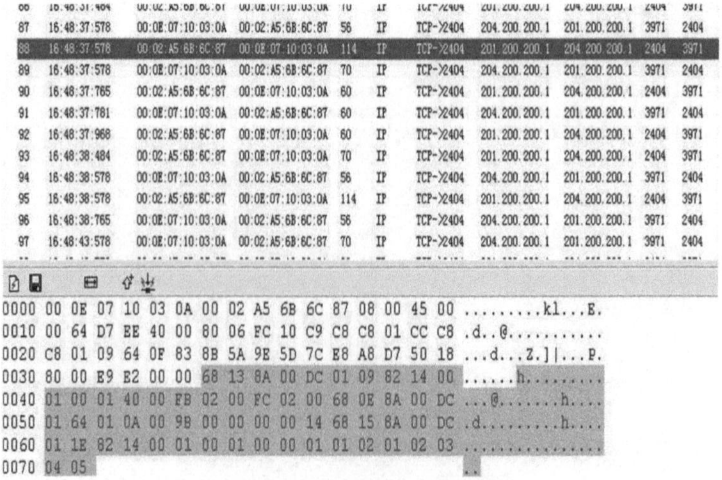

图 8.1　明文传输的 104 规约报文

通过以上报文，可以直接进行解读，从而获取网络报文包含的应用系统和网络相关的信息，包括应用系统源 IP 地址和目的 IP 地址、主站或者厂站 IP 地址（201.200.200.1、204.200.200.1）、采用的传输层协议 TCP、应用服务端口号 2404以及报文内容等重要信息，甚至可以通过伪造报文，向前置机等发送错误的遥控报文。

而纵向加密认证装置可以对数据报文进行加密，使得 104 等网络形式规约的报文以密文形式进行传输，加密后报文抓包结果如图 8.2 所示。

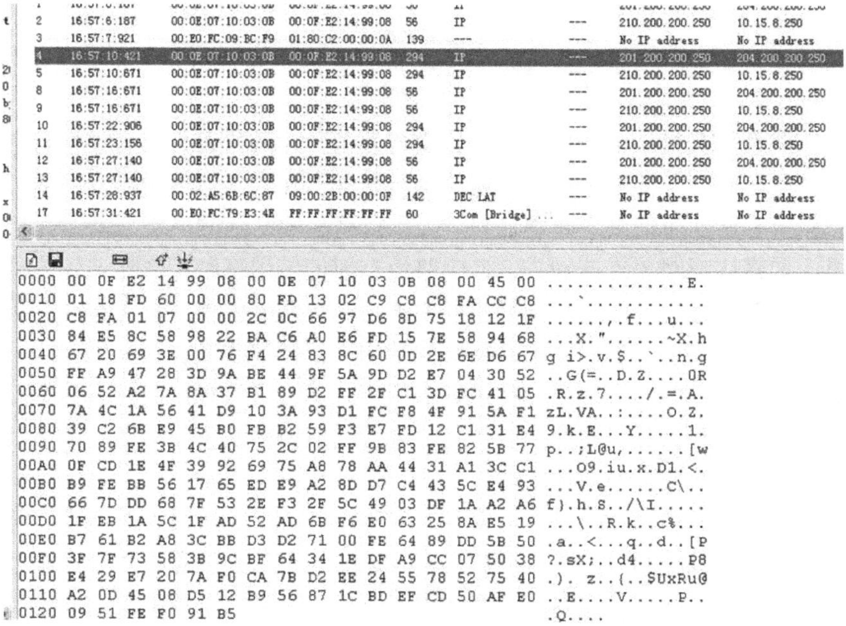

图 8.2　密文传输的 104 规约报文

这样的数据包即使被不法分子截获，也无法从中获取有价值的信息，从而保护调度数据网和电力监控系统的网络安全和数据安全。

8.2　纵向加密认证装置的应用环境

纵向加密认证装置应当部署于电力控制系统的内部局域网与电力调度数据网络的路由器之间，如图 8.3 所示，主要应用在两种环境下：

（1）上级调度中心和下级调度中心通过调度数据网连接的网络边界；

（2）上级调度中心和直属电厂或直属变电站通过调度数据网连接的网络边界。

在国家电力调度数据网中，纵向加密认证装置广泛应用于安全区 I、II 的广域网边界保护，可为本地安全区 I、II 提供一个网络屏障，同时为上下级控制系统之

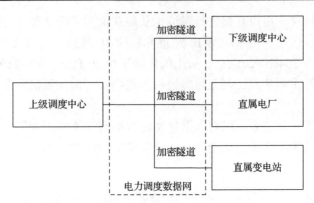

图 8.3　纵向加密认证装置的应用环境

间的广域网通信提供认证与加密服务，实现数据传输的机密性、完整性保护。同时按照"分级管理"要求，纵向加密认证装置部署在各级调度中心及下属的各厂站，根据电力调度通信关系建立加密隧道，提高区域网络的风险抵御能力。

　　纵向加密认证网关支持网关、透明路由、地址借用三种工作模式，充分考虑了该装置在部署过程中的不同网络情况要求。在透明路由模式下工作时，可以完全透明地接入该装置，不用对原来网络的结构进行任何改变；在网关模式下，可以作为一个简单路由器来使用；在地址借用模式下，可以代理装置身后的路由器或交换机进行应答，并借用交换机的地址进行隧道协商及密文通信。灵活的工作模式提高了网络的安全性和稳定性。

　　纵向加密认证装置在网络中至少存在两台才有意义，如图 8.4 所示，常部署于路由器与交换机之间。对于调度数据网及纵向加密认证装置，生产控制大区为较高安全等级的区域，作为内网，调度数据网作为外网，设备中 ETH0 与 ETH1

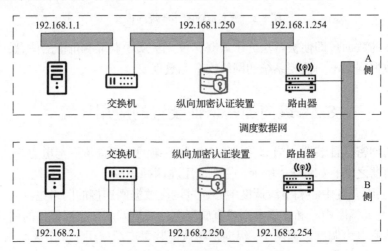

图 8.4　纵向加密认证装置的部署位置

为一对，ETH2 与 ETH3 为一对。ETH0 与 ETH2 接内网侧，ETH1 与 ETH3 接外网侧，即 ETH0 与 ETH2 接交换机，ETH1 与 ETH3 接路由器。ETH4 为配置口，默认地址为 169.254.200.200。

8.3　纵向加密认证装置的发展历程

在 2003 年，《电力系统专用纵向加密认证装置技术规范》制定出台，在之后的三年内，对规范进行了修订，该规范规定了纵向加密认证装置及相关设备装置管理系统在设计、开发、运行过程中必须遵循的技术要求。

在 2015 年，技术规范有较大变化，支持 SM2 算法，新增了三条远程管理命令。

在 2016 年，对纵向加密认证装置的加密芯片进行了升级换代，全面支持 SM2 算法。

纵向加密认证装置目前由国家密码管理局、公安部、中国人民解放军总参谋部、中国电力科学研究院联合进行安全检测；由北京科东电力控制系统有限责任公司、南瑞集团有限公司等公司进行设备的生产和维护，设备所支持的算法也逐渐丰富，目前主流设备采用的非对称加密算法包括 RSA（1024 位）、SM2（256 位），对称加密算法包括 SSF09（电力专用加密算法）、SSX06、SSX1617-A、SSX1617-B、SSX1617-C、SSX1617-D，散列算法包括 MD5、SM3 等。

8.4　传统纵向加密认证装置的结构

以辽宁地区较常用的北京科东电力控制系统有限责任公司纵向加密认证装置为例，装置的外观如图 8.5 所示，前面板除指示灯外，还有五个 100Mbit/s/1000Mbit/s 的网口，分别为 ETH0～ETH4，其中 ETH0 和 ETH1 为一对网口，ETH2 和 ETH3 为一对网口，ETH4 为配置网口；一个 Console 口；一个 USB Key 的插槽；部分旧设备采用加密卡方式进行授权，会留有一个 IC 卡槽；一个电源按钮，部分设备会在前面板留有一个钥匙孔，可以控制装置盖板的开合。

图 8.5　纵向加密认证装置的外观

装置内部主要由搭载非 Intel 指令的 CPU 和专用加密算法芯片的嵌入式主机、网络接口、管理接口、USB/IC 卡接口、指示灯、电源及锁具等构成。

纵向加密认证装置采用了国产安全操作系统，通过 Console 口可以连接装置并进行初始化等配置，其文件结构如图 8.6 所示。

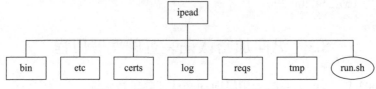

图 8.6　纵向加密认证装置的系统目录

bin：存放可执行程序，如 monipead、initic、initdev、clsflag、ipead.ppc 等。

etc：存放配置文件，如 ipead.dat、mac.conf。

certs：存放证书文件，如根证书、装置证书、管理中心证书等。

log：存放日志文件，如 ipead.log。

reqs：存放证书请求，如操作员证书请求等。

tmp：存放临时文件。

run.sh：启动脚本文件。

常见纵向加密认证装置设备的性能指标如表 8.1 所示。

表 8.1　纵向加密认证装置的性能指标

设备	最大并发加密隧道数	明通数据传输速率	密通数据传输速率	常用场景
千兆型纵向加密认证装置	≥ 2048 条	≥ 380Mbit/s	≥ 110Mbit/s	地调、省调主站
百兆普通型纵向加密认证装置	≥ 1024 条	≥ 96Mbit/s	≥ 35Mbit/s	变电站、县调
百兆低端型纵向加密认证装置	≥ 1024 条	≥ 60Mbit/s	≥ 15Mbit/s	变电站

结合装置性能，百兆的装置多用于变电站等现场或县级调度机构与上级调度机构互联边界；地调主站侧往往需要使用千兆型设备才能满足使用需求，设备性能不满足时容易造成设备死机、隧道无法协商等问题，所以在选择设备时需要考虑其实际的业务承载情况。

纵向加密认证装置由四个功能模块构成，具体如下：

（1）主处理模块，是装置的核心处理模块，负责数据包的过滤、安全策略的匹配检查、数据包加解密、数据包封装、网络数据包接收和发送、内存管理、文件系统管理等功能。

（2）密钥协商模块，主要负责装置之间数据密钥的协商，包括装置身份认证、会话密钥交换以及双机备份模式下的密钥协商。

（3）数据加密模块，主要负责数据包的加密/解密处理，通过采用专用规则对数据包进行重新封装和加密，为处理后的数据包封装一个新的 IP 数据包包头，同时通过专用规则对加密后的数据包进行解密处理。

（4）IP 报文过滤模块，主要利用 IP 数据包过滤来实现安全策略的有效过滤，负责对进出装置的数据包进行安全审查，依据安全策略，对数据包的源/目的地址、源/目的端口号、协议类型等数据进行判断，从而对数据包进行转发、丢弃、加密/解密操作，这一模块的功能在操作系统内核层面进行。

8.5　传统纵向加密认证装置的原理

纵向加密认证装置设计的目的是保护网络中通信数据的机密性、完整性，并对网络访问进行有效的身份认证和过滤审计。

纵向加密认证装置主要应用了加密技术，同时将网络划分为内部网络和外部网络，对于外部网络到内部网络的数据通信，装置会对外部用户的身份进行基于 IP 地址、端口、协议的验证，根据配置好的安全策略，对数据包进行相应的处理，只将合格的数据包转发至内部网络；同理，对于从内部网络到外部网络的数据通信，也采用相似的方式进行鉴权、许可、处理。

纵向加密认证装置对于自身的通信也有严格的保护，必须要持有并插入存有管理员证书的 USBKey 或 IC 卡才能对装置进行访问，以及策略、隧道等的配置。

对于纵向加密认证装置，有两个专有名词。

隧道：纵向加密认证装置之间建立的通信关系，可以为空隧道或者真实隧道。

策略：基于安全隧道的彼此通信的主机之间的安全规则，称为安全策略；基于明通隧道的用于满足特殊传输需求的安全规则，称为明通策略，如 ICMP（interent control message protocol，因特网控制报文协议）等。

纵向加密认证装置在软件上通过密钥来实现设备、人员、数据的认证和加密/解密处理，纵向加密认证装置之间的密钥协商主要使用非对称加密算法中的 SM2、RSA 进行，SM2 算法是国家密码管理局发布的椭圆曲线公钥密码算法，为满足国产化需求，目前正在使用 SM2 算法替换国际广泛应用的 RSA 算法。

纵向加密认证装置的密钥可以分为以下四类。

（1）设备密钥：非对称密钥，由装置产生，用于设备的认证和会话密钥的协商，包括纵向加密认证装置本身的密钥和管理中心的密钥，私钥保存在装置内，公钥经调度数字证书服务系统签名，以数字证书的方式发布。

（2）操作员密钥：非对称密钥，由操作员卡产生，配置在操作员卡，用于操作员和纵向加密认证装置的人机卡认证。其私钥保存在操作员卡内，公钥经调度数字证书服务系统签名，以数字证书的方式发布。

（3）会话密钥：对称密钥，由设备在建立连接时动态协商产生，拆除连接时失效，用于纵向加密认证装置之间的通信加密，不需要通过调度数字证书系统签发，由纵向加密认证装置在隧道建立时利用非对称加密技术及散列算法得到。

(4)通信密钥：一次一密，通过数字信封随管理报文传输到每个与之连接的设备，用于装置管理系统与设备之间数据通信加密。

纵向加密认证装置在硬件上采用了国家密码管理局自主研发的高性能电力专用硬件密码单元，单元采用电力专用密码算法 SSF09、SSX06，支持身份鉴别、信息加密、数字签名和密钥的生成与保护。为了保证密钥及算法的安全性，密钥和加密算法只存在于系统密钥协商单元的安全存储区中，与应用系统间完全隔离，避免任何非法手段进行数据访问。

在对数据处理时，为了保障电力监控数据和电力调度数据在网络上传输的安全性，避免信息被篡改和窃取，同时保护内部网络的网络结构和主机地址不会在外网泄露，纵向加密认证装置除了利用专用的加密算法和芯片对数据包进行加密外，还会对原有的数据包重新封装，根据隧道属性添加一个新的 IP 数据包包头，其源地址和目的地址是隧道两侧装置的起始地址和终止地址，同时将新包头的协议号改为 50/ESP(encapsulate security payload，封装安全载荷)；同时为了提高加密强度，增强报文的抗攻击性，在新数据包包头和旧数据包包头之间填充一个 4 字节的初始化向量(initialization vector，IV)，通过变换 IV 来实现一包一密，纵向加密认证装置在加密/解密前会使用 MD5 算法将 IV 扩展为 16 字节的数据，作为加密的初始向量，用来生成通信密钥。

传输时，对 IP 数据包的处理结果如表 8.2 所示。

表 8.2　新数据包结构

新数据包		旧数据包
新 IP 包头	IV	旧数据包(经过加密处理)
20 字节	4 字节	旧数据包长度

其中，新数据包包头包含的内容如表 8.3 所示。

表 8.3　新数据包包头结构

版本	IP 头长	服务类型	整个数据包长度	
ID			Flags	帧偏移量=0
生命期		协议(50/ESP)	IP 头校验和	
源装置 IP 地址				
目的装置 IP 地址				

根据纵向加密认证装置涉及的报文类型，装置主要工作在 OSI(open system

interconnect，开放式系统互联）参考模型的下四层，包括工作在 2.5 层的 802.1q 报文，工作在 3 层的 IP、ARP（address resolution protocol，地址解析协议）等，工作在 4 层的 TCP、UDP、ICMP 等，详情见图 8.7。

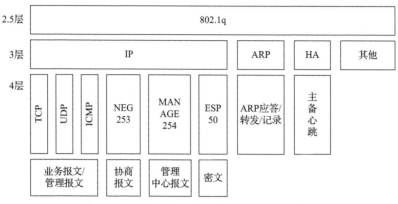

图 8.7　纵向加密认证装置涉及的 OSI 参考模型

HA 指高可用性

8.6　传统纵向加密认证装置的工作过程

纵向加密认证装置在工作过程中首先需要进行两个装置之间的密钥协商，从而建立隧道，过程中设备 A 会发出协商请求，使用设备 B 的证书进行加密，设备 B 收到协商请求后，使用 B 的私钥进行解密，验证通过后做出协商应答，使用设备 A 的公钥进行加密后发送给设备 A，设备 A 收到后进行解密，之后发送协商成功信息，最后设备 A 和设备 B 会根据双方的公钥和散列算法生成一个通信密钥（图 8.8）。

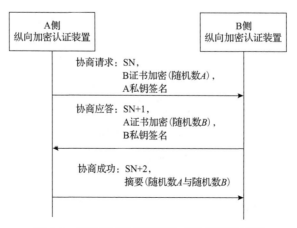

图 8.8　纵向加密认证装置生成通信密钥过程

纵向加密认证装置之间的隧道协商状态有四种，如图 8.9 所示。

(1) Init：初始状态，未发送协商请求。

(2) Request：协商请求状态。

(3) Respone：协商应答状态。

(4) Opened：隧道建立成功状态。

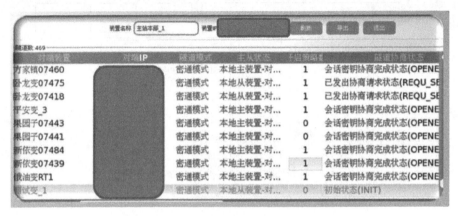

图 8.9　纵向加密认证装置隧道协商状态

在隧道协商完成的基础上，纵向加密认证装置会对数据包进行策略审查，根据提前定义的策略中源/目的 IP 地址、源/目的端口号、协议等内容形成白名单，当数据包通过设备需要进行转发时，根据白名单进行审查，只有在符合定义策略的情况下，数据包才能正常转发，过程如图 8.10 所示。

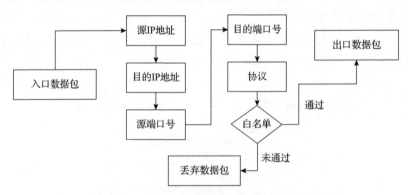

图 8.10　纵向加密认证装置数据包转发过程

若入口数据包中的信息与白名单中某一条过滤规则(图 8.11)相匹配并且该规则允许数据包通过，则该数据包会被转发；若与某一条过滤规则匹配但该规则拒绝数据包通过，则该数据包会被丢弃；若没有可匹配的规则，则缺省规则会决定数据包是转发还是丢弃，通常纵向加密认证装置默认会丢弃数据包。

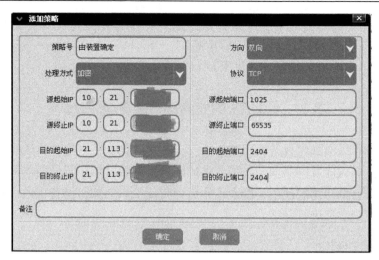

图 8.11　纵向加密认证装置策略示意图

　　当入口数据包通过策略审查，并且需要进行加密处理并转发时，纵向加密认证装置会利用专用加密芯片对数据包进行加密；之后结合隧道对端设备 IP 地址为加密后的数据包重新封装一个 IP 数据包包头，之后将其转发；对端设备收到数据包后，应用通信密钥对数据包进行解封与解密，从而将原始数据包进行转发；最后发送给目标主机，具体过程如图 8.12 所示。

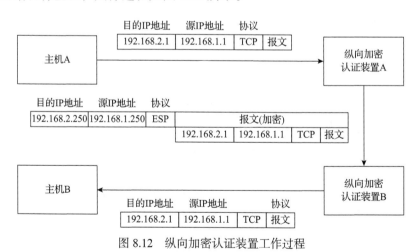

图 8.12　纵向加密认证装置工作过程

　　(1)主机 A 向主机 B 发送报文，即 192.168.1.1→192.168.2.1(TCP)。
　　(2)纵向加密认证装置 A 在 0 口接收到该报文，查找策略为加密策略且隧道打开，将整个 IP 报文加密并重新构造 IP 头，源 IP 地址为 192.168.1.250，目的 IP 地址为 192.168.2.250，协议为 ESP，即 192.168.1.250→192.168.2.250(ESP)。

(3)纵向加密认证装置 B 在 1 口接收到该报文，查找对应隧道进行解密还原、策略判断，发送至 ETH0 口，即 192.168.1.1→192.168.2.1（TCP）。

(4)主机 B 接收到报文，产生应答。

8.7　低压纵向加密终端安全芯片

新型低压纵向加密设备使用了智能安全芯片提供加密算法、认证等功能，在保证原有工作效能及网络安全防护要求的同时，大幅度缩小了设备体积，便于安装，更加符合低压用户使用，由于工作流程与传统纵向加密设备相同，故本节重点对终端安全芯片进行介绍。

8.7.1　终端安全芯片

终端安全芯片简称 T-ESAM（terminal embedded secure access module，终端嵌入式安全控制模块），安装在集中器和采集终端等终端设备中，作为设备的安全认证模块，提供安全的硬件平台。模块内置了 SM1、SM2 和 SM3 等算法，可以实现数据的加密、解密、签名、验签、身份认证、访问权限控制、通信线路保护等多种功能，保证了终端设备数据存储、传输、交互的安全性。

8.7.2　终端安全芯片特点

终端安全芯片具备以下特点：

(1)支持 SPI 通信接口；

(2)支持 SM1、SM2、SM3 标准国密算法；

(3)支持电压监测、频率监测等安全防护机制；

(4)具有真随机数发生器；

(5)具有存储器数据加密和总线加扰机制；

(6)数据存储区容量为 32KB；

(7)数据保存时间大于 10 年，数据存储区擦写次数大于 10 万次；

(8)SPI 通信速率支持 1～5Mbit/s，推荐使用 5Mbit/s；

(9)工作电压为 2.7～5.5V；

(10)工作温度为–40～85℃。

8.7.3　终端安全芯片结构框图

终端安全芯片结构框图如图 8.13 所示。

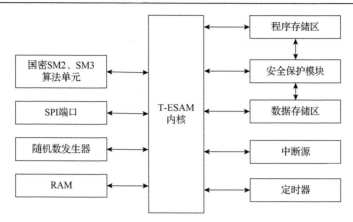

图 8.13 终端安全芯片结构框图

8.7.4 终端安全芯片信息交换

SPI 通信协议描述：总线工作方式采用 MODE 3，时钟极性(CPOL=1)，串行同步时钟的空闲状态为高电平，时钟相位(CPHA=1)，在串行同步时钟的下降沿转换数据，上升沿采样数据。

(1)接口设备发送数据，T-ESAM 接收数据，如图 8.14 所示。

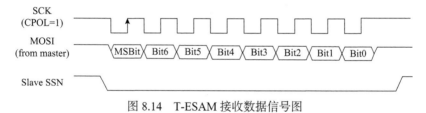

图 8.14 T-ESAM 接收数据信号图

(2)接口设备接收数据，T-ESAM 发送数据，如图 8.15 所示。

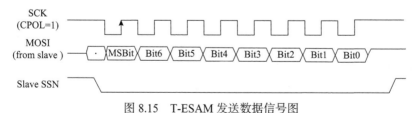

图 8.15 T-ESAM 发送数据信号图

(3)SPI 通信流程如图 8.16 所示。

8.7.5 命令的结构和处理

命令由接口设备发起，T-ESAM 应答。

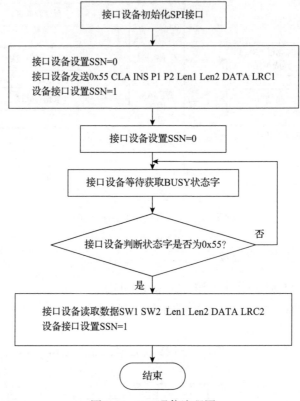

图 8.16　SPI 通信流程图

1. 发送数据结构

发送数据的结构为 0x55 CLA INS P1 P2 Len1 Len2 DATA LRC1，其中：

(1)0x55 为发送命令结构的命令头；

(2)CLA 为命令类别；

(3)INS 为命令类别中的指令代码；

(4)P1、P2 为一个完成指令代码的参考符号；

(5)Len1、Len2 为后续 DATA 的长度，不包含 LRC1，由 2 字节表示；

(6)DATA 为由 T-ESAM 处理的输入数据；

(7)LRC1 为发送数据的校验值，计算方法见 SPI 通信流程说明。

2. 接收数据结构

接收数据的结构为 SW1 SW2 Len1 Len2 DATA LRC2，其中：

(1)SW1、SW2 为指令执行完毕后，从设备返回的状态字；

(2)Len1、Len2 为后续 DATA 的长度，不包含 LRC2，由 2 字节表示；

(3) DATA 为 T-ESAM 处理数据完毕后，返回的输出数据；

(4) LRC2 是接收数据的校验值，计算方法见 SPI 通信流程说明。

8.7.6　数据重发机制

SPI 传输层支持错误重发机制，例如，在会话初始化、会话恢复和会话协商过程中，出现 SPI 数据传输数据出错时，允许重新发送，支持错误重发次数为三次。

1. 发送数据错误

终端发送数据，如果 T-ESAM 返回的错误码为 6A90，表明数据在传输时出现错误，此时终端可以重发指令。

2. 接收数据错误

终端收到数据后，需校验从 T-ESAM 接收的 LRC 与接收数据计算的 LRC 是否一致，如果不一致，说明 T-ESAM 数据在传输过程中出现错误，此时终端可以重新启动接收流程(SSN 维持低电平，MOSI 置高(低)，不停接收数据，收到 55 后继续接收后续有效数据(SW1 SW2 Len1 Len2 Data LRC2))。

8.8　本　章　小　结

本章介绍了纵向加密认证技术以及纵向加密认证装置。纵向加密认证技术是电力二次系统安全防护体系的纵向防线，采用认证、加密、访问控制等手段实现数据的远程安全传输以及纵向边界的安全防护，位于电力控制系统的内部局域网与电力调度数据网络的路由器之间，用于安全区 I、II 的广域网边界保护，可为本地安全区 I、II 提供一个网络屏障，同时为上下级控制系统之间的广域网通信提供认证与加密服务，实现数据传输的机密性、完整性保护。纵向加密认证装置主要应用在上级调度机构和下级调度机构通过调度数据网连接的网络边界，或上级调度机构和直属电厂或直属变电站通过调度数据网连接的网络边界。纵向加密认证装置将网络划分为内部网络和外部网络，对于外部网络和内部网络之间的数据通信，装置会对用户的身份进行验证后建立隧道，然后对数据包进行策略审查，只有在符合定义策略的情况下，数据包才会被正常转发。

第9章 低压负荷控制横向隔离技术

9.1 低压负荷控制横向隔离技术要求

横向隔离防护是电力监控系统抵御网络安全风险的重要环节。在此方面，第一阶段是 2002 年 5 月 8 日发布的中华人民共和国国家经济贸易委员会 30 号令通过了《电网和电厂计算机监控系统及调度数据网络安全防护规定》，规定提出了电力系统安全防护的基本原则是在电力系统中，安全等级较高的系统不受安全等级较低系统的影响。关于横向隔离防护，规定指出电力监控系统的安全等级高于电力管理信息系统及办公自动化系统，各电力监控系统必须具备可靠性高的自身安全防护设施，不得与安全等级低的系统直接相连。换言之，就是建立以边界防护为主的安全防护体系，通过一定的手段和设备避免风险和异常在不同系统间传递。

第二阶段是 2004 年 12 月 20 日发布的国家电力监管委员会令(第 5 号)《电力二次系统安全防护规定》，提出了电力监控系统的基本原则是"安全分区、网络专用、横向隔离、纵向认证"(以下简称十六字方针)，这一原则高度概括了电力监控系统安全防护的方针和路线，在 30 号令的基础上细化了具体的实施方案，并对重要设备的国产化提出了严格的要求。

第三阶段是随着网络安全形势的不断变化，为了进一步加强电力监控系统的信息安全管理，防范黑客及恶意代码等对电力监控系统的攻击及侵害，保障电力系统的安全稳定运行，在 2014 年 8 月 1 日，国家发展和改革委员会令第 14 号公布自 2014 年 9 月 1 日起施行的《电力监控系统安全防护规定》(该规定于 2024 年被修订，即国家发展和改革委员会令 2024 年第 27 号令，新规定自 2025 年 1 月 1 日起施行)。规定中指出电力监控系统安全防护工作应当落实国家信息安全等级保护制度，按照国家信息安全等级保护的有关要求，坚持"安全分区、网络专用、横向隔离、纵向认证"的原则，保障电力监控系统的安全。其所称电力监控系统，是指用于监视和控制电力生产及供应过程的、基于计算机及网络技术的业务系统及智能设备，以及作为基础支撑的通信及数据网络等。

按照上述要求，为适应网络安全形势变化，电网机构在开展相关电力监控系统建设时需要遵照该规定执行相关防护要求。低压负荷清洁高效控制系统的安全防护设计也是按照十六字方针进行横向隔离防护设计的，根据数据交互区域不同，在生产控制大区(安全区 Ⅰ、Ⅱ)和管理信息大区(安全区 Ⅲ、Ⅳ)间采用电力专用横向隔离装置作为主要物理隔离设备，在生产控制大区内部和管理信息大区内部采用防火墙作为主要逻辑隔离设备进行横向隔离防护。

9.2　低压负荷控制系统横向隔离防护体系

9.2.1　业务系统整体架构

低压负荷清洁高效控制系统架构如图 9.1 所示，可分为配网调度技术支持系统、主网调度技术支持系统、负荷调控系统、用户采集系统、集成融合终端、用户信息采集控制终端等部分，其中配网调度技术支持系统、主网调度技术支持系统、负荷调控系统运行在安全区 I，用户采集系统运行在安全区 III，集成融合终端、用户信息采集控制终端运行在安全区 IV。I 区系统之间、I 区和 III 区系统之间通过 E 格式文本交互，主网和集成融合终端之间、用户采集系统与集成融合终端之间通过 698.45 协议交互，集成融合终端与用户信息采集控制终端通过载波通信（业务层封装 645 协议报文）。

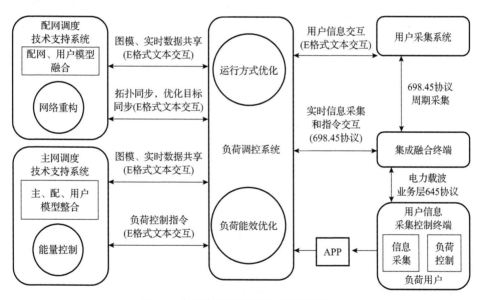

图 9.1　低压负荷清洁高效控制系统架构

集成融合终端、用户信息采集控制终端部署在厂站端，与主站应用纵向防护技术进行安全防护，本节主要介绍主站侧配网调度技术支持系统、主网调度技术支持系统、负荷调控系统、用户采集系统间的横向安全防护技术。

负荷调控系统在负荷调控过程中起着"全网统筹、协同控制"的领导指挥作用，运行在主网侧安全区 I，部分应用在主网侧安全区 III。通过技术升级、管理升级，纵向上实现省、地贯通，在系统间实现调度系统中主配网与营销用采系统间的贯通，功能上实现数据的共用共享，拓展电网调节资源，有序用电信息，汇聚各地电力营销、调度部门建设的系统获取精准可切负荷的模型、数据，将其纳入电网常规调控范畴，实现可调节负荷在调度端互联感知，通过改造二次系统，实现控制对象可观可控。负荷调控系统具备两大核心能力：最优运行方式计算以及负荷能效优化计算。前者是针对配网的供需关系，调整全网的拓扑结构，使得用户侧用能效率最高，网损最低；后者则是针对负荷控制策略的计算，通过建立用户能效模型，研究各类用户的用能规律，通过负荷调控技术，动态调整用户用能，精确实现对用户侧的负荷调控功能，包括对用户侧的开关执行拉闸，或者恢复供电，最大限度地提升清洁能源消纳水平以及用户的用能效率。

　　主网调度技术支持系统接入了火电、核电、水电、集中式风电、光伏等各类型能源数据，将所有能源统一整合，计算出所有能利用的电源信息，运行在主网侧安全区 I，部分应用在主网侧安全区 III。同时利用 AGC 系统调节不同发电厂的多个发电机有功输出以响应负荷的变化。主网自身也具备所有的高压线路模型，如 220kV、10kV 及以上线路模型等。同时，主网通过负荷调控系统接入配网、用户模型数据，将主配网、用户模型数据进行融合，结合可利用的电源信息、主网负荷历史曲线，做最优化供电计算，能够得到各个地区的负荷控制资源池。主网根据整体的供需关系，决策是否向各个地区下发负荷控制指令，指令包含各个地区的负荷控制目标。

　　配网调度技术支持系统接入了分布式/分散式光伏、光电信息、储能等电源信息，具备 10kV 线路模型，以及变压器台区模型。同时，配网从负荷调控系统同步全网的用户模型数据，将各类信息进行融合，能够得到配网整体的拓扑结构模型。配网调度技术支持系统需要将设备拓扑模型推送给负荷调控系统，负荷调控系统根据数据中心的整体模型数据以及配网的运行方式，将最优的配网运行拓扑同步给配网调度技术支持系统，配网调度技术支持系统收到最优运行方式后，结合自身的拓扑情况，分析和决策是否将现运行的拓扑网络替换成最优的配网运行拓扑。

　　用户采集系统是对电力用户的用电信息进行采集、处理和实时监控的系统，实现用电信息的自动采集、计量异常监测、电能质量监测、用电分析和管理、相关信息发布、分布式能源监控、智能用电设备的信息交互等功能，运行在主网侧安全区 III。用户采集系统周期性地采集集成融合终端的用户信息，同时和负荷调控系统实现数据共享。

9.2.2　横向隔离防护目标

　　横向隔离防护以保障网络系统及依托其传输的数据安全稳定为目标，使其不受偶然或者恶意的原因而遭受到破坏、更改、泄露，确保系统连续可靠正常地运行，保障网络服务不中断，从而使网络的保密性、完整性、可用性和可控性得到保障，具体可分为以下几个方面。

1. 运行系统安全

运行系统安全即保证信息处理和传输系统的安全。它侧重于保证系统正常运行，避免因为系统的崩溃和损坏而对系统存储、处理和传输的信息造成破坏和损失，避免由于电磁泄漏，产生信息泄露，干扰他人，或受他人干扰。

2. 网络上系统信息安全

网络上系统信息安全包括用户口令鉴别，用户存取权限控制，数据存取权限、方式控制，安全审计，安全问题跟踪，计算机病毒防治，数据加密。

3. 网络上信息传播安全

网络上信息传播安全即信息传播后果的安全，包括信息过滤等。它侧重于防止和控制非法、有害的信息进行传播后，避免公用网络上大量自由传输的信息失控。

4. 网络上信息内容安全

网络上信息内容安全侧重于保护信息的保密性、真实性和完整性。避免攻击者利用系统的安全漏洞进行窃听、冒充、诈骗等有损于合法用户的行为，本质上是保护用户的利益和隐私。

5. 信息数据传输速率和稳定性满足系统应用需求

低压负荷清洁高效控制系统的目的是结合用户的耗能情况，调控发电设备的能源产出，同时结合供需关系，精准实现面向用户侧的负荷调控，提升清洁能源消纳率。这也就要求横向隔离防护在满足基本安全的要求上，还应当提供满足业务系统需求的数据传输速率和稳定性，便于动态负荷调节功能的有效应用。

9.2.3　横向隔离防护设备及应用

电力监控系统中应用的横向隔离防护设备主要有电力专用正向隔离装置、电力专用反向隔离装置、防火墙等，其中电力专用正/反向隔离装置能够实现物理隔离，具有较强的隔离防护能力和入侵抵御能力，但是只能用来传输指定格式的文件，而且数据传输速率较低；防火墙可以提供网络层及以上的逻辑隔离，具有较强的审计、过滤能力，传输速率相对较高，但其本体安全和入侵抵御能力相对较弱。结合安全防护要求和数据传输需求，生产控制大区(安全区Ⅰ、Ⅱ)和管理信息大区(安全区 III、IV)间采用电力专用正/反向隔离装置实现物理隔离级横向隔离防护，在生产控制大区和管理信息大区内部采用防火墙进行逻辑隔离级横向隔离防护。

9.3　电力专用横向单向隔离技术

9.3.1　横向单向隔离装置的作用

电力专用横向单向隔离装置是按照《电网和电厂计算机监控系统及调度数据网络安全防护规定》及《电力二次系统安全防护规定》的要求，针对电力二次系统安全防护体系中安全区 I、II 与安全区 III 连接的单向专用安全隔离设备。

装置除采用基本的防火墙、代理服务器等安全防护技术，关键采用了"双机非网"的物理隔离技术，即装置可以阻断网络直接连接，使两个网络不同时连接在设备上，可以阻断网络逻辑连接，即 TCP/IP 必须剥离，将原始数据通过非通用的网络方式传送。隔离传输机制具有不可编程性，任何数据都是通过两级代理方式完成的。隔离装置具备对数据的审查功能，传输数据不具有攻击及有害的特性，且具有强大的管理与控制功能，从而实现了二次安全防护要求的两种通信模式。

9.3.2　横向单向隔离装置的应用环境

横向单向隔离装置作为安全区 I、II 与安全区 III 的必备边界，要求具有最高的安全防护强度，是安全区 I、II 横向单向隔离防护的要点，如图 9.2 所示，横向单向隔离装置部署在生产控制大区与管理信息大区之间。

9.3.3　横向单向隔离装置的发展历程

网络隔离技术的核心是物理隔离，并通过专用硬件和安全协议来确保两个链路层断开的网络能够实现数据信息在可信网络环境中进行交互、共享。该技术经历了五代发展变化(表 9.1)，电力专用横向单向安全隔离装置采用的是第五代隔离技术——安全通道隔离技术。

9.3.4　横向单向隔离装置的结构

横向单向隔离装置采用软硬件结合的安全措施，在硬件上，使用双机结构通过安全岛装置进行通信来实现物理上的隔离，以及单向数据流向控制(图 9.3)；在软件上，采用综合过滤、访问控制、应用代理技术实现链路层、网络层与应用层的隔离。在保证网络透明性的同时，实现了对非法信息的隔离。

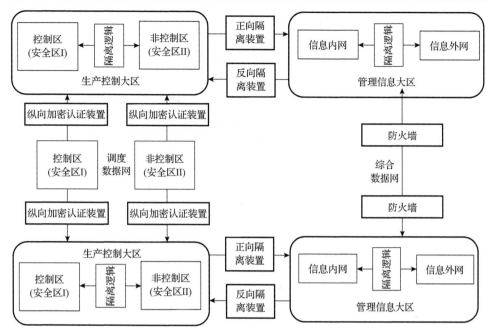

图 9.2　横向单向隔离装置应用环境

表 9.1　横向单向隔离装置发展历程

技术序列	第一代	第二代	第三代	第四代	第五代
主要特点	完全隔离	硬件卡隔离	数据传播隔离	空气开关隔离	安全通道隔离
优点	完全的物理隔离	通过硬件卡转接数据实现	传播系统分时复制文件实现	通过单刀双掷开关控制缓存器实现	通过专用硬件和专用协议实现
缺点	信息交流不便，维护成本高	仍依托网络结构，存在安全隐患	访问速度慢，不支持常用网络应用	安全和性能不足	符合目前应用需求

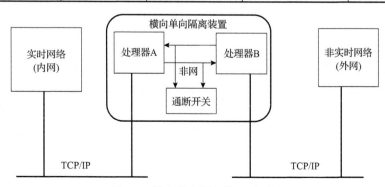

图 9.3　横向单向隔离装置原理图

9.3.5　横向单向隔离装置的原理

横向单向隔离装置在内部构建一个安全岛,将内外网物理断开,但在安全岛内逻辑相连,数据进行安全交换时,安全岛作为代理从内网的访问数据包中抽取出数据帧,通过数据缓冲设施转入外网。横向单向隔离装置的内外网口分别连接两个处理器,将各网口通过 TCP/IP 传递的数据进行存储,之后通过通断开关来进行单向连通控制,同一时间只允许两个处理器之间进行单一方向传输。通过对 TCP 状态、TCP 序列号、分片重组、重传、最大报文长度等内容进行相应的改造,生成了专用的协议栈,传输使用专用协议栈,割断了穿透性的 TCP 连接,可提高实时性和安全性,使其更贴近电力监控系统需求。

9.3.6　横向单向隔离装置的功能

横向单向隔离装置功能上具备网络防护、文本格式校验、内容安全防护、安全隔离和数据合法性审查等功能,具体如下:

(1)网络防护,提供基于 MAC、IP、传输协议、传输端口以及通信方向的综合报文过滤与访问控制。

(2)文本格式校验,按照电力系统要求,对数据进行 E 文本校验。

(3)内容安全防护,即对文本数据进行全角检查,以文本形式检测文件,以免病毒入侵。

(4)安全隔离,即实现两个安全区之间的非网络方式的安全数据交换,并且保证安全隔离装置内外两个处理系统不同时连通。

(5)数据合法性审查,即具有数据签名、验证功能。

9.3.7　横向单向隔离装置的特点

横向单向隔离装置(作为阻塞点、控制点)能增强电力监控系统与外部网络的安全性,并通过近似物理隔离的防护实现内外部隔离。例如,横向单向隔离装置可以禁止不安全的 NFS(network file system,网络文件系统)协议进出保护网络,这样外部的攻击者就不可能利用这些脆弱的协议来攻击监控系统。横向单向隔离装置在运行中可以将阻断的攻击上报给管理员或网络安全管理平台。

通过以横向单向隔离装置为中心的安全方案配置,能将所有安全策略配置在横向单向隔离装置上。与将网络安全问题分散到各个主机上相比,横向单向隔离装置的集中安全管理更方便、可靠。例如,在网络访问时,监控系统通过加密口令/身份认证方式与其他信息系统通信,这在电力监控系统基本上不可行,它意味着监控系统要重新测试,因此用横向单向隔离装置集中控制,无须修改双端应用程序,是最佳的选择。

如果所有的访问都经过横向单向隔离装置，那么横向单向隔离装置就能记录下这些访问并生成日志记录，同时也能提供网络使用情况的统计数据。当发生可疑动作时，横向单向隔离装置能进行适当的报警，并提供网络是否受到监测和攻击的详细信息。

通过横向单向隔离装置对监控系统及其他信息系统的划分，实现监控系统重点网段的隔离。监控系统中一个不引人注意的细节可能包含有关安全的线索，从而引起外部攻击者的兴趣，甚至会因此暴露监控系统的某些安全漏洞。使用横向单向隔离装置可以隐藏透漏的内部细节，例如，横向单向隔离装置可以进行 NAT（network address translation，网络地址转换），这样一台主机 IP 地址就不会被外界所了解，不会为外部攻击创造条件。

横向单向隔离装置应当满足如下需求：

（1）单比特返回，返回数据为 1 字节，且必须是 0x00 或 0xFF。

（2）透明工作方式，能使主机 IP 地址虚拟化，隐藏 MAC 地址，支持 NAT。

（3）防止穿透性 TCP 连接。禁止内网、外网的两个应用网关之间直接建立 TCP 连接，应将内、外两个应用网关之间的 TCP 连接分解成内、外两个应用网关分别与隔离装置内、外两个网卡的两个 TCP 虚拟连接。隔离装置内、外两个网卡在装置内部是非网络连接，且只允许以物理方式实现数据单向传输。

横向单向隔离装置自身应当具有较高的可用性和安全性，主要应当满足以下要求：

（1）操作简便。用户可以定制自动发送文件的任务，实现文件的自动发送，并对文件的发送情况进行日志记录。

（2）抗攻击性强。采用非 Intel 双微处理器，减小了病毒攻击概率；采用自主版权的操作系统内核，取消了所有网络功能。

（3）可靠性高。双电源设计，保证装置供电的可靠性；采用硬件看门狗，保证装置稳定、可靠运行。

9.3.8 横向单向隔离装置的分类

按照通信方向，横向单向隔离装置可以分为正向型和反向型两类。这两种设备在技术规范、功能上有所差异，在使用时需要按照正确的方向进行使用，不能互换。其中，正向型横向安全隔离装置用于安全区 I、II 到安全区 III 的单向数据传递；反向型横向安全隔离装置用于安全区 III 到安全区 I、II 的单向数据传递。

1. 正向型横向安全隔离装置

正向型横向安全隔离装置采用软、硬件结合，双嵌入式计算机结构；采用安全岛实现物理上的隔离；采用综合过滤、访问控制、应用代理技术实现链路层、网络层与应用层的隔离;允许返回单比特,由外向内禁止携带应用数据;支持 TCP、UDP 两种协议。图 9.4 为常用的正向型横向安全隔离装置。

(a) 百兆型　　　　　　　　　　　　　　　(b) 千兆型

图 9.4　常用正向型横向安全隔离装置

正向型横向安全隔离装置具有一些特有的与反向型横向安全隔离装置不同的技术特点,包括基于 MAC、IP、传输协议、传输端口以及通信方向的综合报文过滤与访问控制;能够防止穿透性 TCP 连接,禁止内网、外网的两个应用网关之间直接建立 TCP 连接,应将内、外两个应用网关之间的 TCP 连接分解成内、外两个应用网关分别到隔离装置内、外两个网卡的两个 TCP 虚拟连接;隔离装置内、外两个网卡在装置内部是非网络连接,且只允许以物理方式实现数据单向传输;并且只单比特返回,返回数据为 1 字节,且必须是 0x00 或 0xFF;同时设备支持 NAT 技术。

正向型横向安全隔离装置工作时,首先由部署在安全区 I、II 内的发送端主机或服务器上的数据发送端程序对需要发送的数据进行签名打包;然后与正向型横向安全隔离装置通过内网接口进行通信,隔离装置接收数据后,进行签名验证,并对数据进行内容过滤、有效性检查等处理,主要会对文件类型、文件校验的正确性进行检查,将符合通过条件的数据通过专用的安全网络协议传输给安全岛;最后断开与内网接口的连接,与外网接口建立连接,将安全岛中的数据传输给外网接口对端的接收程序,接收程序对数据进行解读并传递给安全区 III 接收服务器,从而实现安全区 I、II 数据到安全区 III 的有序传输过程。

2. 反向型横向安全隔离装置

反向型横向安全隔离装置(图 9.5)采用软、硬件结合,双嵌入式计算机结构;采用安全岛实现物理上的隔离;对外网数据进行半/全角转换及数字签名,设备对签名进行验证,对验证通过的报文再进行半/全角检查;单比特,由内向外禁止携带应用数据;仅支持 UDP;仅支持文本文件传输(E 文本)。

反向型横向安全隔离装置具有一些特有的、与正向型横向安全隔离装置不同的技术特点,包括基于 MAC、IP、传输协议、传输端口以及通信方向的综合报文过滤与访问控制;隔离装置内、外两个网卡在装置内部是非网络连接,且只允许以物理方式实现数据单向传输;单比特返回,返回数据为 1 字节,且必须是 0x00

(a) 百兆型　　　　　　　　　　　　　　(b) 千兆型

图 9.5　常用反向型横向安全隔离装置

或 0xFF；支持 NAT；传输要求符合 CIM-E 格式的文本文件。

反向型横向安全隔离装置工作时，首先由部署在安全区 III 内的数据发送端程序对需要发送的数据进行签名；然后与反向型横向隔离装置通过内网接口进行通信，隔离装置接收数据后，进行签名验证，并对数据进行内容过滤、有效性检查等处理，将符合通过条件的数据通过专用的安全网络协议传输给安全岛；最后断开与内网接口的连接，与外网接口建立连接，将安全岛中的数据传输给外网接口对端的安全区 I、II 内的接收程序，接收程序对数据进行解读，从而实现安全区 III 数据到安全区 I、II 的传输过程。

9.3.9　横向单向隔离装置的工作示例

当内网有数据需要送达外网时，如电子邮件等，隔离装置收到内网主机建立连接的请求之后，建立非 TCP/IP 的数据连接。隔离装置剥离所有的 TCP/IP 和应用协议，得到原始的数据，将数据写入隔离装置的存储介质。

数据完全写入隔离装置的存储介质后，隔离装置立即中断与内网主机的连接，从而发起对外网主机的非 TCP/IP 的数据连接，隔离装置将存储介质内的数据传输至外网，外网侧收到数据后，进行 TCP/IP 和应用协议的封装，并通过外网网口与外网主机建立数据传输。每一次数据交换隔离装置都要经过数据的接收、存储、转发三个过程，这些过程都在装置的内存和内核中完成，因此在新一代的隔离装置中，处理速度能够满足业务需求。

图 9.6 中，主机 A 在安全区 I 内，主机 B 在安全区 III 内，为主机与横向单向隔离装置之间连接的网口配置同一网段的 IP 地址，其中 IP3 是 IP2 的虚拟地址，IP4 是 IP1 的虚拟地址，当有数据传输请求时，主机 A 向主机 B 发出数据包，发出目的地址为 IP3 的数据包，正向型横向安全隔离装置内网侧响应 ARP 请求，应答 IP3 的 MAC 地址为 MAC3-1，主机 A 发送 IP 数据包经交换机转发至正向型横向安全隔离装置内网口，数据包内容如表 9.2 所示。

正向型横向安全隔离装置收到数据包后，按照预设的规则，实现基于源 MAC 地址、源 IP 地址、目的 IP 地址、源端口号、目的端口号、协议的数据审查，对于不合法的数据包，直接丢弃，合法的数据包则通过专用的非 TCP/IP 协议栈进行重新封装，重新填写 IP 地址及 MAC 地址，对外发送新数据包，数据包内容如表 9.3 所示。

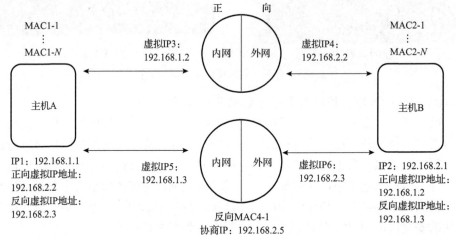

图 9.6　横向单向隔离装置工作示意图

表 9.2　内网口收到数据包内容

目的 MAC 地址	源 MAC 地址	目的 IP 地址	源 IP 地址	协议	数据
MAC3-1	MAC1-1	IP3	IP1	TCP	数据

表 9.3　外网口发出数据包内容

目的 MAC 地址	源 MAC 地址	目的 IP 地址	源 IP 地址	协议	数据
MAC2-1	MAC3-1	IP2	IP4	TCP	数据

正向型横向安全隔离装置外网侧将 IP 数据包发送至主机 B，实现数据从安全内网主机至安全外网主机的有序传输。

反向传输时，由主机 B 与内网的虚拟地址进行通信，从而实现与 IP3 通信，其他过程与正向型横向安全隔离装置工作过程相似，在传输过程中，内网地址永远无法直接连接外网地址。

9.4　电力通用横向隔离技术

9.4.1　防火墙的简介

古代在建造木屋的时候为防止火灾的发生和蔓延，人们将坚固的石块堆砌在房屋周围作为屏障，这种防护构筑物就称为"防火墙"。时光飞梭，随着计算机和网络的发展，各种攻击入侵手段相继出现，为了保护计算机的安全，人们开发出一种能阻止计算机之间直接通信的技术，并沿用了古代类似这个功能的名字——"防火墙"。用专业术语来说，防火墙是一种网络安全设备，置于不同网络安全域之间，它通过相关的安全策略来控制（允许、拒绝、监视、记录）进出网络的访问行为。在电力系统中，通常用其实现逻辑隔离、访问控制、报文过滤等功能，与横向隔离装置的物理隔离相比，防护能力稍弱，多用于安全区 I、II 之间，安全区 III、IV 之间的数据包过滤等场景。对于普通用户，"防火墙"，指的是放置在自己计算机与外界网络之间的防御系统，从网络发往计算机的所有数据都要经过它的判断处理后，才会决定是否把这些数据交给计算机，一旦发现有害数据，防火墙就会拦截下来，实现了对计算机的保护功能。

防火墙作为保护装置，主要保护外部网络对内部网络的访问控制，其主要任务是对数据包进行过滤，允许特别的连接数据包通过，阻止其他未允许的数据包通过。防火墙的核心功能主要是访问控制，通过数据包过滤技术实现入侵检测、管控规则过滤、实时监控及电子邮件过滤等功能。

（1）访问控制：根据访问规则对应用程序联网动作进行过滤。

（2）地址转换：支持 NAT 技术，能够有效隐藏内部网络地址。

（3）网络环境：支持 2 层或 3 层之间的内部连接，如 DHCP（dynamic host configuration protocol，动态主机配置协议）、端口映射、动态路由等功能。

（4）带宽管理功能：可以根据业务进行不同的流量分配，以保证重要业务的应用。

（5）入侵检测和攻击防御：具有识别攻击行为、阻断攻击、发出告警等入侵检测联动功能。

（6）用户认证：支持 RDIUS、SKEY、SECUID 等方式的用户认证。

9.4.2　防火墙的特点

防火墙的主要特点包括如下几点：

（1）防火墙是网络安全的屏障。防火墙能极大地提高内外部网络边界的安全性，并通过过滤不满足要求的数据包从而降低风险。通常采用白名单制，只有事先设定的数据包才能通过防火墙。如防火墙可以禁止众所周知的不安全的 NFS 协议进出受保护网络，这样外部的攻击者就不可能利用这些脆弱的协议来攻击内部网络。防火墙同时可以保护内部网络免受基于路由学习过程中的攻击，如 IP 选项中的源路由攻击和 ICMP 重定向中的重定向路径。防火墙可以拒绝所有以上类型攻击的报文并通知网络管理员。

（2）防火墙可以强化网络安全策略。通过以防火墙为中心的安全方案配置，能将所有安全软件（如口令、加密、身份认证、审计等）配置在防火墙上。与将网络安全问题分散到各个主机上相比，防火墙的集中安全管理更经济。例如，在网络访问时，一次一密的口令系统和其他身份认证系统不必分散在各个主机上，可全部集中在防火墙上。

(3)对网络存取和访问进行监控审计。如果所有的访问都经过防火墙，那么防火墙就能记录下这些访问并生成日志记录，同时也能提供网络使用情况的统计数据。当发生可疑动作时，防火墙能进行报警和记录，根据预设配置进行阻断或转发，并提供数据包包头信息以及网络是否受到探测、攻击的详细信息。另外，收集一个网络的使用和误用情况也是非常重要的，原因是可以清楚防火墙是否能够抵挡攻击者的探测和攻击，并且清楚防火墙的控制是否及时。网络使用统计对网络需求分析和威胁分析等也是非常重要的。

(4)防止内部信息的外泄。利用防火墙对内部网络进行划分，可实现内部网络重点网段的隔离，从而限制局部重点或敏感网络安全问题对全局网络造成的影响。另外，隐私是内部网络非常关心的问题，内部网络中一个不引人注意的细节可能包含有关安全的线索，从而引起外部攻击者的兴趣，甚至会因此暴露内部网络的某些安全漏洞。使用防火墙就可以隐藏那些透漏的内部细节，如DNS(domain name system，域名系统)等服务。防火墙可以阻塞有关内部网络中的 DNS 信息对外发布，这样一台主机的域名和IP地址就不会被外界所了解。

(5)防火墙自身应具有非常强的抗攻击免疫力。这是防火墙担当企业内部网络安全防护重任的先决条件。防火墙处于网络边缘，它就像一个边界卫士一样，每时每刻都要面对黑客的入侵，这样就要求防火墙自身要具有非常强的抗击入侵本领。它具有这么强本领的关键是防火墙操作系统本身，只有自身具有完整信任关系的操作系统才可以谈论系统的安全性。此外，防火墙自身具有非常低的服务功能，除了专门的防火墙嵌入系统，再没有其他应用程序在防火墙上运行。当然这些安全性也只能说是相对的。

(6)除了安全作用，防火墙还支持具有 Internet 服务特性的企业内部网络技术体系 VPN。通过 VPN，将企事业单位在地域上分布在全世界各地的局域网或专用子网有机地联成一个整体。不仅省去了专用通信线路，而且为信息共享提供了技术保障。

对于防火墙的性能，通常可以通过以下五个方面进行评价：

(1)吞吐量。指在没有帧丢失的情况下，设备能够接受的最大速率，该指标直接影响网络的性能、收发包数据量等。

(2)时延。指入口处输入帧最后 1 比特到达出口处输出帧的第 1 比特输出所用的时间间隔，用来评价数据的传输效率。

(3)丢包率。指在稳态负载下，应由网络设备传输，但由于性能不足而丢弃的帧的百分比，随着技术及设备性能的发展，目前这种情况已经较少。

(4)并发连接数。并发连接数是指穿越防火墙的主机之间或主机与防火墙之间能同时建立的最大连接数,用来评价设备对并发任务的响应能力。

(5)每秒新建连接数。指 1s 内能够新建的连接数量,体现了防火墙的反应能力或者说是灵敏度。

9.4.3　防火墙的原理

防火墙一般有两个以上的网卡,一个连接到外部网络,另一个连接到内部网络。当打开主机网络转发功能时,两个网卡间的网络数据包能直接通过。当有防火墙时,它类似于插在网卡之间,对所有的网络数据包进行控制。

为实现防火墙的上述功能,防火墙主要采用了以下四种技术。

(1)包过滤技术,只检查数据包的 IP/TCP 报文头,根据预设的规则表判断是否匹配,从而决定是否允许数据包通过(图 9.7)。要通过一个访问控制表来判断,其形式一般是一连串的如下规则:

①accept from +源地址,端口 to+目的地址,端口+采取的动作;

②deny…(deny 指拒绝);

③nat…(nat 指网络地址转换)。

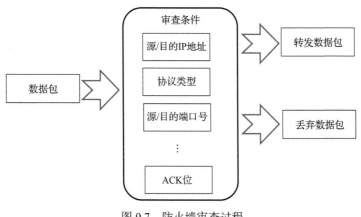

图 9.7　防火墙审查过程

ACK 指确认字符

防火墙在网络层(包括以下的链路层)接收到网络数据包后,就从上面的规则表一条一条地匹配,如果符合就执行预先安排的动作,如转发或丢弃等。

值得注意的是,包过滤技术并不会对数据包中的数据帧内容进行审查,只会检查数据包包头(图 9.8),这种设计能够提高审查速度,但是容易受到地址欺骗从而误转发攻击数据包。

(2)应用代理(图 9.9),工作在应用层。通过编写应用代理程序,实现对应用层数据的检测和分析,例如,使用浏览器时所产生的数据流或是使用 FTP(file transfer protocol,文件传输协议)时的数据流都属于这一层。防火墙可以拦截进出某应用程序的所有封包，并且封锁其他封包(通常是直接将封包丢弃)。理论上，应用这项技术可以完全阻隔外部的数据流进入受保护的机器中，但是需要针对应用程序或协议设置专用的代理服务。

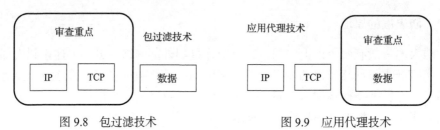

图 9.8 包过滤技术   图 9.9 应用代理技术

(3)状态检测技术，工作在 OSI 的 2～4 层，处理的对象不是单个数据包，而是整个连接。通过规则表和连接状态表，综合判断是否允许数据包通过。状态检测是从 TCP 连接的建立到终止都跟踪检测的技术。原先的包过滤技术，是用一个一个单独的数据包来匹配规则的。可是我们知道，同一个 TCP 连接，数据包是前后关联的，先是 SYN(synchronize sequence number，同步序列编号)包，然后是数据包，最后是 FIN(function item number，功能设备号)包。数据包的前后序列号是相关的。如果割裂这些关系，单独地过滤数据包，很容易被精心构造的攻击数据包欺骗，如 Nmap(network mapper，网络安全软件)的攻击扫描，就可能利用 SYN 包、FIN 包、Reset(复位)包来探测防火墙后面的网络。相反，一个完全的状态检测防火墙，在发起连接时就会进行判断，如果符合规则，就在内存登记这个连接的状态信息(地址、Port(端口号)、选项等)，后续的属于同一个连接的数据包，就不需要再进行检测了，可直接通过。而一些精心构造的攻击数据包由于没有在内存登记相应的状态信息，都被丢弃了，这样攻击数据包，就不能绕过防火墙了。

说到状态检测必须提到动态规则技术。在状态检测中，采用动态规则技术，高端口号(1024 以上)的问题就可以解决了。实现原理是，防火墙可以过滤内部网络的所有端口号(1～65535)，外部攻击者很难发现入侵的切入点，但是为了不影响正常的服务，当防火墙检测到服务必须开放高端口号时(如 FTP 等)，防火墙在内存就可以动态地添加一条规则打开相关的高端口号。等服务完成后，这条规则又被防火墙删除。这样，既保障了安全，又不影响正常服务，速度也快。

(4)完全内容检测技术(图 9.10)，需要很强的性能支撑，既有包过滤功能，也有应用代理功能。完全内容检测技术工作在 OSI 2～7 层，用于分析数据包包头信息、状态信息，对应用层协议进行还原和内容分析，有效防

图 9.10 完全内容检测技术

范混合型安全威胁。

9.4.4　防火墙的分类

根据防火墙的功能和工作的 OSI 模型层次等，可以将防火墙分为包过滤型、应用代理型、混合型三种，具体介绍如下。

1. 包过滤型防火墙

静态包过滤型防火墙是第一代防火墙，工作在 OSI 模型的网络层，主要依靠事先配置好的过滤策略，对数据流中每一个数据包进行审查，根据源地址、目的地址、源端口号、目的端口号、协议类型以及 ACK 标识位等要素进行比对，比对通过的数据包按照规则进行丢弃或转发操作，未通过比对的数据包进行丢弃。

这种防火墙的优点在于：逻辑简单、功能较易实现、设备成本低、普适性强；处理速度快，通常情况下只对数据包包头进行检查，对网络带宽和传输速率影响较小；防火墙功能与网络中主机应用无关，易于安装和使用。

这种防火墙的缺点在于：过滤规则配置较复杂，需要用户对网络协议有一定的了解，不利于人员维护和推广；对于环境复杂的网络，过滤规则较烦琐，不利于检查；无法对应用层信息进行检查，存在一定的安全风险；不能防止地址欺骗，不能防止外部客户与内部主机直接连接；不具备用户认证功能。

2. 应用代理型防火墙

随着防火墙技术和安全防护需求的提升，研发出了应用代理型防火墙，其工作在 OSI 模型的应用层，通过控制应用层服务，起到内部网络之间的数据转接作用，当外部网络访问内部主机时，应用代理型防火墙会对外部网络用户身份进行验证，若为合法用户，则将数据请求转发给内部网络中的主机，同时记录并监控用户操作，截断非法操作；当内部网络访问外部主机时，工作过程正好相反。

这种防火墙的优点在于：可以避免内外网主机之间的直接连接，在传输过程中起到了中转站的作用；提供比包过滤型防火墙更为详细具体的日志记录，如 HTTP（hypertext transfer protocol，超文本传输协议）连接的数据包，包过滤型防火墙只能记录单一数据包的信息，而应用代理型防火墙能够记录文件名、URL（uniform resource locator，统一资源定位符）等信息；能够隐藏内部主机的 IP 地址，对外数据包均以防火墙的地址作为源地址发送，且面向用户授权，可以为用户提供透明的加密机制，可以与其他认证、授权等手段集成。

这种防火墙的缺点在于：处理数据包的速度较包过滤型防火墙慢；对用户不透明，使用时有一定的不便；当启用代理技术时，需要结合具体应用协议设置不同的代理服务器，配置更为复杂。

3. 混合型防火墙

随着网络技术的进一步发展，目前电力系统乃至市面上常用的防火墙都是在包过滤型防火墙的基础上引进应用代理技术，从而使得单一防火墙能够实现包过滤和应用代理的功能。这种防火墙除包过滤和应用代理的基本功能，还可以实现更多更高安全性的功能，如状态检测包过滤、NAT 技术、应用内容过滤、透明防火墙、入侵检测、VPN、安全管理等，同时两种功能的混合使用也能够弥补单一技术的缺点和不足，从而得到了较为广泛的应用。

9.4.5　防火墙的部署位置

前面提到，防火墙多部署在不同安全区域之间，实现内外网通道的安全过滤，按照十六字安全方针，电力监控系统中防火墙可以放在如下位置：

(1) 生产控制大区内部(图 9.11)。安全区 I 与安全区 II 之间的数据交换，如内网监控平台、数据传输服务(data transmission service，DTS)等应用，虽然主体设备部署在安全区 II，但是需要同安全区 I 的设备进行数据交换，应通过防火墙进行安全加固，避免非法访问。

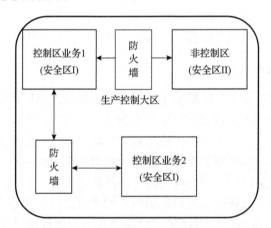

图 9.11　生产控制大区防火墙部署图

(2) 管理信息大区内部(图 9.12)。安全区 III 与安全区 IV 之间的数据交换，如调度支持系统的 Web 浏览、报表等应用，需要将安全区 III 的数据通过办公内网呈现给使用者，存在安全区 III 同办公内网间的数据交换，也应使用防火墙进行安全加固，避免非法访问。

(3) 安全区 III 和安全区 IV 的纵向边界(图 9.13)。如果存在上下级调度机构间的安全区 III 和安全区 IV 的纵向数据通道，应在纵向边界部署防火墙进行安全加固，避免非法访问。

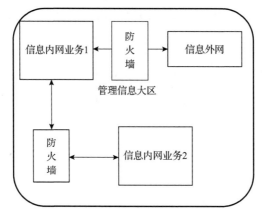

图 9.12　管理信息大区防火墙部署图

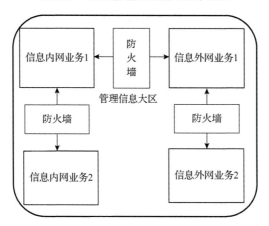

图 9.13　纵向边界防火墙部署图

(4)同一安全大区内部(图 9.14)。不同业务系统间的数据交换，如调度支持系统和配网自动化系统之间的数据交换、主用调度支持系统和备用调度支持系统之

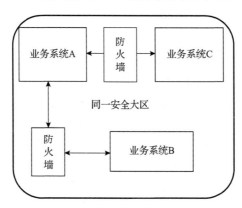

图 9.14　同一安全大区防火墙部署图

间的数据交换等，应当在数据通道之间部署防火墙进行安全加固，避免非法访问。

9.4.6　防火墙的策略配置

前面提到防火墙在对数据包进行审查时会根据事先配置好的策略进行校核，从而采取相应的动作，按照策略动作的效果，可以分为正向策略、反向策略及单方向全通策略三种。

1. 正向策略

根据正向策略进行数据包审查过程中，当数据包匹配策略要求时，允许数据包通过并转发；不匹配时，阻断传输并丢弃数据包。这种策略较为常见，又称白名单制，即在名单上的数据可以通过，不在的都拒绝，在配置时需要提前了解可能应用的协议类型、协议号、地址等参数，才能进行配置。配置命令时通常先配置允许通过的策略，覆盖正常数据需求后，再拒绝所有其他数据，大致配置命令如下所示：

Rule 1 permit IP1 协议 a 端口 1 to IP2 协议 a 端口 2

Rule 2 deny any any

2. 反向策略

根据反向策略进行数据包审查过程中，当数据包匹配策略要求时，阻止数据包通过并丢弃；不匹配时，允许其通过并转发。这种策略多用于阻止某些危险端口、非法访问等数据通信，又称黑名单制，即在名单上的数据包都会被拦截阻止，只有不在名单上的数据包才可以通过。配置命令通常是先配置禁止访问的端口策略，覆盖中高危风险后，再允许所有其他数据通过，大致配置命令如下所示：

Rule1 deny IP1 协议 a 端口 1 to IP2 协议 a 端口 2

Rule permit any any

3. 单方向全通策略

单方向全通策略指的是防火墙向某单一方向全部开放，对另一方向的数据包进行检查匹配，如配置从外网到内网的单向策略，对某些主机地址或端口进行阻止或开放，而对于内网主机的对外访问则全部允许通过。这种策略配置相比前两种更为简单，看似有较大的安全风险，不过由于 TCP/IP 的连接通信过程中，数据包会两次通过防火墙，所以在数据包向配置有正向或反向策略的方向进行传输时，会拦截下未经允许的数据包，也能起到安全加固的作用。不过，当防火墙的两个方向都采用单方向全通策略时，防火墙就会和交换机类似，不会对数据包进行过滤。

9.4.7　防火墙的新技术

1. 分布式防火墙的产生

因为传统的防火墙设置在网络边界，位于内、外部互联网之间，所以称为"边界防火墙"。随着人们对网络安全防护要求的提高，边界防火墙明显感觉到力不从心，因为给网络带来安全威胁的不仅是外部网络，更多的是来自内部网络。但边界防火墙无法对内部网络实现有效的保护，除非对每一台主机都安装防火墙，这是不可能的。基于此，一种新型的防火墙技术，即分布式防火墙技术产生了。它可以很好地解决边界防火墙的以上不足，当然不是为每台主机安装防火墙，而是把防火墙的安全防护系统延伸到网络中的各台主机，一方面保证了用户的投资不会很高，另一方面给网络所带来的安全防护是非常全面的。

传统边界防火墙用于限制被保护企业内部网络与外部网络（通常是互联网）之间相互进行信息存取、传递的操作，它所处的位置在内部网络与外部网络之间。实际上，所有以前出现的各种不同类型的防火墙，从简单的包过滤到应用层代理以及自适应代理，都是基于一个共同的假设，那就是防火墙把内部网络一端的用户看成是可信任的，外部网络一端的用户则都作为潜在的攻击者来对待。而分布式防火墙是一种主机驻留式的安全系统，它以主机为保护对象，它的设计理念是主机以外的任何用户访问都是不可信任的，都需要进行过滤。在实际应用中，并非要求对网络中每台主机都安装这样的系统，因为这样会严重影响网络的通信性能。它通常用于保护企业网络中的关键节点服务器、数据及工作站免受非法入侵的破坏。

分布式防火墙负责对网络边界、各子网和网络内部各节点之间的安全进行防护，所以"分布式防火墙"是一个完整的系统，而不是单一的产品。根据其所需完成的功能，新的防火墙体系结构包含如下部分。

1）网络防火墙

网络防火墙有的公司采用的是纯软件方式，而有的可以提供相应的硬件支持。它是用于内部网络与外部网络之间，以及内部网络各子网之间的防护。与传统边界防火墙相比，它多了一种用于对内部子网之间的安全防护层，这样整个网络的安全防护体系就更加全面、可靠，不过在功能上与传统的边界防火墙类似。

2）主机防火墙

主机防火墙同样也有纯软件和硬件两种产品，是用于对网络中的服务器和桌面机进行防护。这也是传统边界防火墙所不具有的，也是对传统边界防火墙在安全体系方面的一个完善。它作用在同一内部子网之间的工作站与服务器之间，以确保内部网络服务器的安全。这种防火墙不仅能用于内部与外部网络之间的防护，还可应用于内部网络的各个子网之间、同一内部子网工作站与服务器之间，可以说达到了应用层的安全防护，比起网络层更加彻底。

3）中心管理软件

中心管理软件是一个防火墙服务器管理软件，负责总体安全策略的策划、管理、分发及日志的汇总。这是新的防火墙的管理功能，也是以前传统边界防火墙所不具有的。这样防火墙就可进行智能管理，提高了防火墙的安全防护灵活性，具备可管理性。

2. 分布式防火墙的主要特点

综合起来，分布式防火墙技术具有以下几个主要特点。

1）采用主机驻留方式

分布式防火墙最主要的特点就是采用主机驻留方式，所以称为“主机防火墙”（传统边界防火墙通常称为“网络防火墙”）。它的重要特征是驻留在被保护的主机上，该主机以外的网络不管是处在网络内部还是网络外部都认为是不可信任的，因此可以针对该主机上运行的具体应用和对外提供的服务设定针对性很强的安全策略。主机防火墙对分布式防火墙体系结构的突出贡献是，使安全策略不仅停留在网络与网络之间，而且把安全策略推广延伸到每个网络末端。

2）具有嵌入操作系统内核

嵌入操作系统内核主要是针对目前的纯软件式分布式防火墙来说的。目前，操作系统自身存在许多安全漏洞是众所周知的，运行在其上的应用软件无一不受到威胁。分布式防火墙也运行在主机上，所以其运行机制是主机防火墙的关键技术之一。为保证自身的安全和彻底堵住操作系统的漏洞，主机防火墙的安全监测核心引擎要以嵌入操作系统内核的形态运行，直接接管网卡，在对所有数据包进行检查后再提交操作系统。为实现这样的运行机制，除防火墙厂商自身的开发技术，与操作系统厂商的技术合作也是必要的条件，因为这需要一些操作系统不公开的内部技术接口。不能实现这种分布式运行模式的主机防火墙受到操作系统安全性的制约，存在着明显的安全隐患。

3）类似于个人防火墙

个人防火墙是一种软件防火墙产品，用来保护单一主机系统。分布式防火墙与个人防火墙有相似之处，如都是对应个人系统，但它们之间又有着本质上的差别：

首先它们管理方式截然不同，个人防火墙的安全策略由系统使用者设置，全部功能和管理都在本机上实现，它的目标是防止主机以外的任何外部用户攻击；而针对桌面应用的主机防火墙的安全策略由整个系统的管理员统一安排和设置，除了对该桌面机起到保护作用，也可以对该桌面机的对外访问加以控制，并且这种安全机制是桌面机的使用者不可见和不可改动的。

其次，不同于个人防火墙是单纯地直接面向个人用户，针对桌面应用的主机防火墙是面向企业级客户的，它与分布式防火墙其他产品共同构成一个企业级应用方案，形成一个安全策略中心统一管理，所以它在一定程度上也面对整个网络。它是整个安全防护系统中不可分割的一部分，整个系统的安全检查机制分散布置在整个分布式防火墙体系中。

4）适用于服务器托管

互联网和电子商务的发展促进了互联网数据中心（internet data center，IDC）的迅速崛起，其主要业务之一就是服务器托管服务。对于服务器托管用户，该服务器逻辑上是企业网的一部分，但物理上不在企业网内部。对于这种应用，边界防火墙解决方案就显得比较牵强附会。前面介绍过，对于这类用户，他们通常采用的防火墙方案是虚拟防火墙，但这种配置相当复杂，非一般网管人员能胜任。而针对服务器的主机，防火墙解决方案则是其一个典型应用。对于纯软件式的分布式防火墙，用户只需在该服务器上安装主机防火墙软件，并根据该服务器的应用设置安全策略即可，并可以利用中心管理软件对该服务器进行远程监控，不需额外租用任何新的空间放置边界防火墙。对于硬件式的分布式防火墙，因其通常采用 PCI 卡式，兼顾网卡作用，所以可以直接插在服务器机箱里，无须单独的空间托管费，对于企业来说更加实惠。

3. 分布式防火墙的主要优势

在新的安全体系结构下，分布式防火墙代表新一代防火墙技术的潮流，可以在网络的任何交界和节点处设置屏障，从而形成一个多层次、多协议、内外皆防的全方位安全体系。分布式防火墙主要优势如下。

1）增强了系统安全性

分布式防火墙增加了针对主机的入侵检测和防护功能，加强了对来自内部的攻击防范，可以实施全方位的安全策略。

在传统边界防火墙应用中，企业内部网络非常容易受到有目的的攻击，一旦已经接入了企业局域网的某台计算机，并获得这台计算机的控制权，便可以利用这台机器作为入侵其他系统的跳板。而分布式防火墙将防火墙功能分布到网络的各个子网、桌面系统、笔记本电脑以及服务器上。分布于整个公司内的分布式防火墙使用户可以方便地访问信息，而不会将网络的其他部分暴露在潜在非法入侵者面前。凭借这种端到端的安全性能方式，用户通过内部网络、外联网络、虚拟专用网甚至通过远程访问，所实现的与企业的互联不再有任何区别。分布式防火墙还可以使企业避免某一台端点系统的入侵导致向整个网络蔓延的情况发生，同时也使得通过公共账号登录网络的用户无法进入那些限制访问的计算机系统，弥补了边界防火墙对内部网络安全性防范的不足。

另外，由于分布式防火墙使用了 IP 安全协议，能够很好地识别在各种安全协议下的内部主机之间的端到端网络通信,使各主机之间的通信得到了很好的保护。所以分布式防火墙有能力防止各种类型的被动和主动攻击。特别是当我们使用 IP 安全协议中的密码凭证来标识内部主机时,基于这些标识的策略对主机来说无疑更具可信性。

2)提高了系统性能

分布式防火墙消除了结构性瓶颈问题。传统防火墙由于拥有单一的接入控制点,无论对网络的性能还是网络的可靠性都有不利的影响。虽然目前也有这方面的研究并提供了一些相应的解决方案,从网络性能角度来说,自适应防火墙是一种在性能和安全之间寻求平衡的方案;从网络可靠性角度来说,采用多个防火墙冗余也是一种可行的方案,但是它们不仅引入了很多复杂性,而且并没有从根本上解决该问题。一方面,分布式防火墙从根本上去除了单一的接入点,使这一问题迎刃而解。另一方面,分布式防火墙可以针对各个服务器及终端计算机的不同需求,对防火墙进行最佳配置,配置时能够充分考虑这些主机上运行的应用程序,如此便可在保障网络安全的前提下大大提高网络运转效率。

3)系统的扩展性好

分布式防火墙随系统扩展为安全防护提供了无限扩展的能力。因为分布式防火墙分布在整个企业的网络或服务器中,所以它具有无限的扩展能力。随着网络的增长,它的处理负荷也在网络中进一步分布,因此它的高性能可以持续保持住,而不会像边界防火墙一样随着网络规模的增大而不堪重负。

4)可以实施主机策略

分布式防火墙可以更安全地防护网络中的各节点。现在防火墙大多缺乏对主机意图的了解,通常只能根据数据包的外在特性进行过滤控制。虽然代理型防火墙能够解决该问题,但它需要对每一种协议单独地编写代码,其局限性也是显而易见的。在没有上下文的情况下,防火墙很难将攻击包从合法的数据包中区分出来,因而也就无法实施过滤。事实上,攻击者很容易伪装成合法包发动攻击,攻击包除了内容以外的部分可以完全与合法包一样。分布式防火墙由主机来实施策略控制,毫无疑问主机对自己的意图有足够的了解,所以分布式防火墙依赖主机做出合适的决定就能很自然地解决这一问题。

5)应用更为广泛,支持 VPN 通信

分布式防火墙最重要的优势在于,它能够保护物理拓扑上不属于内部网络,但逻辑上位于内部网络的主机,这种需求随着 VPN 的发展越来越多。这个问题的传统处理方法是将远程内部主机和外部主机的通信依然通过防火墙隔离来控制接入,而远程内部主机和防火墙之间采用隧道技术保证安全性,这种方法使原本可以直接通信的双方必须绕经防火墙,不仅效率低而且增加了防火墙过滤规则设置的难度。与之相反,分布式防火墙的建立本身就是基本逻辑网络的概念,因此对它而言，远程内部主机与物理上的内部主机没有任何区别，它从根本上防止了这种情况的发生。

4. 分布式防火墙的主要功能

上面介绍了分布式防火墙的特点和优势，那么到底这种防火墙具备哪些功能呢？因为采用了软件形式(有的采用了软件+硬件形式)，所以功能配置更加灵活，具备充分的智能管理能力，总的来说可以体现在以下几个方面。

1) Internet 访问控制

依据工作站名称、设备指纹等属性，使用互联网访问规则，控制该工作站或工作站组在指定的时间段内允许/禁止访问模板或网址列表中所规定的 Web 服务器，某个用户可否基于某工作站访问 Web 服务器，同时当某个工作站/用户达到规定流量后确定是否断网。

2) 应用访问控制

通过对网络通信中链路层、网络层、传输层、应用层基于源地址、目标地址、端口号、协议的逐层包过滤与入侵检测，控制来自局域网/Internet 的应用服务请求，如 SQL(structured query language，结构化查询语言)数据库访问、IPX(internetwork packet exchange，网间分组交换)协议访问等。

3) 网络状态监控

实时动态报告当前网络中所有的用户登录、Internet 访问、内网访问、网络入侵事件等信息。

4) 黑客攻击防御

抵御包括 Smurf 拒绝服务攻击、ARP 欺骗式攻击、Ping 攻击、Trojan 木马攻击等在内的近百种来自网络内部以及来自 Internet 的黑客攻击手段。

5) 日志管理

对工作站协议规则日志、用户登录事件日志、用户 Internet 访问日志、指纹验证规则日志、入侵检测规则日志的记录与查询分析。

6) 系统工具功能

系统工具包括系统层参数的设定、规则等配置信息的备份与恢复、流量统计、模板设置、工作站管理等功能。

9.5　横向隔离技术与低压负荷控制系统

低压负荷控制系统的核心是负荷调控系统，负责汇聚各个系统同步的高、低压线路模型，以及用户侧的线路模型，得到整网模型。利用汇聚得到的数据中心侧的数据，包括用户模型、配网模型、地区模型等，梳理出单用户模型和多用户模型，从而对常规馈线出口、单个用户出口、集中负荷控制出口提出精准的控制策略，在满足负荷调控刚性需求的前提下，最大限度地保障非调控目标用电需求，促使全网供需关系达到最优。

为满足负荷调控系统精准运行，需要利用各个业务系统采集的数据(图9.15)，如安全区Ⅰ的主网和配网调度技术支持系统采集的电网模型、图形以及电网运行数据，安全区Ⅲ的用户采集系统采集的低压用户智能表、设备关联关系等数据，这些数据传输跨过了多个安全区，需要应用横向隔离技术对各业务系统开展安全防护(图9.16)。下面具体阐述横向隔离技术在不同安全区间的应用。

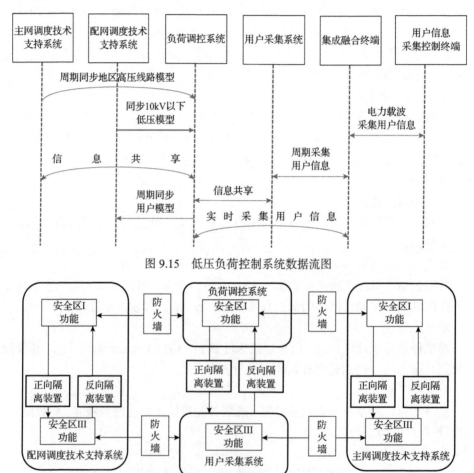

图 9.15 低压负荷控制系统数据流图

图 9.16 低压负荷控制系统数据安全防护图

9.5.1 横向隔离技术在安全区Ⅰ的应用

横向隔离技术在安全区Ⅰ的应用包括两部分，分别是安全区Ⅰ内不同系统间的横向隔离防护和安全区 I 向安全区 III 的横向隔离防护。

1. 安全区 I 内不同系统间的横向隔离防护

同一安全区内，采用的防护是以防火墙为主的逻辑隔离防护，针对主网调度技术支持系统向负荷调控系统提供电网模型、电网图形、电网运行数据和其他数据的传输需求(包括遥控、链路测试、其他系统指令等)，以及负荷调控系统向主网调度技术支持系统下达数据采集、链路测试、遥控操作等数据的传输要求，采用防火墙进行逻辑隔离，在防火墙上划分主网调度技术支持系统和负荷调控系统两个安全区域，根据具体业务配置端口级白名单策略，从而保障两个业务系统间数据的可信传输，并对异常行为进行拦截和记录；针对配网调度技术支持系统向负荷调控系统提供电网模型、电网图形、电网运行数据和其他数据的传输需求(包括遥控、链路测试、其他系统指令等)，以及负荷调控系统向配网调度技术支持系统下达数据采集、链路测试、遥控操作等数据的传输要求，采用防火墙进行逻辑隔离，在防火墙上划分配网调度技术支持系统和负荷调控系统两个安全区域，根据具体业务配置具体到单个端口的白名单策略，从而保障两个业务系统间数据的可信传输，并对异常行为进行拦截和记录。值得一提的是，上述安全区 I 不同系统间的数据传输并不仅仅局限于省调层面，也包括省调纵向与地调业务系统的通信(图 9.17)，该过程中纵向安全由纵向加密认证装置实现。

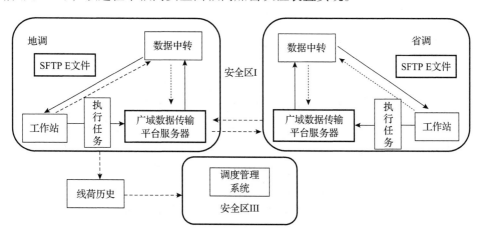

图 9.17　省地调间低压负荷控制系统数据传输图

2. 安全区 I 向安全区 III 的横向隔离防护

在生产控制大区(安全区 I)和管理信息大区(安全区 III)间的横向数据传输，采用电力专用横向隔离装置实现，横向传输主要针对负荷调控系统向用户采集系统下达的控制指令、采集指令、测试指令等数据传输需求，在各自安全区间部署电力专用正向隔离装置，负荷调控系统将控制指令、采集指令、测试指令等数据以 E 文本格式转译为文件，通过电力专用正向隔离装置的发送端软件与电力专用正向隔离装置内网侧建立 TCP 连接并发送，再由电力专用正向隔离装置外网侧与电力专用正向隔离装置的接收端软件建立安全隧道并发送加密后的 E 文本文件，由接收端软件接收后交由用户采集系统服务器转译为正常数据报文，从而实现控制指令、采集指令、测试指令等数据的传输。

9.5.2　横向隔离技术在安全区 III 的应用

1. 安全区 III 内部的横向隔离防护

在管理信息大区(安全区 III)内不同业务系统间的横向数据传输，采用的防护是以防火墙为主的逻辑隔离防护，用户采集系统向配网调度技术支持系统和主网调度技术支持系统提供低压用户的用电数据和模型信息，配网调度技术支持系统和主网调度技术支持系统向用户采集系统下发数据采集和模型同步指令，为满足上述数据业务的安全通信，使用防火墙进行防护，在防火墙上划分主网调度技术支持系统(配网调度技术支持系统)和用户采集系统两个安全区域，根据具体业务配置端口级白名单策略，从而保障两个业务系统间数据的可信传输，并对异常行为进行拦截和记录。

2. 安全区 III 向安全区 I 的横向隔离防护

在管理信息大区(安全区 III)和生产控制大区(安全区 I)间的横向数据传输，主要针对用户采集系统上传的数据、控制指令响应情况进行横向隔离防护，使用电力专用反向隔离装置，通过电力专用反向隔离装置的发送端软件与电力专用反向隔离装置外网侧建立安全隧道并发送加密后的 E 文本文件，再由电力专用反向隔离装置内网侧与电力专用反向隔离装置的接收端软件建立安全隧道并发送加密后的 E 文本文件，由接收端软件接收后交由负荷调控系统服务器转译为正常数据报文，从而实现控制指令、采集指令、测试指令等响应报文和低压用户运行数据、控制执行情况等电网数据的安全横向传输。

主网调度技术支持系统和配网调度技术支持系统在安全区 III 向安全区 I 或者安全区 I 向安全区 III 的数据传输模式相似，传输内容变为区域电网运行情况、电网图形、电网模型等数据，为各自系统的调度智能分析高级应用提供数据支撑和决策支持，具体传输方式与用户采集系统向负荷调控系统传输相似，这里不再赘述。

通过上述过程(图 9.18)，在负荷调控系统实现主网调度技术支持系统(D5000)模型、用户采集系统模型、配网调度技术支持系统模型、用户采集系统负荷信息模型的同步与融合，为负荷调控系统精准调控低压负荷提供了平台基础和数据基础。

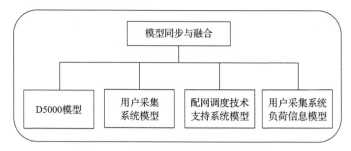

图 9.18　低压负荷控制系统数据传输图

9.5.3　横向高速信息传输技术在低压负荷控制系统中的应用

低压负荷控制系统需要采集的数据包括低压负荷运行情况、低压配电网运行情况、中压配电网运行情况，并能够依据采集数据和约束调节目标下达负荷控制指令，这一过程由于电网负荷变化较快，也就对信息横向传输的速率提出了较高的要求。为满足负荷调控系统应用需求，采用并行阵列传输方式实现。

在安全区 I 和安全区 III 分别设置一台文件网关服务器(数据量大时可以设置多台)，文件网关服务器间设置多台电力专用横向隔离装置，需横向传输的控制指令、遥测遥信信息等，由业务系统拆分为若干小型 E 文本文件，由文件网关服务器根据隔离装置情况选择设备进行传输，设备选择时会根据隔离设备运行情况、带宽使用情况进行动态调整，从而保障关键数据文件的优先、高效传输，满足系统应用需求(图 9.19)。

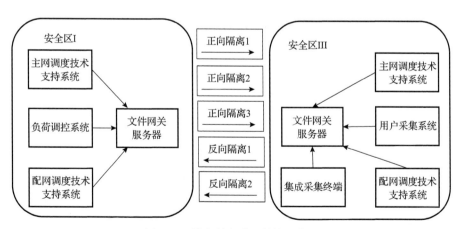

图 9.19　横向并行阵列传输示意图

横向并行阵列传输技术的优点如下：

(1)消除反向隔离装置数据传输性能薄弱瓶颈，性能为组成阵列反向隔离装置的总和；

(2) 提供设备冗余, 降低故障发生率;

(3) 简化网络结构, 降低网络建设和维护的复杂度;

(4) 易于设备扩充, 可根据业务需求实现快速扩充。

9.6　本章小结

　　本章介绍了低压负荷控制技术, 其中在低压负荷控制系统进行负荷能效优化计算以及最优配网运行方式计算过程中, 各个业务系统的数据在主站侧融合与贯通, 通过将用户信息和用户线路进行融合, 得到用户用电模型。主网将此模型同步至配网, 配网侧则建立用户和配网的映射模型。配网将映射模型同步至主网, 主网将地区高压线路模型和配网用户的映射模型进一步融合, 得到从高压到低压再到用户的精确的线路模型。用户计算最优的、精准面向用户的负荷控制序列, 可以通过能效优化计算功能对整个电网进行最优的调控。在这一过程中, 常规横向隔离技术和并行阵列式隔离技术的应用为数据信息在安全区间的横向传输提供了安全、可信、高速的支撑。

第10章　多级立体信息通信校验修正技术

电力系统自动化在经过了三十多年的发展之后，从电子管、晶体管的阶段已经逐渐发展为数字化、智能化的阶段，所以电力系统自动化的规约也有了相当大程度的发展。在我国早期自动化系统的发展中，信息采集的规约有很多，每种不同型号产品的生产厂家都有一套自己的规约，导致数据通信非常不便利。现阶段实时信息的采集与传输都有了一套统一的规约，这样我们在数据传输的过程中就有一套统一的"暗号"，会使数据的传输变得更加方便。本章首先介绍目前的校验方法有哪些；接着阐述一种报文数据多级传输校验技术，这种方法既能快速高效地发现错误，又能迅速定位错误数据，提高数据校验的准确性；最后介绍三维循环冗余校验(cyclic redundancy check，CRC)技术，这种校验方法通过在三维结构上的数据校验，可以对错误信息进行准确定位，使传输的信息在三维结构上得到精确的校验。

厂站端采集的实时数据信息是至关重要的，采用这些数据深度挖掘电网的实时及历史数据并进行分析，可以更加精确地掌握电网的发展及运行规律，对电网的规划进行优化，对电网系统资源的控制提高以及电网运行状态有更好的控制效果，对提高经济性、安全性以及可靠性有更好的改善。厂站端发送数据到主站，通过分析数据，改善输电线路的利用率，提升了运检效率，管理运维的水平也有所增长；根据这些数据进行仿真计算，能得出电网稳定性和时空关联特性，出现扰动后，能立即预测电网的运行稳定性，从而改善电网的安全性和稳定性。因此，规约报文数据的信息传输与校验是极其重要的。然而，目前的电力系统自动化通信规约报文数据的校验能力并不强，校验方法单一老套，所以必须要提高电力系统自动化通信规约报文数据的校验能力。

现阶段数据校验有奇偶校验、累加和校验及循环冗余校验等方法。奇偶校验能查出错误码，但不能纠错，如果发现错误只能要求厂站端重发数据，但是因为这种校验方法简单方便，所以应用依然很多。而循环冗余校验虽然检错能力是相当强大的，而且实现起来非常方便，但它不能发现两位及以上的错误，并且循环冗余校验所运用的多项式在面对一些较长的数据信息时，只能查找错误，不能纠错，并且也不能定位错误。现在的采集与传输系统在工作时非常容易出现错误，所以一定要把好数据校验与传输这一关。

本章介绍的这种数据多级传输校验技术，既可以快速、高效地发现错误，又能迅速定位错误数据位置，可以增强数据校验的准确性。

10.1　常用校验技术

10.1.1　奇偶校验

奇偶校验，顾名思义，是在发送数据的最后增加校验位，使前面所有数据的二进制信息加和后为奇数或偶数。然后接收端通过计算二进制数据是否满足奇偶性，进而来判断数据正确与否。这种方法的缺点十分明显：它的检错率并不算高，只有一半的概率检测出错误，另外，每传输一段数据都要加上一位校验位，这种校验方法的传输速度会很慢，所以在一般情况下不常采用奇偶校验。相反，它的优点也很明显，它很简单，所以可以用硬件来实现，这样在很大程度上减少了软件方面的负担，因此到现在这种方法还被很广泛地应用。

10.1.2　累加和校验

累加和校验也是在发送的一段数据的末端加入一位校验位，这位就是前面所有数据的和。累加和校验实现起来相当便捷，所以也被广泛采用。但累加和校验方式的校验能力也不是很强。

10.1.3　海明校验

海明码是一种多重(复式)奇偶检验，采用逻辑形式对信息进行编码，进而来检错和纠错。其是由采集到的信息码和校验码组成的，当其中一位改变时，相关的几位也会引起改变。

10.1.4　循环冗余校验

循环冗余校验的意思就是运用所传输数据除以一个固定的多项式生成的数，将得到的余数经过变换写到传输数据后作为校验码。

10.2　规约报文数据多级传输校验技术

本节介绍一种针对电力系统通信规约信息的多级传输校验技术，具体过程如下。

(1)在厂站端采集数据信息(采集信息为十六进制数据)，将每段信息体去除首端的功能码和末端的校验码，形成计算信息体，表示如下：

$$[A_{11}　A_{12}　\cdots　A_{1m}] \tag{10.1}$$

(2)处理 n 个信息体，形成 n 行，表示如下：

$$[A_{11} \quad A_{12} \quad \cdots \quad A_{1m}], [A_{21} \quad A_{22} \quad \cdots \quad A_{2m}], \cdots, [A_{n1} \quad A_{n2} \quad \cdots \quad A_{nm}] \tag{10.2}$$

再将这些行阵组成一个 $n \times m$ 的矩阵，表示如下：

$$\begin{bmatrix} A_{11} & A_{12} & \cdots & A_{1m} \\ A_{21} & A_{22} & \cdots & A_{2m} \\ \vdots & \vdots & & \vdots \\ A_{n1} & A_{n2} & \cdots & A_{nm} \end{bmatrix} \tag{10.3}$$

（3）设定一个进行一级校验的行阵表示如下：

$$[1 \quad 2 \quad \cdots \quad n] \tag{10.4}$$

用该行阵去校验信息体。

用设定的行阵和构建的矩阵模型相乘，得到一个行阵，表示如下：

$$[1 \quad 2 \quad \cdots \quad n] \times \begin{bmatrix} A_{11} & A_{12} & \cdots & A_{1m} \\ A_{21} & A_{22} & \cdots & A_{2m} \\ \vdots & \vdots & & \vdots \\ A_{n1} & A_{n2} & \cdots & A_{nm} \end{bmatrix} = \begin{bmatrix} \sum\limits_{x=1}^{n} xA_{x1} & \sum\limits_{x=1}^{n} xA_{x2} & \cdots & \sum\limits_{x=1}^{n} xA_{xm} \end{bmatrix} \tag{10.5}$$

式中，$\left[\sum\limits_{x=1}^{n} xA_{x1} \quad \sum\limits_{x=1}^{n} xA_{x2} \quad \cdots \quad \sum\limits_{x=1}^{n} xA_{xm} \right]$ 为一级校验信息体，设 11 为第一组数据信息体上送的功能码，运用奇偶校验或循环冗余校验计算出这行的校验码，将一级校验信息体的首端加入功能码，末端加入计算出的校验码，进行上送。

由于采集报文为十六进制数据信息体，现对行阵中 n 的最大值进行评估。

出现最大值的情况为行阵中一列上的元素每一个都为 FF，则最大值表示为

$$\sum_{x=1}^{n} x \cdot \text{FF} \tag{10.6}$$

对最大值可以用几位十六进制去传输进行评估，$\sum\limits_{x=1}^{n} x \cdot \text{FF}$ 的大小取决于 $\sum\limits_{x=1}^{n} x$ 的大小。

①当 $0 < \sum\limits_{x=1}^{n} x \leqslant \text{FF}$ 时，可以用 16 位数据表示，则需要 2 个信息体进行传输；

②当 $\text{FF} < \sum\limits_{x=1}^{n} x \leqslant \text{FFFF}$ 时，可以用 24 位数据表示，则需要 3 个信息体进行传输；

③当 $\text{FFFF} < \sum\limits_{x=1}^{n} x \leqslant \text{FFFFFF}$ 时，可以用 32 位数据表示，则需要 4 个信息体进行传输；

④以此类推。

设可以用 y 个信息体进行传输，则可以确定用与 n 有关的 y 个元素进行传输。

(4)将 $\sum\limits_{x=1}^{n} xA_{x1}$ 写成 y 个传输信息体，则需要满足设计的 n 值可以被 y 整除。

可将 $\left[\sum\limits_{x=1}^{n} xA_{x1} \quad \sum\limits_{x=1}^{n} xA_{x2} \quad \cdots \quad \sum\limits_{x=1}^{n} xA_{xm} \right]$ 的计算值写成关于 y 的行阵，表示如下：

$$\begin{bmatrix} A_{11}^{11} & A_{12}^{11} & \cdots & A_{1y}^{11} & A_{21}^{11} & A_{22}^{11} & \cdots & A_{2y}^{11} & \cdots & A_{m1}^{11} & A_{m2}^{11} & \cdots & A_{my}^{11} \end{bmatrix} \tag{10.7}$$

式中，A_{11}^{11} 上标的第一个数字表示本级校验的第 1 次计算，第二个数字表示进行的第 1 级校验，以此类推。

(5)将 $y \times m$ 个信息体的行阵变换成 y 行 m 列的矩阵，表示如下：

$$\begin{bmatrix} A_{11}^{11} & A_{12}^{11} & \cdots & A_{1y}^{11} & A_{21}^{11} & A_{22}^{11} & \cdots & A_{2y}^{11} & \cdots & \cdots & \cdots & \cdots & \cdots \\ \vdots & \vdots & \vdots & \vdots & \vdots & \vdots & \vdots & \vdots & \vdots & \vdots & \vdots & \vdots \\ \cdots & \cdots & \cdots & \cdots & \cdots & \cdots & \cdots & A_{m1}^{11} & A_{m2}^{11} & \cdots & A_{my}^{11} \end{bmatrix} \tag{10.8}$$

(6)采用步骤(3)～(5)对 $\dfrac{n}{y}-1$ 组信息体进行计算，直到进行到第 $\dfrac{n}{y}$ 次计算，可以得到

$$\begin{bmatrix} A_{11}^{\frac{n}{y}1} & A_{12}^{\frac{n}{y}1} & \cdots & A_{1y}^{\frac{n}{y}1} & A_{21}^{\frac{n}{y}1} & A_{22}^{\frac{n}{y}1} & \cdots & A_{2y}^{\frac{n}{y}1} & \cdots & \cdots & \cdots & \cdots \\ \vdots & \vdots & \vdots & \vdots & \vdots & \vdots & \vdots & \vdots & \vdots & \vdots & \vdots & \vdots \\ \cdots & \cdots & \cdots & \cdots & \cdots & \cdots & \cdots & A_{m1}^{\frac{n}{y}1} & A_{m2}^{\frac{n}{y}1} & \cdots & A_{my}^{\frac{n}{y}1} \end{bmatrix} \tag{10.9}$$

(7)将进行 $\dfrac{n}{y}$ 次计算得到的 $\dfrac{n}{y}$ 个 y 行 m 列的矩阵写成 n 行 m 列矩阵，表示如下：

$$\begin{bmatrix} A_{11}^{11} & A_{12}^{11} & \cdots & A_{1y}^{11} & A_{21}^{11} & A_{22}^{11} & \cdots & A_{2y}^{11} & \cdots & \cdots \\ \vdots & \vdots & \vdots & \vdots & \vdots & \vdots & \vdots & \vdots & \vdots & \vdots \\ \cdots & \cdots & \cdots & \cdots & \cdots & \cdots & \cdots & A_{m1}^{11} & A_{m2}^{11} & \cdots & A_{my}^{11} \\ \vdots & \vdots & \vdots & \vdots & \vdots & \vdots & \vdots & \vdots & \vdots & \vdots \\ A_{11}^{\frac{n}{y}1} & A_{12}^{\frac{n}{y}1} & \cdots & A_{1y}^{\frac{n}{y}1} & A_{21}^{\frac{n}{y}1} & A_{22}^{\frac{n}{y}1} & \cdots & A_{2y}^{\frac{n}{y}1} & \cdots & \cdots \\ \vdots & \vdots & \vdots & \vdots & \vdots & \vdots & \vdots & \vdots & \vdots & \vdots \\ \cdots & \cdots & \cdots & \cdots & \cdots & \cdots & \cdots & A_{m1}^{\frac{n}{y}1} & A_{m2}^{\frac{n}{y}1} & \cdots & A_{my}^{\frac{n}{y}1} \end{bmatrix} \tag{10.10}$$

接下来用设定好的行阵与构建出的矩阵模型相乘，得到一个行阵，表示如下：

$$
\begin{bmatrix} 1 & 2 & \cdots & n \end{bmatrix}
$$

$$
\times \begin{bmatrix}
A_{11}^{11} & A_{12}^{11} & \cdots & A_{1y}^{11} & A_{21}^{11} & A_{22}^{11} & \cdots & A_{2y}^{11} & \cdots & \cdots & \cdots & \cdots & \cdots \\
\vdots & \vdots & & \vdots & \vdots & \vdots & & \vdots & & & & & \vdots \\
\cdots & \cdots & & \cdots & \cdots & \cdots & & \cdots & & A_{m1}^{11} & A_{m2}^{11} & \cdots & A_{my}^{11} \\
\vdots & \vdots & & \vdots & \vdots & \vdots & & \vdots & & \vdots & \vdots & & \vdots \\
A_{11}^{\frac{n}{y}1} & A_{12}^{\frac{n}{y}1} & \cdots & A_{1y}^{\frac{n}{y}1} & A_{21}^{\frac{n}{y}1} & A_{22}^{\frac{n}{y}1} & \cdots & A_{2y}^{\frac{n}{y}1} & & & & & \\
\vdots & \vdots & & \vdots & \vdots & \vdots & & \vdots & & \vdots & \vdots & & \vdots \\
\cdots & \cdots & & \cdots & \cdots & \cdots & & \cdots & & A_{m1}^{\frac{n}{y}1} & A_{m2}^{\frac{n}{y}1} & \cdots & A_{my}^{\frac{n}{y}1}
\end{bmatrix}
$$

$$
= \begin{bmatrix}
A_{11}^{12} & A_{12}^{12} & \cdots & A_{1y}^{12} & A_{21}^{12} & A_{22}^{12} & \cdots & A_{2y}^{12} & \cdots & A_{m1}^{12} & A_{m2}^{12} & \cdots & A_{my}^{12}
\end{bmatrix} \tag{10.11}
$$

得到的为二级校验信息体，将二级校验信息体的首端加入功能码，末端加入计算出的校验码，进行上送。

(8) 采用步骤 (3)～(7) 再进行 $\dfrac{n}{y} - 1$ 次计算，组成 $n \times m$ 的矩阵：

$$
\begin{bmatrix}
A_{11}^{12} & A_{12}^{12} & \cdots & A_{1y}^{12} & A_{21}^{12} & A_{22}^{12} & \cdots & A_{2y}^{12} & \cdots & \cdots & \cdots & \cdots \\
\vdots & \vdots & & \vdots & \vdots & \vdots & & \vdots & & \vdots & \vdots & \vdots \\
\cdots & \cdots & & \cdots & \cdots & \cdots & & \cdots & A_{m1}^{12} & A_{m2}^{12} & \cdots & A_{my}^{12} \\
\vdots & \vdots & & \vdots & \vdots & \vdots & & \vdots & & \vdots & \vdots & \vdots \\
A_{11}^{\frac{n}{y}2} & A_{12}^{\frac{n}{y}2} & \cdots & A_{1y}^{\frac{n}{y}2} & A_{21}^{\frac{n}{y}2} & A_{22}^{\frac{n}{y}2} & \cdots & A_{2y}^{\frac{n}{y}2} & & & & \\
\vdots & \vdots & & \vdots & \vdots & \vdots & & \vdots & & \vdots & \vdots & \vdots \\
\cdots & \cdots & & \cdots & \cdots & \cdots & & \cdots & A_{m1}^{\frac{n}{y}2} & A_{m2}^{\frac{n}{y}2} & \cdots & A_{my}^{\frac{n}{y}2}
\end{bmatrix} \tag{10.12}
$$

(9) 用设定的行阵和上述的矩阵模型相乘，又得到一个行阵，表示如下：

$$
\begin{bmatrix} 1 & 2 & \cdots & n \end{bmatrix}
$$

$$
\times \begin{bmatrix}
A_{11}^{12} & A_{12}^{12} & \cdots & A_{1y}^{12} & A_{21}^{12} & A_{22}^{12} & \cdots & A_{2y}^{12} & \cdots & \cdots & \cdots & \cdots \\
\vdots & \vdots & \vdots & \vdots & \vdots & \vdots & & \vdots & & \vdots & \vdots & \vdots \\
\cdots & \cdots & \cdots & \cdots & \cdots & \cdots & & \cdots & A_{m1}^{12} & A_{m2}^{12} & \cdots & A_{my}^{12} \\
\vdots & \vdots & \vdots & \vdots & \vdots & \vdots & & \vdots & & \vdots & \vdots & \vdots \\
A_{11}^{\frac{n}{2}y} & A_{12}^{\frac{n}{2}y} & \cdots & A_{1y}^{\frac{n}{2}y} & A_{21}^{\frac{n}{2}y} & A_{22}^{\frac{n}{2}y} & \cdots & A_{2y}^{\frac{n}{2}y} & \cdots & \cdots & \cdots & \cdots \\
\vdots & \vdots & \vdots & \vdots & \vdots & \vdots & & \vdots & & \vdots & \vdots & \vdots \\
\cdots & \cdots & \cdots & \cdots & \cdots & \cdots & & \cdots & A_{m1}^{\frac{n}{2}y} & A_{m2}^{\frac{n}{2}y} & \cdots & A_{my}^{\frac{n}{2}y}
\end{bmatrix}
$$

$$
= \begin{bmatrix} A_{11}^{13} & A_{12}^{13} & \cdots & A_{1y}^{13} & A_{21}^{13} & A_{22}^{13} & \cdots & A_{2y}^{13} & \cdots & A_{m1}^{13} & A_{m2}^{13} & \cdots & A_{my}^{13} \end{bmatrix}
\tag{10.13}
$$

得到的为三级校验信息体，将三级校验信息体的首端加入功能码，末端加入计算出的校验码，进行上送。

(10) 假设进行到第 i 级校验，则校验计算公式表示如下：

$$
\begin{bmatrix} 1 & 2 & \cdots & n \end{bmatrix}
$$

$$
\times \begin{bmatrix}
A_{11}^{1i} & A_{12}^{1i} & \cdots & A_{1y}^{1i} & A_{21}^{1i} & A_{22}^{1i} & \cdots & A_{2y}^{1i} & \cdots & \cdots & \cdots & \cdots \\
\vdots & \vdots & \vdots & \vdots & \vdots & \vdots & & \vdots & & \vdots & \vdots & \vdots \\
\cdots & \cdots & \cdots & \cdots & \cdots & \cdots & & \cdots & A_{m1}^{1i} & A_{m2}^{1i} & \cdots & A_{my}^{1i} \\
\vdots & \vdots & \vdots & \vdots & \vdots & \vdots & & \vdots & & \vdots & \vdots & \vdots \\
A_{11}^{\frac{n}{2}iy} & A_{12}^{\frac{n}{2}iy} & \cdots & A_{1y}^{\frac{n}{2}iy} & A_{21}^{\frac{n}{2}iy} & A_{22}^{\frac{n}{2}iy} & \cdots & A_{2y}^{\frac{n}{2}iy} & \cdots & \cdots & \cdots & \cdots \\
\vdots & \vdots & \vdots & \vdots & \vdots & \vdots & & \vdots & & \vdots & \vdots & \vdots \\
\cdots & \cdots & \cdots & \cdots & \cdots & \cdots & & \cdots & A_{m1}^{\frac{n}{2}iy} & A_{m2}^{\frac{n}{2}iy} & \cdots & A_{my}^{\frac{n}{2}iy}
\end{bmatrix}
$$

$$
= \begin{bmatrix} A_{11}^{1(i+1)} & A_{12}^{1(i+1)} & \cdots & A_{1y}^{1(i+1)} & A_{21}^{1(i+1)} & A_{22}^{1(i+1)} & \cdots & A_{2y}^{1(i+1)} & \cdots & A_{m1}^{1(i+1)} & A_{m2}^{1(i+1)} & \cdots & A_{my}^{1(i+1)} \end{bmatrix}
\tag{10.14}
$$

10.3　规约报文数据多级传输校验技术实例分析

10.3.1　信息多级传输校验算法

下面结合实例对本节介绍的规约报文数据多级传输校验技术的具体实施做进

一步说明。

(1)在厂站端采集数据信息(采集信息为十六进制数据)。本节以 6 段数据(每段中有 6 个元素)作为例子对具体的校验方法做进一步说明。采集到的数据表示如下:

$$
\begin{matrix}
F2 & A0 & 00 & 00 & 00 & CD \\
06 & 33 & 00 & 18 & 00 & D8 \\
07 & 00 & 00 & FF & 47 & D3 \\
08 & 82 & 00 & 3E & 00 & D4 \\
09 & 11 & 00 & C2 & 07 & 27 \\
71 & 26 & 02 & 02 & 01 & 42
\end{matrix}
$$

将采集到的数据信息去除首端的功能码和末端的校验码,表示如下:

$$
\begin{matrix}
A0 & 00 & 00 & 00 & 33 & 00 & 18 & 00 & 00 & 00 & FF & 47 \\
82 & 00 & 3E & 00 & 11 & 00 & C2 & 07 & 26 & 02 & 02 & 01
\end{matrix}
$$

(2)将上述信息组成 6×4 的矩阵,表示如下:

$$
\begin{bmatrix}
A0 & 00 & 00 & 00 \\
33 & 00 & 18 & 00 \\
00 & 00 & FF & 47 \\
82 & 00 & 3E & 00 \\
11 & 00 & C2 & 07 \\
26 & 02 & 02 & 01
\end{bmatrix}
\tag{10.15}
$$

(3)设定一个进行一级校验的行阵,表示如下:

$$
\begin{bmatrix} 01 & 02 & 03 & 04 & 05 & 06 \end{bmatrix}
\tag{10.16}
$$

用设定的行阵和构建的矩阵模型相乘,得到一个行阵,表示如下:

$$
\begin{bmatrix} 01 & 02 & 03 & 04 & 05 & 06 \end{bmatrix} \times
\begin{bmatrix}
A0 & 00 & 00 & 00 \\
33 & 00 & 18 & 00 \\
00 & 00 & FF & 47 \\
82 & 00 & 3E & 00 \\
11 & 00 & C2 & 07 \\
26 & 02 & 02 & 01
\end{bmatrix}
\tag{10.17}
$$

$$
= \begin{bmatrix} 0447 & 000C & 07FB & 00FE \end{bmatrix}
$$

得到的 $\begin{bmatrix} 0447 & 000C & 07FB & 00FE \end{bmatrix}$ 首端加入功能码,末端加入计算出的校验

码进行上送，即为一级校验码。

(4) 显然，本例中每列计算出的数据需要 2 个元素进行传输，因此 $y=2$，将一级校验码写成 2 行表示如下：

$$\begin{bmatrix} 04 & 47 & 00 & 0C \\ 07 & FB & 00 & FE \end{bmatrix} \tag{10.18}$$

(5) 由 $\dfrac{n}{y}-1=0$ 可知，$n=6$，$y=3$，则还需要 2 组采集数据。

设采集的另 2 组 6×6 的数据去除功能码和校验码表示如下：

$$\begin{bmatrix} 35 & 07 & 97 & 0F \\ 5A & 0E & 51 & 0F \\ D0 & 24 & 00 & 00 \\ 02 & 00 & 02 & 00 \\ 30 & 00 & 00 & 00 \\ 40 & 00 & 00 & 00 \end{bmatrix}, \begin{bmatrix} C9 & 03 & 06 & 33 \\ 0E & 1B & 5C & 00 \\ 35 & 07 & 97 & 0F \\ 5A & 0E & 51 & 0F \\ F2 & 80 & 00 & 02 \\ D0 & 24 & 00 & 00 \end{bmatrix} \tag{10.19}$$

(6) 采用步骤 (3)～(5) 对这两组信息体进行同样的计算，可以得到

$$\begin{bmatrix} 01 & 02 & 03 & 04 & 05 & 06 \end{bmatrix} \times \begin{bmatrix} 35 & 07 & 97 & 0F \\ 5A & 0E & 51 & 0F \\ D0 & 24 & 00 & 00 \\ 02 & 00 & 02 & 00 \\ 30 & 00 & 00 & 00 \\ 40 & 00 & 00 & 00 \end{bmatrix} \tag{10.20}$$

$$=\begin{bmatrix} 05D1 & 008F & 0141 & 002D \end{bmatrix}$$

$$\begin{bmatrix} 01 & 02 & 03 & 04 & 05 & 06 \end{bmatrix} \times \begin{bmatrix} C9 & 03 & 06 & 33 \\ 0E & 1B & 5C & 00 \\ 35 & 07 & 97 & 0F \\ 5A & 0E & 51 & 0F \\ F2 & 80 & 00 & 02 \\ D0 & 24 & 00 & 00 \end{bmatrix} \tag{10.21}$$

$$=\begin{bmatrix} 0C86 & 03DE & 03C7 & 00A6 \end{bmatrix}$$

因此同样得到 2 组校验码，排列表示如下：

$$\begin{bmatrix} 05 & D1 & 00 & 8F \\ 01 & 41 & 00 & 2D \end{bmatrix}, \begin{bmatrix} 0C & 86 & 03 & DE \\ 03 & C7 & 00 & A6 \end{bmatrix} \tag{10.22}$$

(7) 将式 (10.18) 与式 (10.22) 构成矩阵，表示如下：

$$
\begin{bmatrix}
04 & 47 & 00 & 0C \\
07 & FB & 00 & FE \\
05 & D1 & 00 & 8F \\
01 & 41 & 00 & 2D \\
0C & 86 & 03 & DE \\
03 & C7 & 00 & A6
\end{bmatrix}
\tag{10.23}
$$

再用式（10.16）和构建的矩阵模型相乘，又得到一个行阵，表示如下：

$$
\begin{bmatrix} 01 & 02 & 03 & 04 & 05 & 06 \end{bmatrix} \times
\begin{bmatrix}
04 & 47 & 00 & 0C \\
07 & FB & 00 & FE \\
05 & D1 & 00 & 8F \\
01 & 41 & 00 & 2D \\
0C & 86 & 03 & DE \\
03 & C7 & 00 & A6
\end{bmatrix}
\tag{10.24}
$$

$$
= \begin{bmatrix} 0073 & 0CFC & 000F & 0CA3 \end{bmatrix}
$$

得到的 $\begin{bmatrix} 0073 & 0CFC & 000F & 0CA3 \end{bmatrix}$ 首端加入功能码，末端加入计算出的校验码进行上送，即为二级校验码。本例计算到二级校验码结束，在实际应用中可以自行拟定计算到几级校验码结束，计算方法与上述方法相同，只是循环计算。

（8）接收端运用与发送端相同的算法进行一级校验、二级校验、三级校验等，找出错误数据，并要求采集端重新上送正确的数据。

10.3.2　校验码的计算方法

对于计算出的级校验码，在计算机进行上送时，需要加入功能码和校验码，以一级校验信息体为例，假设功能码"11"中第一位"1"的意思是第一级校验码，第二位"1"的意思是拆分成的第一段数据，则加入功能码之后为 11 04 47 00 0C。

将其写成二进制码形式，再补加 8 个 0，结果为 0001 0001 0000 0100 0100 0111 0000 0000 0000 1100 0000 0000。

运用上面的数据除以生成的多项式，即 100000111，相同出 0，相异出 1，计算余式，表示如下：

```
100000111/ 00010001000001000100011100000000000001100000000000
           100000111
           101110100
           100000111
            111001101
            100000111
            110010100
            100000111
             110010100
             100000111
              100100110
```

$$
\begin{array}{r}
\underline{100000111} \\
\underline{100001011} \\
\underline{100000111} \\
\underline{110010000} \\
\underline{100000111} \\
\underline{100101110} \\
\underline{100000111} \\
\underline{101001000} \\
\underline{100000111} \\
\underline{100111100} \\
\underline{100000111} \\
\underline{111011001} \\
\underline{100000111} \\
\underline{110111101} \\
\underline{100000111} \\
\underline{101110100} \\
\underline{100000111} \\
\underline{111001100} \\
\underline{100000111} \\
\underline{110010110} \\
\underline{100000111} \\
\underline{100100010} \\
\underline{100000111} \\
\underline{100101000} \\
\underline{100000111} \\
10111100
\end{array}
$$

经过计算得到余数是 10111100。得出余数后，逐位取反，所得即为校验码。由于校验码是 8 位，所以如果余式的位数小于 8 位，在前面补 0，补到 8 位。因此，取反后余式变成 01000011，化为十六进制得出校验码为 43。所以第一段信息体经过计算得到的一级校验码为 11 04 47 00 0C 43。每一级的信息体也运用同样的计算方法得出校验码。

10.4　三维循环冗余校验技术

目前常用的循环冗余校验技术，由于其结构简单、计算简便，得到了更多的应用。但是，其校验技术的查错能力更胜于纠错能力，这就使得在接收端对错误信息的定位和错位分析能力得不到满足。因此，就上述存在的缺陷，提出了新的循环冗余校验技术，即三维循环冗余校验。这种校验技术采用三维结构对传输的信息进行校验，不仅可以查错而且可以对错误信息进行定位，提高了对信息的分析能力。

10.4.1　三维循环冗余校验技术的校验步骤

三维循环冗余校验技术的校验步骤如下。

首先，通过采集的数据信息建立对应的三维结构图。其中，立体图中右侧面为左右方向上的数据校验码；正面为前后面方向上的数据校验码；底面为上下方向上的数据校验码；正面和右侧面相交的棱为正面和右侧面校验码的合校验码；正面和底面相交的棱为正面和底面校验码的合检验码；底面和右侧面相交的棱为底面和右侧面校验码的合检验码。然后，将 3 条棱的交点，即总校验码计算出。最后，将采集到的信息和计算出的校验码一同打包上送到接收端，接收端在接收到上传的信息后，采用与发送端一致的计算方式对传输的数据进行校验，若错误，则重新发送。

10.4.2　三维循环冗余校验技术的具体过程

三维循环冗余校验技术的具体过程如下：

（1）采集数据信息。在发送端对采集到的信息进行编码，形成一段一段的传输数据。本节将采集到的 9 组数据组成长、宽、高为 3×3×3 的三维立体图，见图 10.1。

其中，三维立体图中每个面上的信息码分别为采集到的每个报文，即 A 面为 A 组报文的信息码，B 面为 B 组报文的信息码，C 面为 C 组报文的信息码。

（2）将 A 面、B 面、C 面上的信息码经过约定的计算方法得到底面、右侧面、正面上的校验码，其结构如图 10.2 和图 10.3 所示。

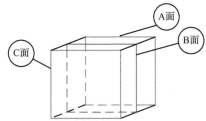

图 10.1　三维循环冗余校验结构图

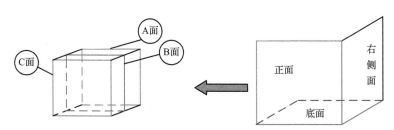

图 10.2　计算面的合校验码示意图

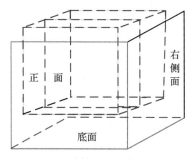

图 10.3　计算后的整体结构图

例如，A 面的信息码为

$$\begin{bmatrix} a_{11} & a_{12} & a_{13} \\ a_{21} & a_{22} & a_{23} \\ a_{31} & a_{32} & a_{33} \end{bmatrix} \tag{10.25}$$

经过约定计算后其行列校验码为

$$\begin{bmatrix} a_{11} & a_{12} & a_{13} & b_{14} \\ a_{21} & a_{22} & a_{23} & b_{24} \\ a_{31} & a_{32} & a_{33} & b_{34} \\ b_{41} & b_{42} & b_{43} & b_{44} \end{bmatrix} \tag{10.26}$$

式中，b_{14} 为 a_{11}、a_{12}、a_{13} 的行校验码，同理，b_{24}、b_{34} 分别为所在行的校验码；b_{41} 为 a_{11}、a_{21}、a_{31} 列的列校验码，同理，b_{42}、b_{43} 分别为所在列的校验码；b_{44} 为 b_{14}、b_{24}、b_{34}、b_{41}、b_{42}、b_{43} 的合校验码。

同理，B 面的信息码，经过约定计算后其行列校验码为

$$\begin{bmatrix} b_{11} & b_{12} & b_{13} & c_{14} \\ b_{21} & b_{22} & b_{23} & c_{24} \\ b_{31} & b_{32} & b_{33} & c_{34} \\ c_{41} & c_{42} & c_{43} & c_{44} \end{bmatrix} \tag{10.27}$$

式中，c_{14} 为 b_{11}、b_{12}、b_{13} 的行校验码，同理，c_{24}、c_{34} 为其所在行的校验码；c_{41} 为 b_{11}、b_{21}、b_{31} 的列校验码，同理，c_{42}、c_{43} 为其所在列的列校验码；c_{44} 为 c_{14}、c_{24}、c_{34}、c_{41}、c_{42}、c_{43} 的合校验码。

同理，C 面的信息码，经过约定计算后其行列校验码为

$$\begin{bmatrix} c_{11} & c_{12} & c_{13} & d_{14} \\ c_{21} & c_{22} & c_{23} & d_{24} \\ c_{31} & c_{32} & c_{33} & d_{34} \\ d_{41} & d_{42} & d_{43} & d_{44} \end{bmatrix} \tag{10.28}$$

式中，d_{14} 为 c_{11}、c_{12}、c_{13} 的行校验码，同理，d_{24}、d_{34} 为其所在行的校验码；d_{41} 为 c_{11}、c_{21}、c_{31} 的列校验码，同理，d_{42}、d_{43} 为其所在列的列校验码；d_{44} 为 d_{14}、d_{24}、d_{34}、d_{41}、d_{42}、d_{43} 的合校验码。

（3）根据上述步骤（1）和步骤（2），得到 A、B、C 面的校验码，则可得到右侧面的校验码为

$$\begin{bmatrix} d_{14} & c_{14} & b_{14} \\ d_{24} & c_{24} & b_{24} \\ d_{34} & c_{34} & b_{34} \end{bmatrix} \tag{10.29}$$

同理，底面的校验码为

$$\begin{bmatrix} b_{41} & b_{42} & b_{43} \\ c_{41} & c_{42} & c_{43} \\ d_{41} & d_{42} & d_{43} \end{bmatrix} \tag{10.30}$$

同理，正面的校验码也可用上述方法得出。

(4) 根据步骤(3)中得到的右侧面、底面、正面的校验码，即可计算出棱 1、棱 2、棱 3 的校验码。棱 1 的校验码为其底面和右侧面校验码的合校验码，即 b_{14}、b_{24}、b_{34}、b_{41}、b_{42}、b_{43} 的校验码，因此步骤(2)中所求的 b_{44}、c_{44}、d_{44} 为棱 1 上的校验码。同理，棱 2、棱 3 上的校验码也可计算得到。

(5) 将棱 1、棱 2、棱 3 上的校验码组成的信息码通过相同的方法计算得到总校验码，即点 A，如图 10.4 所示，即可得到三维循环冗余校验码。

(6) 将上述过程中采集到的信息码和计算得到的所有校验码一同打包上送到接收端。

(7) 当接收端接收到上传来的信息后，按照相同的计算方式进行计算，并将结果进行对比。若出现错误，则对其进行定位并要求重新发送。

通过对目前循环冗余校验技术的研究，本节得到了新的三维循环冗余校验技术，这种校验技术通过对信息码的三维校验，增加了校验的精准程度，对数据的准确性有更好的把握。

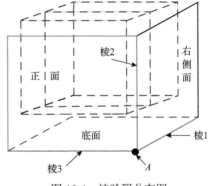

图 10.4　校验码分布图

10.4.3　三维循环冗余校验技术的实例分析

下面结合实例对本节介绍的三维循环冗余校验技术的具体校验过程做进一步的详细说明。

(1) 对数据信息进行采集分析。在发送端对采集到的信息进行编码，形成一段一段的信息码。实例分析中将采集到的 9 组数据组成长、宽、高为 $3\times3\times3$ 的三维立体图。

采集到的 9 组数据信息为

A 报文: 71, F4, 05; E0, 33, 0C; F1, D0, 24。

B 报文: F2, 02, 34; F3, 30, F9; 89, 12, AC。

C 报文: 4F, 24, 12; B1, 02, 34; 75, B5, 02。

其中, 每个报文分别为三维立体图中每个面上的信息码, 即 A 面为 A 组报文的信息码, B 面为 B 组报文的信息码, C 面为 C 组报文的信息码。

A 面信息码排布为

$$
\begin{bmatrix}
71 & F4 & 05 \\
E0 & 33 & 0C \\
F1 & D0 & 24
\end{bmatrix}
\tag{10.31}
$$

B 面信息码排布为

$$
\begin{bmatrix}
F2 & 02 & 34 \\
F3 & 30 & F9 \\
89 & 12 & AC
\end{bmatrix}
\tag{10.32}
$$

C 面信息码排布为

$$
\begin{bmatrix}
4F & 24 & 12 \\
B1 & 02 & 34 \\
75 & B5 & 02
\end{bmatrix}
\tag{10.33}
$$

(2)将步骤(1)中所述的 A 面、B 面、C 面上的信息码经过约定的计算方法得到底面、右侧面、正面上的校验码, 计算结果如下:

$$
\begin{bmatrix}
71 & F4 & 05 & A8 \\
E0 & 33 & 0C & D3 \\
F1 & D0 & 24 & BE \\
69 & C0 & 3F & X_1
\end{bmatrix}
\tag{10.34}
$$

式中, A8、D3、BE 分别为每行的校验码; 69、C0、3F 分别为每列的校验码; X_1 为行列校验码的合校验码, 即 A8、D3、BE、69、C0、3F 的校验码。

具体计算过程为

```
100000111/ 011100011111010000000010100000000
          100000111
          110000001
          100000111
```

$$
\begin{array}{l}
100001101 \\
\underline{100000111} \\
\quad 101001000 \\
\quad \underline{100000111} \\
\quad\; 100111100 \\
\quad\; \underline{100000111} \\
\qquad 111011001 \\
\qquad \underline{100000111} \\
\qquad 110111100 \\
\qquad \underline{100000111} \\
\qquad 101110111 \\
\qquad \underline{100000111} \\
\qquad\; 111000000 \\
\qquad\; \underline{100000111} \\
\qquad\; 110001110 \\
\qquad\; \underline{100000111} \\
\qquad\quad 100010010 \\
\qquad\quad \underline{100000111} \\
\qquad\quad\; 101010000 \\
\qquad\quad\; \underline{100000111} \\
\qquad\qquad 1010111
\end{array}
$$

得到余式后，逐位取反，即 $R(x)$ 校验码。由于校验码是 8 位，将余数前面补 0 至 8 位，因此 1010111 变为 01010111，然后加倍集码 FFH，这种算法不进位，也就是异或算法，即逐位取反，01010111+FFH=10101000=A8H，得到的校验码为 A8。

同理，按此计算方法即可计算得到各校验码。

同理，用步骤(2)中所述，分别求出每个面的行列校验码。

(3)由步骤(1)中 A、B、C 各个面的信息码，经过约定的计算方法得到上下方向的校验码，即底面上的校验码为

$$
\begin{bmatrix}
69 & C0 & 3F \\
D8 & AE & 51 \\
28 & 3F & 28
\end{bmatrix}
\tag{10.35}
$$

由 A 面、B 面、C 面上的信息码经过约定的计算方法得到左右方向的校验码，即右侧面的校验码为

$$
\begin{bmatrix}
BA & E3 & A8 \\
D8 & 36 & D3 \\
58 & FE & BE
\end{bmatrix}
\tag{10.36}
$$

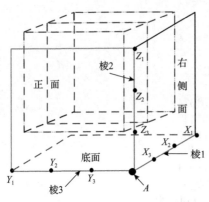

图 10.5　三维循环冗余校验结构图

同理，正面的校验码也可用上述计算方法得到。

（4）由上述过程得到的面校验码构成的立体图如图 10.5 所示。图中，棱 1 的校验码为底面和右侧面检验码的合校验码，即为 X_1、X_2、X_3。其中，X_1 为 69、C0、3F、A8、D3、BE 校验码的合校验码，即 A 面行列校验码的合校验码。

同理，用与计算 X_1 相同的算法，分别计算出 X_2、X_3，即为棱 1 上的校验码。

同理，与计算棱 1 相同的算法，分别求出棱 2 上的检验码 Z_1、Z_2、Z_3 和棱 3 上的校验码 Y_1、Y_2、Y_3。

（5）将上述过程计算得到的棱校验码组成的信息码通过相同的方法计算得到总校验码，即点 A，构成的立体图如图 10.5 所示。

（6）将上述过程中采集到的信息码和计算得到的所有校验码一同打包上送到接收端。

（7）接收端对接收到的传输信息按与发送端一致的计算方式，对其进行校验。若出现错误，则对其进行定位并要求重新发送。

上述实例分析、验证，使这种三维循环冗余校验技术的准确性及校验能力得到了验证。通过对数据的三维循环冗余校验可以对错误信息精准定位，并可以提升错误信息的纠错能力。

10.5　本　章　小　结

本章通过对电力系统通信数据信息传输校验技术的分析，提出了信息多级传输校验方法和三维循环冗余校验技术。这两种校验方法提升了数据校验能力，增强了错误信息的定位和纠错功能。信息多级传输校验方法通过对采集到的数据构建矩阵模型，用事先确定好的行阵与矩阵模型相乘，得到一级校验码，同样用多段数据组成矩阵模型，运用相同的方法循环计算，再加入功能码与校验码上送到主站，主站运用相同的方法进行数据校验，定位错误数据，并要求厂站重新上送正确数据；三维循环冗余校验技术将采集到的数据编码得到一段一段的信息码，然后将多段信息码排列构建成一个立体图，再对每个面的校验码计算得到一个三面及棱的校验码立体图。本章所提出的两种校验方法加强了对数据的校验纠错能力，提升了数据分析能力，更好地满足了电力系统对数据实时、准确、可靠性的要求。

第11章 负荷能效算法

我国高耗能行业节能减排潜力有很大空间。有效地节能能够明显降低企业的生产成本，增加企业的利润，也能有效促进管理的改善和技术的进步。如何实施有效的节能成为解决问题的关键所在。因此，对工业负荷进行能效优化研究就极其重要，降低单位合格产品的能耗也是亟待解决的问题。在目前的研究中，能效优化方面大多是对负荷从原料到生产加工再到成品的生产线全流程能耗分析，未从电网侧用电量角度对企业的能耗进行分析，且目前少有相关文献对多类型的负荷进行研究，多对于某一种高耗能行业进行耗能分析和能效优化。

文献[1]基于深度强化学习方法对工业锅炉燃烧能效优化展开了研究，提出了基于改进后的 DQN（deep Q-network，深度 Q 网络）模型的在线能效优化控制系统，对模型进行优化设计后将之用于燃烧场能效优化场景，并用实际数据仿真结果验证了改进后的深度强化学习模型的有效性，仿真结果表明该系统能够有效提高锅炉燃烧的效率。文献[2]围绕面向广义能效的机械加工工艺规划技术及系统展开研究工作，构建柔性加工过程能效的影响因素分析及工艺规划框架，利用基于深度学习的柔性加工系统能效预测方法，建立考虑加工任务和加工资源配置的柔性加工工艺路线能效优化模型。文献[3]着重对大规模工业生产系统的优化方法进行批判性审查，并提出一种新颖的系统多目标和多尺度优化方法，该方法主要基于局部最优搜索与全局最优确定，以及先进的系统分解和约束处理。

工业负荷建模是一种使用模型来对工业负荷生产特性进行分析的方法。文献[4]介绍了电解铝负荷在大闭环反馈电流稳定装置工作时的有功电压负载特性，根据电网与饱和电抗器工作范围，对电解铝的负荷特性进行了区分。针对典型工业负荷在分时电价下的激励响应特性，文献[5]在研究不同工业用户发/用电设备运行及调节特性的基础上，建立了工业用户在分时电价下发/用电联合一体化经济调度通用模型，并根据不同生产工艺，建立了三类代表性企业的发/用电设备调节模型，分析不同类型工业用户的调节潜力。文献[6]在研究钢铁负荷生产原理的基础上，将钢铁负荷分为持续型冲击负荷、间歇型冲击负荷和稳定负荷，分析各类负荷的相关用能行为，建立不同类型负荷的功率特性时域模型，并将不同类型负荷模型进行时域叠加，得到钢铁工业总功率特性时域模型。在应用于电网功率平衡时，文献[7]针对以电解铝负荷为代表的高耗能负荷，对其运行方式进行分析，建立了电解铝负荷的等效数学模型，利用其连续调节能力将其应用于平滑风电场功率波动。文献[8]选择短流程钢铁企业作为负荷侧重点挖掘的可调控对象，响应电网调度，将钢铁生产过程存在的资源与时序限制抽象为数学模型，构建综合计及电网调度与企业用户利益的双层优化日前调度模型。文献[9]基于电解铝负荷的数学模型及运行方式，介绍了一种通过电解铝负荷母线消除功率不平衡的系统频率控制方法。文献[10]在钢铁工业负荷建模过程中将多峰波形等效为单峰波形，实用性强，但容易遗漏某些生产线的功率波形特征量，模型仿真精度不高。文献[11]针对工艺复杂的乙烯生产过程，根据生产流程确定能源边界，建立科学的能效评估诊断指标体系，利用数据驱动模型开展能效评估工作，然后根据能效评估诊断的结果，选择合适的能效指标，给出合理的能效优化方案。

对于负荷的能效分析，国内外学者已经做了大量的研究，但是以上文献仅针对一种负荷进行建模或能效分析，没有考虑到整体多行业负荷建模。本章主要研究钢铁制造、水泥、电力这三大行业，对不同行业进行针对性分析，虽没有考虑电网结构、动态网络拓扑结构下的能效优化，但考虑电网动态拓扑结构的全种类负荷能效优化模型，能够提升负荷的能效，降低成本。

11.1　负荷能效模型、算法及求解

11.1.1　负荷功率数学模型

根据负荷可调节特性，负荷主要分为三类：可离散调节负荷、可连续调节负荷和可转移负荷。

1. 可离散调节负荷特性

可离散调节负荷特性如下：

(1)负荷具有一定的可调节空间；

(2)在限定调节容量范围内，调节速度快；

(3)一旦进行调节，必须保证负荷功率维持限定时间，无法响应频繁调节需求。

为反映可离散调节负荷的调节特性，抽象得到可离散调节负荷的调节模型示意图如图 11.1 所示。

电解铝负荷的生产流程是：首先在电解槽中，由顶部装置向槽中喷洒铝矿粉，同时槽内因电解反应产生的铝液逐渐沉淀在槽底，每隔一定时间将铝液抽出，铝液冷却后得到铝锭产品。电解铝负荷进行正常生产时，其功率曲线基本为一条直线，仅在部分电解槽发生特殊反应时，该槽内等效电阻发生改变，使负荷用电产生轻微波动，但电解铝车间的负荷水平和产品产出所受影响较小，可忽略不计。电解铝车间中电解槽等直流用电设备为一级用电负荷，约占全厂用电负荷的95%。电解铝生产对供电的可靠性要求极高，必须保证不间断连续供电，停电时长不能

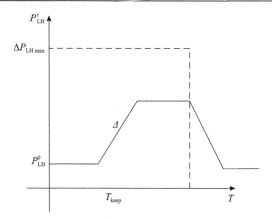

图 11.1 可离散调节负荷的调节模型示意图

超过 3h。在正常用电状态下，电解铝负荷运行较为稳定，受季节变化影响小。

根据电解铝企业的实地调研结果，电解铝负荷的电解槽能够稳定上调 10% 的负荷且正常生产。电解铝企业可通过控制每条铝电解生产线中整流机组可控硅的导通角来调节电解槽负荷电流大小，从而连续、快速地调节负荷功率，可近似实现对负荷功率的瞬时调节，调节速度可达毫秒级，调节灵活但调节范围较小。然而，对电解槽电流调整过于频繁，将引起电解槽内的液体原材料的流速、化学状态等参数发生改变，对产品质量甚至生产安全造成影响。因此，电解槽进行调节时需考虑最小时间间隔约束。

图 11.1 中，定义 P_{LH}^0 为未调节时可离散调节负荷运行功率，负荷的触发时间为 t_{on}，负荷目标为 $P_{\mathrm{ord}}\left(P_{\mathrm{ord}}=P_{\mathrm{LH}}^0+\Delta P_{\mathrm{LH}}\right)$，当负荷调节后，定义负荷返回时间 t_{rel} 调节维持时长，有

$$T_{\mathrm{keep}}=t_{\mathrm{rel}}-t_{\mathrm{on}} \tag{11.1}$$

建立可离散调节负荷调节模型为

$$P_{\mathrm{LH}}^t=\begin{cases}P_{\mathrm{LH}}^0, & t\leqslant t_{\mathrm{on}} \\ P_{\mathrm{LH}}^0+\left(t-t_{\mathrm{on}}\right)\Delta, & t_{\mathrm{on}}<t\leqslant t_{\mathrm{on}}+\Delta P_{\mathrm{LH}}^t/\Delta \\ P_{\mathrm{LH}}^0+\Delta P_{\mathrm{LH}}^t\left(t-t_{\mathrm{rel}}\right)\Delta, & t_{\mathrm{on}}+\Delta P_{\mathrm{LH}}^t/\Delta<t\leqslant t_{\mathrm{rel}}+\Delta P_{\mathrm{LH}}^t/\Delta \\ P_{\mathrm{LH}}^0, & t>t_{\mathrm{rel}}+\Delta P_{\mathrm{LH}}^t/\Delta\end{cases} \tag{11.2}$$

式中，P_{LH}^t 为可离散调节负荷功率调节量；P_{LH}^0 为未调节时可离散调节负荷运行功率；Δ 为可离散调节负荷的功率变化率。

根据可离散调节负荷的调节特性，上述公式需满足以下约束。

负荷功率约束：

$$0 \leqslant \Delta P_{LH} \leqslant \Delta P_{LH\,max} \tag{11.3}$$

式中，$\Delta P_{LH\,max}$ 为可离散调节负荷最大上调节功率。

调节持续时长约束，即可离散调节负荷调节的持续时间 T_{keep} 不小于 $T_{LH\,min}$，不超过 $T_{LH\,max}$，数学表示如下：

$$T_{LH\,min} \leqslant T_{keep} \leqslant T_{LH\,max} \tag{11.4}$$

式中，$T_{keep} = t_{rel} - t_{on}$ 为某次调节的响应时间；$T_{LH\,min}$、$T_{LH\,max}$ 分别为可离散调节负荷允许的调节持续最小、最大时长。

爬坡率约束：

$$\Delta_{min} \leqslant \Delta \leqslant \Delta_{max} \tag{11.5}$$

式中，Δ_{min}、Δ_{max} 分别为可离散调节负荷的最小、最大爬坡率。

2. 可连续调节负荷特性

可连续调节负荷特性如下：

(1) 在一定的容量调节范围内，可连续调节；

(2) 无功率稳定时长要求约束，可随时响应调节需求。

碳化硅负荷主要采用电阻炉生产，电阻炉以碳质材料作为炉芯体，通电并对石英(SiO_2)和碳的混合物加热，使之发生化学反应得到碳化硅。在整个碳化硅的生产工艺中，电阻炉的耗电量占全部耗电装置的 80% 以上。按照工艺流程，碳化硅生产厂由原料储运、粉碎、配料、冶炼、破碎、检验、包装、动力等车间组成，全厂各车间均属二级负荷。其中，冶炼电阻炉采用间歇作业的生产方式，负荷调节能力强。

碳化硅负荷的生产流程可分为冶炼阶段和烘炉阶段。在冶炼阶段，将原料投入炉内，冶炼炉控制系统必须在限定时间范围内迅速将炉温升高到化学反应要求的水平，然后将该用电功率维持到冶炼结束。在整个过程中，冶炼炉的功率曲线由最初很低的水平迅速上升，之后一段时间内保持不变。当一炉生产结束，工人将冶炼硅产品从炉膛中取出，在下一炉次生产开始前的这段时间，需消耗一定的电能维持炉温，这一阶段为烘炉阶段，这部分维持炉温的负荷称为烘炉负荷。烘炉负荷的时间可以根据生产实际要求进行调整。

碳化硅负荷的典型可连续调节负荷特性曲线如图 11.2 所示。由图可见，未调节前碳化硅负荷运行曲线较为平稳，碳化硅负荷响应电网调节后，负荷可以稳定

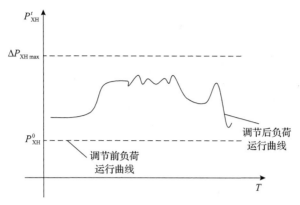

图 11.2　碳化硅负荷的典型可连续调节负荷特性示意图

上调节额定负荷容量的 15%左右，负荷调节速度快，具有良好的响应电网调节的能力。根据可连续调节负荷的调节特性，建立如下可连续调节负荷的负荷调节模型，在 t 时段的用电负荷可表示为

$$P_{XH}^t = P_{XH}^0 + I_{adj}^t \Delta P_{XH} \tag{11.6}$$

式中，P_{XH}^0 为可连续调节负荷中不可调节功率；I_{adj}^t 为可连续调节负荷在 t 时刻是否参与调节的决策变量，$I_{adj}^t = 1$ 时可连续调节负荷参与调节，$I_{adj}^t = 0$ 时可连续调节负荷未参与调节；ΔP_{XH} 为可连续调节负荷的功率调节量。

负荷功率约束为

$$0 \leqslant \Delta P_{XH}^t \leqslant \Delta P_{XH\,max} \tag{11.7}$$

式中，ΔP_{XH}^t 为 t 时刻可连续调节负荷的运行功率；$\Delta P_{XH\,max}$ 为可连续调节负荷的最大功率限制。

3. 可转移负荷特性

可转移负荷特性如下：
(1)在一定的容量调节范围内，可连续调节；
(2)可通过负荷转移，随时响应调节需求，调节速度快；
(3)通过响应电网调度，转移负荷用电时间，但需保证负荷转移前后日内总用电量不变。

蓄热电锅炉，能够保证在负荷低谷期以额定功率运行所蓄存的热量，可以满足全天的供热需求量；换言之，蓄热电锅炉可响应电网调节，将非低谷段的用电量全部转移至低谷段。因此，蓄热电锅炉负荷的最大调节幅度可表示为

$$\Delta P_{x,i\max} = P_{x,i,N} - P_{x,i,0}^t \tag{11.8}$$

式中，$P_{x,i,N}$ 为蓄热电锅炉的额定容量；$P_{x,i,0}^t$ 为蓄热电锅炉未调节时的负荷用电功率。由于蓄热电锅炉能保证在低谷期以额定功率蓄热，并可满足全天的供热量，可知 $P_{x,i,N}T_{dg} \approx P_{x,i,0}^t T$，$T_{dg}$ 为低谷期的时长，此处取 10h，T 为一天的时长，即 24h。因此可推知，最大调节幅度与图中蓄热电锅炉的调节曲线相符合。同理，蓄热电锅炉负荷的最大可转移电量可以表示为

$$\Delta Q_{x,i\max} = \frac{T_{dg}}{T} Q_{x,i} = 0.4 Q_{x,i} \tag{11.9}$$

式中，$\Delta Q_{x,i\max}$ 为蓄热电锅炉 i 的最大可转移电量；$Q_{x,i}$ 为蓄热电锅炉日总用电量；T_{dg} 为低谷期的时长，此处取 10h；T 为一天的时长，即 24h。

11.1.2　负荷能效模型

负荷能效，就是在生产过程中消耗能源所产生的效益，它是一种投入产出比，是指投入的能源成本和产品收益的比值。

在第 k 个运行时段内，总负荷可以表示为

$$P_t = \sum_{u=1}^{U} P_{LH}^{u,t} + \sum_{r=1}^{R} P_{XH}^{r,t} + \sum_{c=1}^{C} P_{x,i}^{c,t} \tag{11.10}$$

式中，$P_{LH}^{u,t}$、$P_{XH}^{r,t}$、$P_{x,i}^{c,t}$ 分别为 t 时刻可离散调节负荷、可连续调节负荷、可转移负荷；U、R、C 分别为可离散调节负荷、可连续调节负荷、可转移负荷的数量。

传统的能效定义对于设备来说是单位时间内产能与用能的比值。对于温控负荷，能效可由单位时间的制冷量(或制热量)与消耗功率的比值来表示。

在第 k 个运行时段单类型负荷 1 模型表示如下：

$$E_{u,k} = \sum_{k=1}^{K}\sum_{u=1}^{U} W_{u,k} c_{u,k} / \eta_{u,k} \tag{11.11}$$

式中，$W_{u,k}$ 为总产品合格量；$c_{u,k}$ 为产品单价；$\eta_{u,k}$ 为流水线生产成功率。

电费成本模型表示如下：

$$c_1 = \sum_{u=1}^{U}\sum_{k=1}^{K}\left(C_{u,k}^{ch} + C_{u,k}^{el} \right) \tag{11.12}$$

式中，$C_{u,k}^{\mathrm{ch}}$ 为负荷转移成本；$C_{u,k}^{\mathrm{el}}$ 为用电成本。

转移负荷的成本通常与负荷转移时间成正比。可转移负荷 u 的转移成本为

$$C_{u,k}^{\mathrm{ch}} = \begin{cases} \lambda_1 \left(s_u - S_u \right), & s_u > S_u \\ \lambda_2 \left(S_u - s_u \right), & s_u < S_u \end{cases} \tag{11.13}$$

$$C_{u,k}^{\mathrm{el}} = \int_0^K \left(\sum_{u=1}^U P_{u,k} + P_k' \right) A(t)\mathrm{d}t \tag{11.14}$$

式中，λ_1、λ_2 分别为负荷向后、向前转移的成本系数；S_u、s_u 为转移负荷 u 原计划启动时间与转移后启动时间；$C_{u,k}^{\mathrm{ch}}$ 为负荷转移成本；$C_{u,k}^{\mathrm{el}}$ 为用电成本。

11.1.3　约束条件

配电线路传输容量上下限约束：

$$P_{g,d\,\min} \leqslant P_{g,d} \leqslant P_{g,d\,\max} \tag{11.15}$$

式中，$P_{g,d}$ 为线路 g 的实际传输容量；$P_{g,d\,\min}$、$P_{g,d\,\max}$ 为线路 g 传输容量的最小值、最大值。

节点功率平衡约束：

$$P_{h,z} - P_{h,f} = \sum_{h=1}^H B_{h,m} \left(\theta_h - \theta_m \right) \tag{11.16}$$

式中，$P_{h,z}$、$P_{h,f}$ 为节点 h 注入的有功功率和负荷需求；$B_{h,m}$ 为 h、m 之间线路的电纳值；θ_h、θ_m 为节点 h、m 之间的相角；H 为输电线路的节点集，$h, m \in H$。

线路潮流约束：

要求两节点之间线路上的传输功率不大于该条线路的最大允许传输功率，即

$$U_h U_m \left(G_{h,m} \cos\theta_{h,m} + B_{h,m} \sin\theta_{h,m} \right) \leqslant P_{h,m\,\max} \tag{11.17}$$

式中，$P_{h,m\,\max}$ 为节点 m 和节点 h 间线路功率上限。

对配电网中任一节点 h，其相角约束为

$$\theta_{h,\min} \leqslant \theta_h \leqslant \theta_{h,\max} \tag{11.18}$$

式中，$\theta_{h,\min}$、$\theta_{h,\max}$ 为节点 h 相角下限值、上限值。

11.2 算法介绍

11.2.1 最小二乘法

最小二乘法是一种比较常用的曲线拟合方法，经常应用在科学研究和工程技术领域内，用于处理实验数据并确定变量之间的关系，"拟合"就是找到数据的基本趋势，而不要求所作的曲线完全通过所有的数据点，其中应用最为广泛的是多项式拟合。

设有一组实验数据 (x_i, y_i)，$i=1, 2, \cdots, n$，设其拟合函数为

$$\varphi^*(x) = a_0 \varphi_0(x) + a_1 \varphi_1(x) + \cdots + a_n \varphi_n(x) = \sum_{k=0}^{n} a_k \varphi_k(x) \tag{11.19}$$

由最小二乘法原则应使

$$S(a_0, a_1, \cdots, a_n) = \sum_{i=1}^{n} \left(a_0 \varphi_0(x_i) + a_1 \varphi_1(x_i) + \cdots + a_n \varphi_n(x_i) - y_i \right)^2 = \min \tag{11.20}$$

对函数 S 求偏导数，并令其为零，即 $\dfrac{\partial S}{\partial a_k} = 0$，可得

$$\sum_{i=1}^{m} \varphi_k(x_i) \left(a_0 \varphi_0(x_i) + a_1 \varphi_1(x_i) + \cdots + a_n \varphi_n(x_i) - y_i \right) = 0, \quad k = 0, 1, \cdots, n \tag{11.21}$$

对于任意函数 $h(x)$、$g(x)$，引入记号：

$$(h, g) = a_0 (\varphi_k, \varphi_0) + a_1 (\varphi_k, \varphi_1) + \cdots + a_n (\varphi_k, \varphi_n) = (\varphi_k, f), \quad k = 0, 1, \cdots, n \tag{11.22}$$

写成矩阵形式为

$$\begin{bmatrix} (\varphi_0, \varphi_0) & (\varphi_0, \varphi_1) & \cdots & (\varphi_0, \varphi_n) \\ (\varphi_1, \varphi_0) & (\varphi_1, \varphi_1) & \cdots & (\varphi_1, \varphi_n) \\ \vdots & \vdots & & \vdots \\ (\varphi_n, \varphi_0) & (\varphi_n, \varphi_1) & \cdots & (\varphi_n, \varphi_n) \end{bmatrix} \begin{bmatrix} a_0 \\ a_1 \\ \vdots \\ a_n \end{bmatrix} = \begin{bmatrix} (\varphi_0, f) \\ (\varphi_1, f) \\ \vdots \\ (\varphi_n, f) \end{bmatrix} \tag{11.23}$$

称为正规方程组。当 $\varphi_0(x), \varphi_1(x), \cdots, \varphi_n(x)$ 线性无关时，方程组有唯一解。取 $\varphi_0(x) = 1, \varphi_1(x) = x, \cdots, \varphi_n(x) = x$，则相应的方程组为

$$
\begin{bmatrix}
m & \sum\limits_{i=1}^{m} x_i & \cdots & \sum\limits_{i=1}^{m} x_i^n \\
\sum\limits_{i=1}^{m} x_i & \sum\limits_{i=1}^{m} x_i^2 & \cdots & \sum\limits_{i=1}^{m} x_i^{n+1} \\
\vdots & \vdots & & \vdots \\
\sum\limits_{i=1}^{m} x_i^n & \sum\limits_{i=1}^{m} x_i^{n+1} & \cdots & \sum\limits_{i=1}^{m} x_i^{2n}
\end{bmatrix}
\begin{bmatrix}
a_0 \\
a_1 \\
\vdots \\
a_n
\end{bmatrix}
=
\begin{bmatrix}
\sum\limits_{i=1}^{m} y_i \\
\sum\limits_{i=1}^{m} x_i y_i \\
\vdots \\
\sum\limits_{i=1}^{m} x_i^n y_i
\end{bmatrix}
\tag{11.24}
$$

从中可以解出 $a_0, a_1, \cdots, a_n$。

11.2.2 遗传算法

自从 20 世纪 50 年代中期仿生学创立，许多科学家开始从生物中探索新的用于人造系统的灵感，一些科学家从生物进化的机理中发展出适合现今世界复杂问题优化的模拟进化算法。遗传算法源于达尔文的进化论、魏斯曼的物种选择学说和孟德尔的群体遗传学说。

遗传算法具有很强的全局寻优能力和处理离散变量的特性，从数学角度看，遗传算法是一种概率性随机搜索算法；从工程角度看，遗传算法是一种自适应的迭代寻优过程。

基于本节模型的遗传算法步骤如下：

(1) 输入有关目标函数的原始数据，包括可控机组初始状态、各节点电/热出力、电/热负荷大小及相关约束；

(2) 系统初始化，$t=0$，$N_{gen}=0$，种群初始化，根据约束条件生成种群并对初代种群进行编码；

(3) 设计适应度函数，并对生成种群进行适应度计算；

(4) 根据适应度值选择优秀个体，即满足适应度函数的解，将这些个体进行交叉及随机变异操作；

(5) 判断经操作后的个体是否满足遗传算法终止条件，若满足则输出最优解并结束，若不满足则修改机组运行状态，迭代变量增加，并返回步骤(3)，直至满足终止条件。

根据以上步骤，本节设计的遗传算法流程如图 11.3 所示。

1. 种群初始化

一个种群由一定数量的个体构成，每个个体由一条染色体组成，当初始化种群时，需要根据前面所建立的目标函数及相关约束条件随机选择一些满足条件的个体来进行遗传操作。遗传算法不能直接处理参数的空间问题，因此在种群

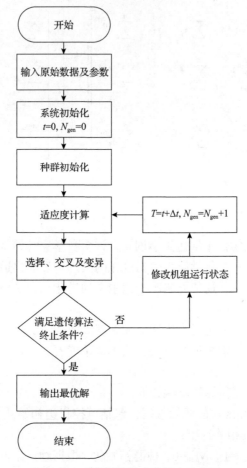

图 11.3　本节设计的遗传算法流程图

初始化过程中必须将那些进行适应度评估和遗传操作的个体经过编码成为染色体。通过这种方法，问题空间内的所有潜在解决方案均可被编码为遗传算法空间内的染色体，并通过遗传算法的迭代过程搜索，直至找到符合终止条件的最优染色体解，即一个候选解决方案对应一条染色体。

本节采用二进制编码形式，各出力单元排序方式为从节点 1 到节点 14 由小到大排列，当节点出现多个出力单元时，按表 11.1 所示顺序从左到右排列。染色体长度由处理单元总数及各单元容量决定，混合供能系统优化方案和染色体编码方式对应的关系如表 11.1 所示。

2. 适应度计算

生物学的适应度，是指某一个体对周围环境的适应能力，也代表着个体的繁

表 11.1　染色体编码方式

混合供能系统优化方案	染色体编码方式
方案 k	染色体 k
优化方案 k 中出力单元总个数 m	染色体 k 中包含基因数量 m
第 i 个单元容量 S	第 i 个基因二进制编码长度 S

殖与延续能力。适应度函数作为评价群体中个体好坏程度的指标，所求问题的目标函数不同，进行评价的指标往往也是不相同的。

在用遗传算法解决非线性问题的过程中，群体中每个个体都代表目标函数的一个解，每个解的好坏与个体的适应度相对应，一个个体的适应能力越强，求出的解就相对来说越接近最优解，根据个体适应度的大小来从上一代种群中选择一定数量的优秀个体，即相对最优解。适应度函数作为整个算法中的唯一评判标准，其选择依据种群大小优良而定，适应度太苛刻容易使种群大小骤减，这样计算出来的结果精准度不够；适应度太宽松容易导致遗传步骤过多，增大系统的计算量及计算时间。

3. 遗传操作

1）选择操作

选择操作是从一个种群中以一定的概率选择一些优秀的个体，从而淘汰那些低劣的个体。本节在计算个体 i 被选中的概率时采用正比例选择，即个体 i 被选中进行接下来交叉操作和变异操作的概率为个体 i 的适应度值 f_i 与种群中所有个体适应度值总和 $\sum\limits_{i=1}^{n} f_i$ 的比例。因此，个体 i 被选中的概率可以表示为

$$p_i = \frac{f_i}{\sum\limits_{i=1}^{n} f_i} \tag{11.25}$$

本算例采用轮盘法实现个体 i 的选择操作，轮盘法示意图如图 11.4 所示。个体 i 的适应度值在整个种群中的概率对应着轮盘不同的扇面，其值大小与扇面的圆心角成正比，并且个体 i 的适应度值在整个种群的全部个体的适应度值之和所占比例不同：

$$P = \sum\limits_{i=1}^{n} P_i \tag{11.26}$$

具体到图 11.4 中，假设共转轮 10 次，每次转轮时，随机产生 $\varepsilon_k \in U(0,1)$，

当 $P_{i-1} \leqslant \varepsilon_k \leqslant P_i$ 时选择个体 i。图中，扇形面积最大即适应度值最高的为 P_6，作为优良个体进行遗传操作的机会较大，而扇形面积最小即适应度值最小的 P_2 很可能失去进行遗传操作的机会。

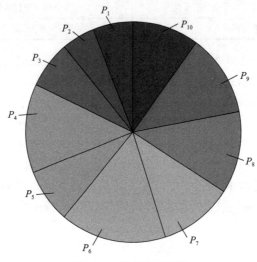

图 11.4　轮盘法示意图

2)交叉操作

交叉操作是指在生成种群中任意挑选两个个体，即两条染色体，随机在两条染色体的相同位置进行断开操作，然后进行交换组合，把上一代染色体优秀特性遗传到下一代染色体中，即种群中产生优秀新个体。根据本节所采用的二进制编码，染色体交叉操作选用二进制单点交叉法，染色体 h 和染色体 l 在 i 点进行交叉操作的方法如式(11.27)所示：

$$\begin{cases} g_{hi} = g_h\left(1-\dfrac{i}{n}\right) + g_l\dfrac{i}{n} \\ g_{li} = g_l\left(1-\dfrac{i}{n}\right) + g_h\dfrac{i}{n} \end{cases} \tag{11.27}$$

式中，i 表示染色体 h 和染色体 l 在 i 点进行交叉操作，为了保证遗传操作的随机性，i 为 $(0, n)$ 中的任意数值。

3)变异操作

变异操作是通过随机改变染色体上的某个基因形成新的物种，从而维持种群的多样性。在进行选择操作后，一些次级个体被消除，保证了种群的质量，即相对最优解的质量，但相对应地，种群的数量和种群的多样性也随之减少。为了保证种群的完整性和全局搜索最优解，有必要在交叉操作后将一定比例的染色体进行变异操作。

由于本节选择编码方式为二进制编码，当一段基因变异时，只可能出现两种情况，一种情况为染色体中的编码值由 1 变成 0，即某发电/供热单元出力减小；相对应地，另一种情况为染色体中的编码值由 0 变成 1，即某发电/供热单元出力增加。本节中，染色体 i 中的基因 j 变异操作如下：

$$g'_{ij} = 1 - g_{ij} \tag{11.28}$$

式中，g_{ij} 为染色体 i 中的基因 j 对应的二进制编码值中的某一数值（0 或 1）；g'_{ij} 为该染色体变异后对应位置的二进制编码值。

11.3　本章小结

本章首先介绍了工业负荷目前的研究进度，以及负荷功率的数学模型；然后根据负荷可调节特性，负荷主要分为可离散调节负荷、可连续调节负荷和可转移负荷，建立了负荷调节特性模型；最后基于模型建立了负荷能效模型及约束条件，并对求解方法进行了介绍。

参 考 文 献

[1] 蒋慧. 基于改进深度强化学习的工业锅炉燃烧场能效优化[D]. 南京: 南京邮电大学, 2021.

[2] 肖溱鸽. 基于深度-强化学习的柔性加工高能效工艺规划方法研究[D]. 重庆: 重庆大学, 2019.

[3] Bejan A, Mamut E. Thermodynamic optimization of complex energy systems[J]. Springer Science & Business Media, 1999, 69: 465-478.

[4] Li L Chen Y, Zhu X, et al. Modeling method of electrolytic aluminum load characteristics based on controllable reactor boundary constraints[C]. International Conference on Measuring Technology and Mechatronics Automation, 2021.

[5] Zhang X, Hug G, Kolter Z, et al. Demand response of ancillary service from industrial loads coordinated with energy storage[J]. IEEE Transactions on Power Systems, 2018, 33(1): 951-961.

[6] 涂夏哲, 涂箭, 廖思阳, 等. 考虑过程控制的钢铁工业负荷用能行为分析与功率特性建模[J]. 电力系统自动化, 2018, 42(2): 114-120.

[7] Liao S Y, Xu J, Sun Y, et al. Control of energy-intensive load for power smoothing in wind power plants[J]. IEEE Transactions on Power Systems, 2018, 33(6): 6142-6154.

[8] 王海博, 张利. 计及短流程钢铁企业生产过程的供需互动调度模型[J]. 电力系统自动化, 2021, 45(15): 64-76.

[9] Xu J, Liao S, Sun Y, et al. An isolated industrial power system driven by wind-coal power for

aluminum productions: A case study of frequency control[J]. IEEE Transactions on Power Systems, 2015, 30(1): 471-483.

[10] 申泽渊. 大型钢铁企业供电系统的暂态稳定分析与控制策略[D]. 北京: 华北电力大学, 2014.

[11] 巩师鑫. 乙烯生产能效评估、诊断与优化方法研究[D]. 大连: 大连理工大学, 2019.

第 12 章 低压负荷控制算法

中国拥有全世界最大规模的电网,电能广泛应用于国民生活的各个领域,并贯穿人们生产生活的各个方面。随着电网改革任务和举措的提出,各电力企业纷纷提出并实践相应措施。其中,提高资源利用效率、积极开展电力需求侧管理并实现负荷精细化控制是当下电力行业的发展重点。

针对如何实现负荷的有效调控这一问题,基于成熟的电力市场,欧美国家率先提出了负荷侧管理方案,以价格或激励为主导的需求侧响应为维护系统可靠性、提高系统运行效率提供了一种全新的解决方案。近年来,欧洲各国出台的相关政策及研究发展的新技术作为后盾进一步推动了需求侧响应的发展完善:在政策方面,一些电力市场中新机制的建立及应用、2020 年欧洲的三个气候及能源目标、欧洲智能电网提出的要求电网具有互动性与服务性均为典型代表;在技术方面,瑞典智能终端设备的高使用率也为需求侧响应的实现做了充分铺垫。但国外现有的需求侧响应策略是基于用户意愿实现的,由此可见,在整个电力市场中还存在着网荷交互不足的问题,且仍会有相当一部分负荷侧资源没有被充分调动。

国内对需求侧响应方面的研究最早开始于 2002 年,虽然已经有了大量的理论基础,但因电力市场机制还不够成熟,基于价格响应等机制无法发挥有效作用,导致负荷侧管理的应用还只是处于起步阶段,未能实现全国性的推广。目前,国内在实际应用负荷调控时,主要是从系统安全运行的角度出发,以政策性干预的方式影响电力用户的用电时间和用电数量,特别是在系统出现紧急状况时还会强制负荷快速削减,以满足供需平衡,防止系统崩溃。例如,在实行错峰、限电措施时,为了达到负荷调控的预期目标,负荷控制通常采取一刀切的方式开展,可见,当前负荷调控的方式过于粗放,严重影响了用户的满意度。

与此同时,伴随着风电、水电、太阳能等清洁能源大范围接入电网,虽然能源供给问题有所缓解,但在负荷高峰时,由于可再生能源出力存在波动性和间歇性等缺陷,系统内发电调整能力不足,削峰作用有限。因此,如何对电力负荷进行合理调控,实现电力系统发电、供电设备出力与时刻变化的用电负荷保持动态平衡显得尤为重要。若只是一味地对用户侧负荷进行错峰限电,即单一地使用政策管理与分时电价等措施,则会降低用户的用电满意度,甚至造成较大的经济损失,缺乏科学性。针对现存的电力负荷控制难、负荷调控策略精细化不够的情况,如何充分利用用户侧数以万计的可控资源,对电网供电系统电力负荷进行均衡调控、维持电网频率的稳定性和减小电网供电压力是我们要解决的实际问题。

为了实现有效的电力负荷智能控制,辨识负荷用户用电行为并提出有效的调控策略是关键措施之一。其中,针对用户用电行为模式、对用户进行类别划分的研究是基于特征提取完成的,围绕用户用电行为分析,结合当今信息技术领域中数据挖掘技术、机器学习等方法深入挖掘电力企业在"数字电力"建设中所累积的"数据海洋",挖掘其中蕴藏的深层次信息,实现对电力企业中的问题进行智能化预判和处理,并结合电力能源领域专家知识,可以为电力企业以及能源部门提供支撑决策的重要数据及运营策略。诸如此类的神经网络、数据挖掘和聚类算法的日渐成熟,使得深挖负荷特征、充分辨识负荷信息成为可能。

如今,互联网技术发展迅速,利用5G等远距离无线高速传输以及电力载波等信息传输系统可以实现数据信息的极速共享,为电力系统中负荷数据的实时采集与控制指令的实时传递和负荷精细化控制奠定了基础。因此,为了积极响应国家"双碳"战略目标,实现电网运行的经济性,充分辨识负荷内部特征并调控负荷能效优化,设计了基于神经网络、聚类算法等构建的电力负荷分级控制策略,并结合基于动态加权评估和预测前馈多类型文本式负荷控制技术获得精细化负荷控制指令,构建先进、灵活的负荷调控框架,实现电力负荷快速、高效响应,具有极强的实践意义。传统负荷控制与智能负荷控制方法的对比如表12.1所示。

表 12.1　传统负荷控制与智能负荷控制方法对比

类别	调控负荷依据	是否考虑用户习惯	是否实现快速精细控制
传统负荷控制	人工经验、"一刀切"	不考虑	否
智能负荷控制	负荷行为智能辨识、动态加权值排列控制	考虑	是

12.1　常用控制方法

12.1.1　PID 控制方法

PID(proportional-integral-derivative,比例-积分-微分)控制是工业过程控制中最广泛采用的控制器方案。通过对偏差量比例、积分和微分的调节,形成新的控制量,并在最大限度克服扰动的情况下,使得执行机构的控制性能达到理想的要求。图12.1为经典PID控制基本原理框图。经典PID控制的基本控制方程为

$$u(t) = k_p \left(\text{error}(t) + \frac{1}{k_i} \int_0^t \text{error}(t) \mathrm{d}t + k_d \frac{\text{error}(t)}{\mathrm{d}t} \right) \tag{12.1}$$

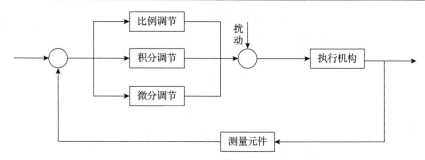

图 12.1　经典 PID 控制基本原理框图

　　尽管经典 PID 控制的稳定余度不小，但是具有好的动态品质的余度也不大。无扰动时，积分环节使得系统的动态特性变差，且对于随时间变化的扰动，积分环节的抑制能力又不显著，精度低、控制性能较差。如今，大多数电力系统控制区域都采用具有恒定参数的 PID 控制器进行负荷频率控制。但电力系统参数有可能变化，这样 PID 控制就不能达到理想的效果。

　　总体来看，PID 控制存在一些缺点，在频率的瞬态响应发生时，PID 控制系统的稳定时间较长，并有相对较大的超调量。此外，PID 控制算法需要在工作点附近的范围内使用。然而，电力系统功率消耗值及特性会使得一个电力系统的工作点变化很大，这种情况下，PID 控制算法不能胜任。

12.1.2　滑模变结构控制方法

　　变结构系统领域研究始于 20 世纪 60 年代，并在 80 年代初成为一个有价值的控制设计工具。学者 Utkin 和 Emelyanov 提出了变结构这一概念，并将其应用于二阶线性系统。我国著名学者高为炳教授首先提出了趋近律的概念，如指数趋近律、等速趋近律、幂指数趋近律等一般趋近律，除此之外还提出了自由递阶的概念。滑模变结构控制器根据结构变化的一些规律改变系统结构，以提高动态性能，使控制器对对象参数变化不敏感。滑模变结构控制器可以控制非线性系统，鲁棒性较强。一些学者应用滑模变结构技术的概念设计负荷频率控制器。

　　滑模变结构控制是一种动态、不连续的非线性控制理论，与传统控制理论不同的是，系统的结构是变化的，其原理是通过合理的设计使系统状态不断趋近预先设置的轨迹，系统的结构会根据当前状态不断变化并最终到达滑模面，在到达这条轨迹后继续沿着轨迹运动直到达到稳定状态，这条轨迹就称为滑动模态。在此过程中，人为设计的滑动模态并不会受到系统参数和外界的干扰，这也就意味着滑模变结构控制具有很强的鲁棒性和抗干扰能力。

　　设一个滑模变结构控制系统的状态方程如式(12.2)所示：

$$\dot{x} = f(x,u,t), \quad x \in \mathbf{R}^n, \ u \in \mathbf{R}^m, \ t \in \mathbf{R} \qquad (12.2)$$

　　在滑模变结构控制过程中，首先需要人为设定滑模面，并根据系统的状态设定控制器实时改变系统结构使系统到达滑模面，设计的控制律为

$$u(x) = \begin{cases} u^+(x), & s(x) > 0 \\ u^-(x), & s(x) < 0 \end{cases} \tag{12.3}$$

式中，$u^+(x) \neq u^-(x)$，滑模变结构控制通过在滑模面的两侧设计不同的控制器以保证系统能够在任何初始状态下、有限时间内到达滑模面，并在系统到达滑模面后，沿着滑模面做切换运动并最终达到稳定状态，那么这样的控制系统便可以称为滑模变结构控制系统。

　　在系统进行滑模运动的过程中可以分为两个阶段：

　　(1)趋近运动。趋近运动是系统从初始点在人为的设定下不断向滑模面迫近，并最终到达滑模面的过程。

　　(2)切换运动。系统到达滑模面后，继续沿着滑模面波动运动，并最终到达系统的平衡点。

　　滑模运动过程如图 12.2 所示。

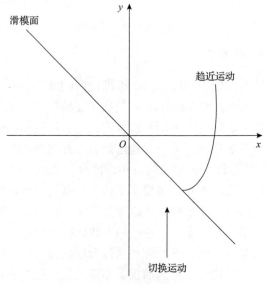

图 12.2　滑模运动过程

　　然而，滑模变结构控制技术存在着一个很严重的缺点：状态轨迹会在滑模面处发生抖振。控制的量切换的幅度越大，抖振就会越明显。在精确度要求极高的领域，这种抖振会降低系统的控制性能，而且消除了滑模变结构控制的抖振也就是消除了滑模变结构控制的抗摄动和抗干扰的能力，因此消除抖振是不可能的，

只能削弱到一定范围。抖振产生有以下几个原因：①开关时间滞后；②开关空间滞后；③系统惯性影响；④离散系统本身造成的抖振。其中，开关切换动作是造成控制不连续的主要原因。

12.1.3　模糊控制方法

模糊控制方法是在模糊集合的基础上发展的，类似现代数学的集合。在模糊理论中隶属度函数具有重要作用。模糊控制具备较大的智能性，非线性的烦琐问题、无法用模型表示以及存在或受到较多因素影响的控制问题一般会较多地用到模糊控制。模糊系统结构和模糊规则具有简单易懂和运行稳定的特点，所以这种模糊的逻辑控制方法在工业控制领域运用广泛。图 12.3 为典型的模糊控制器结构图。

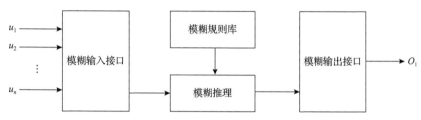

图 12.3　典型的模糊控制器结构图

模糊控制器主要包含以下模块：对输入量进行模糊化处理、模糊规则化、模糊推理过程和模糊输出（即解模糊）。

（1）模糊化输入采用模糊语言对转换进来的数值信号进行描述，同时规范化论域，将输入信号的数值范围规整为模糊论域集合。

（2）模糊规则库及模糊推理、模糊控制理论是将专家大量的工程经验进行总结，其重中之重是建立出一个控制规则集。采取“If-Then”模式来对其进行表述，需要通过一定手段深入地对被控对象进行研究，设计出符合需求的控制规则。进行控制规则库的设计时，要基于完备性原则和一致性原则，完备性原则要求建立的规则库融合所有输入组合，一致性原则要求规则库的结论之间要相互呼应。

（3）解模糊后的输出会对模糊的数值进行模糊判决，并将其转化为精确的控制量，这个过程实际上是从输出的范围内找到一个最具有代表性且能够直接驱动控制装置的确定输出值。这种方法虽然可以获得较高的精度，但计算过程较为复杂。

在使用模糊控制方法时，信息简单的模糊处理将导致系统的控制精度降低和动态品质变差，且模糊控制的设计尚缺乏系统性，无法定义控制目标。

12.1.4　自适应与自整定控制方法

由于系统的工作点是变化的，系统中控制器的性能可能不是最优的。作为一个重要的考虑因素，为了接近系统性能的最佳值，理想的控制器要能够跟踪系统的工作点，并相应地更新其参数，以实现更好的控制方案。自适应控制方法的特点是它对过程参数产生的变化及系统未建模部分的动态过程非常不敏感，因此适用于解决电力系统负荷频率控制中参数变化的问题。

自整定控制方法是自适应控制方案的一个组成部分。自适应 AGC 校正调节器策略是一个可行的解决方案。学者提出了一种用于 AGC 的自适应控制器，使用 PID 自适应以满足在超稳态条件下处理系统参数变化，该控制器考虑了发电率约束限制，且效果满足要求；有学者提出一种新的方法来设计一个多变量自校正调节器以满足互联电压负荷需求，该方法可以跟踪系统的工作点，使系统性能达到最佳值。自适应控制器用于主 AGC 环路和超导储能，将其作为稳定器，可以提高自动增益控制性能。

虽然自适应控制能够跟踪系统的工作点，但是自适应控制系统的参数优化不是以稳定性为依据的，参数优化需要在一定的范围内，因此对于电力系统，单纯的自适应控制不是最优的控制方法。

12.1.5　自适应动态面控制方法

动态面控制技术是 Swaroop 等为克服反推法中"微分爆炸"问题提出的。该方法通过在反推设计的过程中引入一阶滤波器，将复杂的微分运算变为简单的代数运算，从而避免了控制器设计中反复对虚拟控制律求导的情况，简化了控制器的设计过程。动态面控制方法有降低控制器设计复杂度的优势，应用此技术不仅在非线性系统控制理论方面能获得许多突破性的进展，还可用于实际系统的控制。

自适应控制是利用性能误差等信息，对相关控制参数进行自调整，从而更好地适应控制环境。自适应控制方法的应用，可以实现更好的系统稳定性、输出跟踪效果、稳态精度以及瞬态性能。在实际系统建模过程中，由于生产过程日益复杂、被控对象工作环境存在未知干扰、被控系统本身特性发生变化等，控制过程存在很多的"不确定性"。因此，自 20 世纪 50 年代至今，对自适应控制的研究一直具有很强的理论与实践意义，研究自适应控制能够处理具有未知参数系统的特性，促进了自适应控制技术的快速发展。自适应控制最早应用于高性能飞机自动驾驶仪中，在之后的 70 年里，为解决各类系统中存在的问题，许多自适应控制设计方案相继被提出，包括模型参考自适应控制、基于系统和参数的识别方法、自适应极点配置控制等。

随着信息技术理论和智能控制理论的发展，已经针对不同情况将这些非线性系统控制的基础设计方法与智能技术（如模糊定理、神经网络、机器学习等）相结合以研究非线性系统的控制，进而解决一些传统方法难以解决的复杂控制问题。针对一类单输入和单输出的严格反馈非线性系统，提出了一种自适应模糊输出反馈控制方法，利用模糊逻辑系统逼近未知的非线性函数，设计了一种模糊状态观测器来估计未测量状态。在自适应动态面控制技术的基础上，利用状态观测器模型与系统模型之间的预测误差关系，建立了自适应模糊控制器，还可在控制律中引入一种辅助函数，补偿模糊逼近引起的误差，消除已有结果中可能出现的抖振现象。同时，一种新的基于分数阶滤波器的动态面方法，既避免了反步过程中固有的复杂性爆炸问题，又消除了现有自适应动态面方法中关于中间控制律的分数阶导数需要完全已知的限制。将自适应动态面控制技术与神经网络相结合，可设计出一种自适应神经网络控制算法，避免了传统反步法设计中复杂性计算的问题。

动态面控制方法是在经典反推方法的基础上发展起来的一种主流非线性控制的设计方法。自微分几何、微分代数等现代数学方法被引入控制理论以来，非线性系统的研究突破了局部线性化和小范围运动模式的限制，进而许多重要的控制设计技术，如反馈线性化、无源控制、滑模变结构控制、反推方法、智能控制等相继被提出，极大地促进了非线性控制理论的发展。其中，Backstepping 是一种将 Lyapunov 函数的选取与控制器设计相结合的经典构造性设计方法，主要用于解决如下两类具有下三角结构的非线性系统控制问题。

(1) 严格反馈系统：

$$\begin{cases} \dot{x}_i = g_i(\bar{x}_i)x_{i+1} + \varphi_i(\bar{x}_i), & i = 1, 2, \cdots, n-1 \\ \dot{x}_n = g_n(x)u + \varphi_n(x_n) \\ y = x_1 \end{cases} \tag{12.4}$$

(2) 纯反馈系统：

$$\begin{cases} \dot{x}_i = f_i(\bar{x}_{i+1}), & i = 1, 2, \cdots, n-1 \\ \dot{x}_n = f_n(x, u) \\ y = x_1 \end{cases} \tag{12.5}$$

式 (12.4) 和式 (12.5) 中，$\bar{x}_i = [x_1, x_2, \cdots, x_i]^T \in \mathbf{R}^i$；$x = [x_1, x_2, \cdots, x_n]^T \in \mathbf{R}^n$ 为系统状态向量；$u \in \mathbf{R}$ 和 $y \in \mathbf{R}$ 分别为系统输入和输出；$g_i(\cdot): \mathbf{R}^i \to \mathbf{R}$、$\varphi_i(\cdot): \mathbf{R}^i \to \mathbf{R}$ 和 $f_i(\cdot): \mathbf{R}^{i+1} \to \mathbf{R}$ 均为光滑函数。

动态面控制方法与自适应控制技术相结合被广泛用于各种不确定非线性系统的控制设计中。自 Yip 等学者首次对一类仅含线性参数不确定性的非线性系统提出自适应动态面控制方法后，这一设计思路被推广到同时含有未知参数和有界干扰的严格反馈系统、参数化严格反馈时滞系统和带有不可线性参数化不确定性的半严格反馈非线性系统中。动态面控制方法可与其他算法结合，以提高控制效果，如结合 Krasovskii 泛函提出针对时滞系统的自适应动态面控制方案；在假设非线性项满足下三角形增长条件的前提下提出鲁棒自适应动态面控制算法；当系统中含有完全未知的非线性函数时，具有万能逼近性质的神经网络和模糊逻辑系统作为通用非线性函数逼近器被引入控制设计中；基于动态面控制设计方法，利用神经网络或模糊逻辑系统的在线学习功能对未知非线性函数进行辨识，融合自适应技术对理想权值向量进行估计，分别给出针对单输入单输出不确定非线性系统的自适应神经网络动态面控制策略和自适应模糊动态面控制策略；研究多输入多输出不确定非线性反馈系统和分布式互联大系统的自适应神经网络/模糊动态面控制方案。类似的设计思路也延伸到随机系统、动态不确定性系统以及多智能体系等领域。此外，结合 Nussbaum 增益技术，也可以将神经网络动态面控制方法应用于控制方向未知的受扰非线性系统。

相较于传统的控制方法，自适应动态面控制方法具有控制精度高、响应速度快、控制信号易于实现、兼容性强等优点，被广泛应用在非线性系统的控制中。然而，常用的自适应动态面控制算法的设计是针对连续系统的，也就是说，考虑被控对象为连续的数学模型，这便意味着，所设计的控制信号是连续的控制信号。而对于电力系统，负荷信息实际上是带有时标信息的离散负荷值，若要将自适应动态面控制算法应用到电力系统负荷控制中，则需要对信号进行离散化，这样做的弊端是会使控制系统产生极强的非线性，进而降低电力负荷的控制性能。如何设计离散式的自适应动态面控制算法，以适应电力系统的工作模式，是将其应用到电力系统负荷控制的关键。

12.2　负荷控制方法

12.2.1　电力负荷调控方法

智能负荷控制系统的整体流程如图 12.4 所示。首先，在整个负荷控制系统中，源侧部分基于火电机组功率预测、风功率预测和光功率预测等各类发电预测结果，辨识得到系统内的发电模型，并送往 AGC，供源侧执行发电规划使用，最终得到发电侧总功率，支撑各类负荷用户用电。其次，利用基于电网运行大数据的经验性负荷预测技术，并结合海量历史负荷数据，得到高密度负荷预测模型，并将所得到的预测曲线作为控制的期望负荷曲线，进而实现对负荷控制结果的预测。将高密度负荷预测模型传输到 AGC，使 AGC 充分掌握负荷侧的用电规划，为获得总体负荷控制指令提供有力支撑。然后，基于聚类算法，对不同类型用户负荷的运行特性进行分析，明确用户类别典型特征，并充分辨识负荷运行规律，依据负荷控制的实际效果，得到超大数量低压用户可控负荷的多因素动态加权值排列控制机制，根据不同加权值大小，实现对不同类别负荷的有序控制，通过使用离散式自适应动态面算法，实现高密离散、低密趋势的快速、高效及精细化的负荷控制。最后，基于幅值零偏移和的横坐标宏观调整和时间最小二乘的微观修正技术，实现实时采集信息对预测结果的快速修正。在信息传输过程中，将带有时标的负荷信息采用文本形式进行传输，以穿透不同分区间的隔离装置，达到信息传输快速实现的目的。

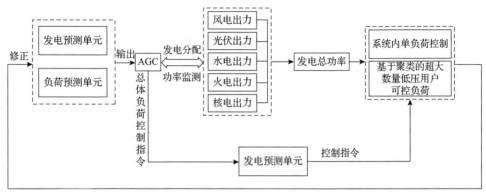

图 12.4　智能负荷控制系统整体流程图

在本控制框架下，为达到负荷精细化控制，在获得负荷聚类结果并根据舒适度动态分析负荷响应能力后，还需在该环节制定负荷控制权值的策略，以实现负荷的有序控制，其实现过程如下。①根据各类相关因素实时确定各类负荷的控制顺序。②建立基于负荷控制实际效果的权重值微比例修正技术，具体实现方法为：首先，充分考虑每时刻各负荷可调控范围、响应速率、当前负荷运行工况、综合负荷效益最优调控等因素，结合实时控制效果初步制定负荷控制权重；然后，基于所掌握的各类负荷多工况状态下的运行信息，按照负荷反馈结果实时微比例修正权值，完成各类负荷控制顺序的制定；最后，形成实时优化权值的负荷优先级控制策略，依照权值分配结果，为负荷控制算法的应用奠定基础。

通过对超大数量低压用户负荷进行高效、迅速和合理的控制，实现负荷侧与发电侧的平衡，最终达到电网频率的稳定。将实时负荷与预测负荷的差值反馈至AGC，以获取实时的负荷调控指令，并将控制指令送往各负荷控制单元，以实现不同类别负荷的分级控制。其中，整个系统应在充分考虑当前时段可控负荷的总负荷量及调节能力的前提下，使负荷控制单元针对不同的负荷类型，分别设计基于预测控制结果的动态加权评估负荷控制技术，充分调动低压用户负荷积极性，实现对低压可控负荷的实时、灵活调控；结合神经网络技术及有限覆盖引理，创新性地解决了数据传输过程中存在的时间延迟问题。在实现对各类负荷的精细化调控后，获得控制过程的响应速度、负荷调控成功率、负荷参与调控的成功率和调节效率等指标，进一步完善各类负荷特征。同时，采集当前负荷总体实时数据，并反馈至负荷预测单元，获得实时负荷数据进而修正发电及负荷预测模型，更新实时控制量，形成完整的负荷控制闭环过程。

12.2.2　最小二乘的微观修正方法

1. 最小二乘基本原理

实际采回信息曲线可表示为 $y_i = f(x_i)(i = 0,1,\cdots,m)$ ，与控制目标曲线 $y = S^*(x)$ 进行数据拟合，记两者误差为 $\delta_i = S^*(x_i) - y_i(i = 0,1,\cdots,m)$ ， $\delta = [\delta_0, \delta_1, \cdots, \delta_m]^T$ 。设 $\varphi_0(x), \varphi_1(x), \cdots, \varphi_n(x)$ 是 $C[a,b]$ 上线性无关的函数族，在 $\varphi = \mathrm{span}\{\varphi_0(x), \varphi_1(x), \cdots, \varphi_n(x)\}$ 中找到一个函数 $S^*(x)$ ，使误差平方和最小，利用公式表达如下：

$$\|\delta\|_2^2 = \sum_{i=0}^{m} \delta_i^2 = \sum_{i=0}^{m} \left(S^*(x_i) - y_i\right)^2 = \min_{S(x) \in \varphi} \sum_{i=0}^{m} \left(S(x_i) - y_i\right)^2 \tag{12.6}$$

$$S(x) = a_0 \varphi_0(x) + a_1 \varphi_1(x) + \cdots + a_n \varphi_n(x), \quad n < m \tag{12.7}$$

这就是一般的最小二乘逼近，也称为曲线拟合的最小二乘法。

在求解拟合曲线过程中，要确定 $S(x)$ 的形式，一般来说，若 $\varphi_n(x)$ 是 n 次多项式，则 $S(x)$ 为 n 次多项式。为了使问题提法更具有一般性，将引进加权函数 $\omega(x) \geqslant 0$ ，表示不同点 $(x_i, f(x_i))$ 重复观测的次数。将式(12.6)变形为

$$\|\delta\|_2^2 = \sum_{i=0}^{m} \omega(x_i)\left(S(x_i) - f(x_i)\right)^2 \tag{12.8}$$

用最小二乘法求拟合曲线，就是在形如式(12.6)的 $S(x)$ 中求一函数 $y = S^*(x)$ ，使式(12.8)获得最小值。结合式(12.7)，将式(12.8)转化为多元函数：

$$I(a_0, a_1, \cdots, a_n) = \sum_{i=0}^{m} \omega(x_i)\left(\sum_{j=0}^{n} a_j \varphi_j(x_i) - f(x_i)\right)^2 \tag{12.9}$$

求最小值转化为求式(12.9)的极小点 $(a_0, a_1, \cdots, a_n)$ ，对函数求一阶偏导数，可以得到如下公式：

$$\frac{\partial I}{\partial a_k} = 2\sum_{i=0}^{m} \omega(x_i)\left(\sum_{j=0}^{n} a_j \varphi_j(x_i) - f(x_i)\right)\varphi_j(x_i), \quad k = 0,1,\cdots,n \tag{12.10}$$

令

$$
\left(\varphi_i,\varphi_k\right)=\sum_{i=0}^{m}\omega\left(x_i\right)\varphi_j\left(x_i\right)\varphi_k\left(x_i\right)
$$

$$
\left(f,\varphi_k\right)=\sum_{i=0}^{m}\omega\left(x_i\right)f\left(x_i\right)\varphi_k\left(x_i\right)\equiv d_k,\quad k=0,1,\cdots,n
$$

(12.11)

则式(12.10)可改写为

$$
\sum_{j=0}^{n}\left(\varphi_k,\varphi_j\right)a_j=d_k
$$

(12.12)

最终将函数转化为矩阵形式 $Ga=d$，其中 $a=\left[a_0,a_1,\cdots,a_n\right]^{\mathrm{T}}$，$d=\left[d_0,d_1,\cdots,d_n\right]^{\mathrm{T}}$。

$$
G=\begin{bmatrix}
\left(\varphi_0,\varphi_0\right) & \left(\varphi_0,\varphi_1\right) & \cdots & \left(\varphi_0,\varphi_n\right)\\
\left(\varphi_1,\varphi_0\right) & \left(\varphi_1,\varphi_1\right) & \cdots & \left(\varphi_1,\varphi_n\right)\\
\vdots & \vdots & & \vdots\\
\left(\varphi_n,\varphi_0\right) & \left(\varphi_n,\varphi_1\right) & \cdots & \left(\varphi_n,\varphi_n\right)
\end{bmatrix}
$$

(12.13)

一般取 $\varphi_0(x)=x^n,\varphi_1(x)=x^{n-1},\cdots,\varphi_n(x)=1$，且 $\varphi_0(x),\varphi_1(x),\cdots,\varphi_n(x)\in C[a,b]$ 在点集 $\{x_i,i=0,1,\cdots,m\}(n\leqslant m)$ 上满足哈尔条件。可得式(12.13)唯一解为 $a_k=a_k^*$，$k=0,1,\cdots,n$，从而得到函数 $f(x)$ 的最小二乘解为

$$
S^*(x)=a_0^*\varphi_0(x)+a_1^*\varphi_1(x)+\cdots+a_n^*\varphi_n(x),\quad n<m
$$

(12.14)

至此，拟合曲线求解完毕。最终将拟合畸变曲线与实际采回曲线方程相加即可得到校正后的方程：

$$
F(x)=f(x)+S^*(x)
$$

(12.15)

2. 基于最小二乘的目标曲线修正

最初经预测得到的控制目标与从负荷用户中得到的实际采回信息有着较大的差距，在横向上有着明显的时间延迟，在纵向上的幅值信息也有些许差别。因此，需要对控制目标曲线与实际采回信息进行拟合修正，使预测控制结果获取实际负荷信息，进而使负荷控制更加合理科学。采用最小二乘法对实际采回曲线进行拟合，将控制目标曲线和实际采回信息之间的误差平方和作为惩罚函数，对两曲线进行拟合，使得二者之间的误差平方和最小。横向控制目标与实际采回信息之间

的横向误差要远大于纵向误差，为使准确率更高，使用两次最小二乘法对曲线进行修正。先使用最小二乘法对横向的时间延迟进行横坐标宏观调整，然后对经过横向修正后的目标再一次进行最小二乘纵向修正，对比实际采回信息与控制目标曲线可以看到二者仍旧有微小的偏差，对其进行幅值零漂移调整，最终得到修正后的目标曲线。

12.2.3　单目标多时段精准调节方法

电力系统负荷预测或火电、风功率、光功率、水电等出力预测是各电力运行环节的基本前提，包括调度决策、动态电网控制、运行计划和发展规划等，同时也是许多决策部门的关键信息来源。

在电力系统运行过程中，预期结果与实际情况之间存在差别，如负荷变化，机组启停时间，输配电设备停、复役时间等，客观上造成部分发电机组无法完全执行事先制定的发电计划。

调度跟踪不同时刻的预测值并得到指令控制范围，随着下达指令时间的临近，预测数据范围逐渐缩小，直至下达指令时得到准确数值。同时，指令修正过程中调度能够捕捉重大电网故障及拓扑结构变化，在保证电网安全的前提下快速给出修正后的发电计划结果，减轻调度人员的工作量，避免调度人员在完成事故处理后再重新考虑发电计划的问题。因此，迫切需要一种根据时间变化对电力负荷及火电、风功率、光功率、水电等出力预测的修正技术以便电力调度人员修正调度控制指令。

设定负荷预测或火电、风功率、光功率、水电出力预测时间 $T(0)$，控制指令提前下达时间 $t(1)$ 及最大预测时间 $t(\max)$，生成各时段预测数据时间间隔矩阵 Δt。其中，$\Delta t(n) = \dfrac{1}{\sqrt{5}}\left[\left(\dfrac{1+\sqrt{5}}{2}\right)^n - \left(\dfrac{1-\sqrt{5}}{2}\right)^n\right]$。

根据各时段数据预测时间间隔矩阵计算出控制指令的控制范围参数矩阵 r。其中，$r(1)=1$，$r(j)=r(j-1)+\Delta t\left(\left\lfloor\dfrac{j+3}{4}\right\rfloor\right)$。

根据调度控制指令提前下达时间及最大预测时间计算距负荷或出力预测时间节点的时间间隔矩阵 t。其中，$t(k)=t(k-1)+\Delta t\left(\left\lfloor\dfrac{k+3}{4}\right\rfloor\right)$，$k\geqslant 2$。

根据所预测时间节点得到具体预测时间节点矩阵 T，其中，$T(i)=T(i-1)+t(k)$，$i,k=1,2,\cdots$。

根据各时间节点预测数据 P_{est} 计算控制指令范围 $[P_{\mathrm{cc\,min}}, P_{\mathrm{cc\,max}}]$，其中，$[P_{\mathrm{cc\,min}}, P_{\mathrm{cc\,max}}]=[C_{\min}(m), C_{\max}(m)]$，$C_{\min}(m)=P_{\mathrm{est}}(m)\left(1-\ln^2 r(j)\%\right)$，$C_{\max}(m)=$

$P_{\text{est}}(m)\left(1+\ln^2 r(j)\%\right)$。

每次预测数据与控制指令范围参数得到的控制指令范围均与上一控制指令范围取交集得到新的控制指令范围。为避免预测数据跳变，判定每次预测数据 P_{est} 是否属于初始预测控制指令范围，若不属于且出现连续 5 次预测数据不在初始控制指令预测范围内则重置第一次控制指令，根据 5 次数据中第一次预测数据计算控制指令范围，并令后续预测以此为新初始预测控制指令范围。

12.2.4　时序修正校验控制方法

现有的远程控制基于稳定连接的高速通道人工调节技术，随着各类业务的不断拓展，不稳定通道使用率逐渐上升。在人工调节过程中通道的低速、不稳定可能会造成远程控制指令延时下达甚至不能准确下达，使远程控制指令准确性变差，使用低速、不稳定通道进行人工直接控制可能会导致大范围控制失败。

随着各类业务的不断拓展，各设备对远程控制的要求越来越高，低速、不稳定通道已经不能满足生产要求，现正将人工控制逐渐升级为自动控制。如今，根据预先设计好的指令系统对设备自动下达指令，但在低速、不稳定通道下达指令时应如何保证设备在准确的时间、地点按照正确的方式运行是需要解决的问题。

如图 12.5 所示，首先获取一条根据预指令调整后的设备运行曲线；然后在固定时间段获取设备预测运行曲线，经系统验证通过后计算设备运行调节曲线；最

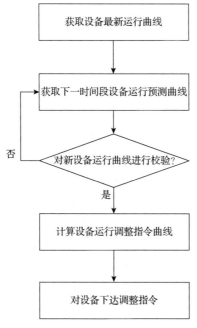

图 12.5　时序修正校验控制

后对设备下达运行调整指令，每经过相同时间间隔则重复上述过程。该方法可提高低速、不稳定通道的控制预指令下达的准确性，避免人工下达指令时因通道原因使指令延迟或不能下达的问题，解决了对设备控制失败的问题，增加了对系统设备控制的准确性。

获取一条设备最新指令后的运行曲线为 $f_c(t)$，该曲线最大预测时间为 t_n，最小预测时间为 t_1，获取下一时间段设备运行曲线为 $f_x(t)$。根据指标 A_1，A_2，$\cdots$，A_m 对新的设备运行曲线 $f_x(t)$ 进行检验，检验其是否满足系统运行要求，检验合格后计算运行设备下一个连续时间段设备调节曲线 $f_T(t)$，其中 $f_T(t_{n-1}) = f_x(t_{n-1}) - f_c(t_n)$，并对运行设备下达设备调节指令 $f_T(t)$。

根据系统预测数据判断设备投运或退出时间 $\left(T^*_{\min}, T^*_{\max}\right)$ 及需要下达的指令，设备投运指令为 1，设备退出指令为 0。根据指标 B_1，B_2，$\cdots$，B_l 对指令进行评估，判断系统运行状态是否允许状态切换，若不满足运行状态则放弃此次自动下达指令；若判定通过则下达设备状态切换指令 1 或 0，其运行时间为 $(T_{\min}, T_{\max}) = \left(T^*_{\min}, T^*_{\max}\right)$。若设备状态切换前最后一次指令的执行时间为 $T_{\min} = T_{\max}$，则此时间即执行时间；若 $T_{\min} \neq T_{\max}$，则此设备状态切换指令执行时间为 $\dfrac{T_{\min} + T_{\max}}{2}$。

12.2.5　高密离散自适应动态面的负荷控制方法

由于电力负荷数据为一个负荷值对应一个时刻的离散形式数据点，而常规的自适应动态面算法是面向连续时间曲线的控制算法，无法实现对负荷进行实时、快速的控制，因此采用高密离散自适应动态面控制算法对负荷进行控制，更加贴合电力负荷的特点，可令控制精准度更高，响应速度更快。同时，电力负荷中控制算法的执行机构，通常依托芯片、微型计算机等电子设备来实现，其工作原理通常都是输出不同的电平信号来执行控制指令，因此高密离散自适应动态面控制算法对这种工作模式具有更强的适应能力，避免了连续时间控制算法应用到电子类设备而产生的控制过程强非线性。

针对多类负荷工况，根据对用电负荷的聚类及动态加权值的排列结果，可以掌握负荷控制的顺序。结合高密离散自适应动态面算法和整体控制过程，研发了基于动态加权评估和预测前馈多类型文本式的负荷控制技术。控制算法的具体实现流程如下：首先，针对负荷控制模型，根据模型的阶数将复杂的非线性控制系统分为多个子系统进行各子系统的分别控制，并保证各子系统的稳定性，设计每个子系统的电力负荷控制律，并引入数字一阶低通滤波器解除各子系统之间的耦合；然后，一直"后退"到整个系统，将它们集成起来完成最终负荷控制律的设计。

第 1 步:获得 k 时刻单个负荷的实时数值 $y(k)$,以及 k 时刻期望负荷值 $y_r(k)$,即为由 AGC 下达的控制指令中 k 时刻的目标负荷值,通过负荷控制单元得到的分解控制期望,也是控制算法的控制目标。令 $\varepsilon_1(k)$ 为 k 时刻期望负荷值与实时负荷值的误差,即两者相减得到的误差值,并将 $\varepsilon_1(k)$ 作为控制系统中的第一个误差面。根据第一个误差面,计算得到 $\varepsilon_1(k)$ 的一阶前向差分 $\varepsilon_1(k+1)$,即为在此规律下 $k+1$ 时刻的负荷误差。然后,设计 Lyapunov 函数 $V_1(k)$,通过设计第 1 电力负荷控制律 $x_{2d}(k)$,使第 1 个子系统满足 Lyapunov 意义下控制系统的稳定性,即通过计算 $\varepsilon_1(k+1)$,实现 $V_1(k)\geq 0$、$\Delta V_1(k)<0$ 的不等式关系,其中 $\Delta V_1(k)$ 为 k 时刻 Lyapunov 函数与其一阶前向差分 $V_1(k+1)$ 之间的差值。将所设计第 1 电力负荷控制律接入数字一阶低通滤波器中,定义得到的值为 $z_2(k)$,此时 $z_2(k)$ 中包含在第 1 步中设计得到的第 1 电力负荷控制律的信息,数字一阶低通滤波器可以将第 1 电力负荷控制律中的高频信号去除掉,将其应用到下一个子系统的电力负荷控制律设计中,避免了与第 1 个子系统间的控制律设计耦合。

第 2 步:获取上一个子系统的经过数字一阶低通滤波器得到的控制律 $z_2(k)$,选取单负荷控制模型的第 2 个子系统 k 时刻的状态量 $x_2(k)$,令 $\varepsilon_2(k)$ 为 k 时刻状态量 $x_2(k)$ 与控制律 $z_2(k)$ 的误差值,并将 $\varepsilon_2(k)$ 定义为控制系统的第二个误差面。根据 $\varepsilon_2(k)$,计算得到 $\varepsilon_2(k)$ 的一阶前向差分 $\varepsilon_2(k+1)$,即为在此规律下 ε_2 在 $k+1$ 时刻的值。接下来,设计第 2 个子系统的 Lyapunov 函数 $V_2(k)$,通过设计第 2 电力负荷控制律 $x_{3d}(k)$,使第 2 个子系统满足 Lyapunov 意义下控制系统的稳定性,即通过计算 $\varepsilon_2(k+1)$,实现 $V_2(k)\geq 0$、$\Delta V_2(k)<0$ 的不等式关系,其中 $\Delta V_2(k)$ 为 k 时刻 Lyapunov 函数与其一阶前向差分 $V_2(k+1)$ 之间的差值。将所设计第 2 电力负荷控制律接入数字一阶低通滤波器中,定义得到的值为 $z_3(k)$,此时,$z_3(k)$ 中包含在第 1 步中设计得到的第 1 电力负荷控制律的信息,以及在第 2 步设计得到的第 2 电力负荷控制律的信息,同时,数字一阶低通滤波器可以将第 2 电力负荷控制律中的高频信号去除掉,并将其应用到下一个子系统的电力负荷控制律的设计中,避免了与第 2 个子系统间的控制律设计耦合。

第 n 步:获取上一个子系统,即第 $n-1$ 个子系统的经过数字一阶低通滤波器得到的控制律 $z_n(k)$,其中 n 为单负荷控制模型的阶数,也就是说,该单负荷控制模型被分为 n 个子系统。选取单负荷控制模型的第 n 个子系统 k 时刻状态量 $x_n(k)$,令 $\varepsilon_n(k)$ 为 k 时刻状态量 $x_n(k)$ 与控制律 $z_n(k)$ 的误差值,并将 $\varepsilon_n(k)$ 定义为控制系统的第 n 个误差面。根据 $\varepsilon_n(k)$,计算得到 $\varepsilon_n(k)$ 的一阶前向差分 $\varepsilon_n(k+1)$,即为在此规律下 ε_n 在 $k+1$ 时刻的值。接下来,定义第 n 个子系统的 Lyapunov 函数 $V_n(k)$,通过设计最终电力负荷控制律 $u(k)$,使第 n 个子系统满足 Lyapunov 意义下控制系统的稳定性,即通过计算 $\varepsilon_n(k+1)$,实现 $V_n(k)\geq 0$、$\Delta V_n(k)<0$ 的不等式关系,

其中 $\Delta V_n(k)$ 为 k 时刻 Lyapunov 函数与其一阶前向差分 $V_n(k+1)$ 之间的差值。至此，针对单负荷控制模型的最终电力负荷控制信号便设计完成，其在保证各子系统都稳定的前提下，包含了第 1 电力负荷控制律到第 $n-1$ 电力负荷控制律的所有信息。

通过将单负荷控制模型分散成多个子系统的设计控制信号的方法，其将单一的负荷控制问题分解成多个控制问题去处理，可以使负荷控制的响应速度更快，控制精度更高。针对实时负荷的随机性而在控制中产生的负荷波动问题，由于负荷扰动被分解成多个子扰动信号，使高效控制变得更加容易，控制算法抗干扰能力更强。通过选取合适的设计参数（如反馈律等），可以获得控制误差的 L_∞ 范数，即控制误差被收敛在一个极小的邻域中，且此邻域的大小可任意改变。

当 AGC 下达控制指令及获取实时负荷数据信息时，会存在时间延迟的问题，且时间延迟的存在不可避免，同时会对控制系统的实时性产生影响，增大控制误差。为解决控制系统中存在的时间延迟问题，采用径向基神经网络函数与有限覆盖引理相结合的方法。令 $\tau \in [0, \tau_M]$ 为负荷控制系统存在的延迟时间，在传输线路未发生故障的前提下，延迟时间是有限的，也就是说，τ_M 为延迟时间的物理上界。令传输时间延迟在控制系统中的数学函数关系为 $f\left(\overline{x}_j, \overline{x}_j(t-\tau)\right)$，将区间 $[0, \tau_M]$ 有限分割为 $0 \leqslant t_1 < t_2 < \cdots < t_m \leqslant \tau_M$ 的形式，数学意义上，其上必存在一个点 $\overline{\tau}$ 满足 $\overline{\tau} \in \{t_1, t_2, \cdots, t_m\}$，进而存在 $\overline{\tau}_1, \overline{\tau}_2, \cdots, \overline{\tau}_n \in \{t_1, t_2, \cdots, t_m\}$，满足 $f\left(\overline{x}_j, \overline{x}_j(t-\tau)\right) = f\left(\overline{x}_j, \overline{x}_j(t-\overline{\tau}_j)\right) + \delta_j$，其中 $j = 1, 2, \cdots, n$，δ_j 为任意正常数，经过有限覆盖引理的处理，此时间延迟函数可以被径向基神经网络逼近为如下形式：

$$f\left(\overline{x}_j, \overline{x}_j(t-\tau)\right) = \psi_j^{\mathrm{T}}\left(\xi_j\right)\vartheta_j^* + \kappa_j \tag{12.16}$$

其中，ϑ_j^* 为神经网络的最佳权向量；$\psi_j\left(\xi_j\right)$ 为神经网络的基函数；κ_j 为逼近误差，其可以在实时控制过程中逐渐被消除。

有限覆盖引理结合径向基神经网络函数处理时间延迟的原理是将整段的延迟时间分解为多个时间子区间，在数学上，利用径向基神经网络可以将时间延迟函数关系表示成权向量乘基函数的形式，将其融入离散自适应动态面控制算法中，可以将分解后的多个小的时间延迟利用控制算法的鲁棒性逐渐消除，进而大大降低了时间延迟对控制系统的影响。

由于低压负荷数量巨大，对于多负荷的控制，不同优先级的负荷在控制过程中不可避免地会发生耦合，即不同负荷的改变会对其他负荷造成影响。由于该影响的数值关系未知，所以采用神经网络逼近器对其进行逼近，进而获得未知耦合关系的估计，将其融入离散自适应动态面控制算法当中，依托控制算法误差的快速收敛能力和强鲁棒性，在实时负荷控制中逐渐消除耦合对控制系统的影响。

12.3　本 章 小 结

本章首先利用电网运行大数据的经验性对负荷进行预测，并利用基于幅值零偏移和的横坐标宏观调整和时间最小二乘的微观修正方法、单目标多时段精准调节方法、时序修正校验控制方法，将实时采集结果对控制结果预测曲线进行修正。采用文本式传输方式，快速实现不同分区间的信息传输。然后围绕神经网络、鲁棒自适应控制、动态面控制等智能控制方法内容进行了深入研究，设计了高密离散自适应动态面负荷控制算法，针对信息传输过程中存在的延迟问题，采用径向基神经网络技术结合有限覆盖引理的方法，对系统中的时间延迟进行处理，针对多负荷控制系统，考虑系统中各用户用电负荷间存在的耦合关系，利用神经网络逼近器来解决多负荷模型中的未知耦合，实现了高密度负荷的快速控制。

第13章　多态多维信息互校验技术

电力系统是现代基础设施之一，维持电力系统的安全稳定运行对经济和社会发展具有重要意义。电力系统运行需要进行潮流计算、短路电流计算、继电保护整定、安全稳定评估和控制决策确定等，而电网设备元件的参数则是进行这些分析和控制的基础。建立准确的电力系统模型对电网的安全稳定运行有着至关重要的作用，电网模型和参数的精确性是保证相关分析和控制准确的基础。

目前，线路的设备参数一般由生产商提供，或在设备投产时按照一定的规则进行测量。这些参数都是在典型工况下获得的(称为典型参数)，电网运行控制部门使用这些参数进行电网分析以及相关控制操作。典型参数保存在电网数据库中，一般保持不变。但是，随着运行工况、自然环境以及设备状态变化等的影响，元件参数会发生改变，而且这种变化难以事先准确计算。例如，对于线路，随着外界气温改变以及线路负载变化，线路温度和弧垂都会发生改变。温度的变化使得线路的电阻率发生改变，弧垂变化使得线路等效长度发生改变，导致线路的实际运行参数不同于投产时测量的典型参数。设备元件参数的改变会影响电网分析的精度，进而影响电网调度和控制的准确性。因此，分析线路元件运行参数的变化，对提高电网分析和运行水平具有重要意义。

13.1　电力系统中的多态多维信息

当今智能电网飞速发展，除调度智能控制系统，电力设备状态监测系统、电网广域监测系统(wide area measurement system，WAMS)、同步相角测量单元(phasor measurement unit，PMU)、电量检测系统等也需要逐步建立成统一的大数据管理平台，利用多元化的数据共享，通过信息的规范化，进行全面的数据解析与智能分析，将结果进行可视化的界面展示，能够极大地提高调度调控人员的工作效率和决策能力。因此，本章旨在建立一种多态多维信息互校验技术，其中电网的多态多维信息主要包括静态资产信息、稳态四遥信息、动态PMU及WAMS量测数据、暂态故障录波信息、非实时电量信息。

13.1.1　静态资产信息

电力系统状态估计是电力系统的重要组成部分，是根据量测数据的冗余度，按最佳估计准则对生数据进行处理计算，还原系统最真实的状态。其中，电网模型(拓扑关系、设备参数、模型完整性)、量测数据(遥信、量测坏数据、数据时间不同步、测量精度、冲击性负荷)等,都会影响状态估计结果的精度,其中设备参数如下。

1. 导线参数

常用的导线一般可分为硬导线和软导线两大类,其中,硬导线又分单股、多股以及混合股。导线又可分为裸线和包有绝缘层的绝缘线两大类。在智能调度控制系统中需要将导线的类型、长度、电阻及电抗等信息输入数据库中进行状态估计。

2. 变压器参数

变压器是变换交流电压、电流和阻抗的器件,按冷却方式分为干式(自冷)变压器、油浸(自冷)变压器、氟化物(蒸发冷却)变压器;按防潮方式分为开放式变压器、灌封式变压器、密封式变压器;按铁芯和线圈的结构分为芯式变压器、壳式变压器、环型变压器、金属箔变压器;按电源相数分为单相变压器、三相变压器、多相变压器;按用途分为电源变压器、调压变压器、音频变压器、中频变压器、高频变压器、脉冲变压器。变压器作为智能变电站的核心设备,需要确认较多的重要参数,包括变压器类型、分接头类型、额定功率、额定电压、短路损耗、短路电压百分比、中性点接地运行方式等。

3. 发电机参数

发电机的分类方式通常有以下三种:按转换电能的方式可分为交流发电机和直流发电机两大类;按励磁方式可分为刷励磁发电机和无刷励磁发电机两类;按驱动动力可分为风力发电机、水力发电机及燃油发电机等。在智能调度控制系统中需要给出发电机的类型、额定容量、额定出力、有功出力上下限及无功出力上下限等。

4. 其他电气设备参数

其他电气设备包括断路器、刀闸、互感器、避雷器、电容/电抗器等,也需要将类型、容量等参数录入。

13.1.2　稳态四遥信息

SCADA(supervisory control and data acquisition)系统,即数据采集与监视控制系统,它在远动系统中占重要地位,可以对现场的运行设备进行监视和控制,以实现数据采集、设备控制、测量、参数调节以及各类信号报警等各项功能,即人们所知的"四遥"功能,远程终端单元(RTU)、馈线终端单元(FTU)是它的重要组成部分，在现今变电站综合自动化建设中起到相当重要的作用。

SCADA 系统采集的远程遥测信息是模拟量，一般在各发电厂、变电所母线及线路两侧设有遥测点，用来测量母线电压/频率和通过线路或变压器、注入母线的有功功率及无功功率，有时也测量流过线路或变压器的电流。这些测量值有时是通过周期性扫描收集的（全部的量测量按照固定的周期进行统一扫描，有时将量测量分成不同扫描周期组），有时根据某一量测值与上次收集的值相比超过某一规定阈值时才触发第二次收集，常用于低速信道的情况。

1. 遥测

遥测即远程测量，它是将采集到的被监控变电站的主要参数及时编码成遥测信息，按通信规约传送给调度室。遥测量是指三相电压、三相电流、输出功率、频率、有功功率、无功功率、功率因数、蓄电池电压，以及水温、油压等模拟量。

2. 遥信

遥信即远程传递信号，它是将采集到的被监控变电站的设备状态信号传送给调度中心。这些设备状态可能是工作状态（运行/停机）、工作方式（自动/手动）、负载自动转换装置（ATS）开关状态、电压异常、水温高、油压低、超速、启动失败、蓄电池电压低、过载、油位低报警。掌握这些信息可以帮助工作人员随时了解机组运行状态，实时、准确地对机组故障做到迅速诊断和定位，并及时处理。这些位置状态、动作状态和运行状态都只取两个值，如开关位置只取"合"或"分"、设备状态只取"运行"或"停止"。因此，用一位二进制数即码字中的一个码元就可以传递一个遥信对象的状态。

3. 遥控

遥控即远程发出命令，它是从调度中心发出改变运行设备状态的命令。这些设备包括操作变电站各级电压回路的断路器、投切补偿电容器和电抗器，因此这种命令只取两种状态，如断路器的"合"或"分"命令。开关机、紧急停机、负载自动转换装置开关选择，目的是对机组远距离操作。遥测和遥信是变电站向调度室传送信息，遥控则是调度室向变电站端下达操作命令，直接干预供电系统的运行。所以，遥控要求有很高的可靠性。在遥控过程中，通常采用"返送校核"的方法，实现遥控命令的传送。在遥控过程中，调度室发往变电站 RTU 的命令有三种，即遥控选择命令、遥控执行命令和遥控撤销命令。遥控选择命令包括两个部分：一是选择的对象，用对象码指定对哪一个对象进行操作；另一个是遥控操作的性质，用操作性质码指示是合闸还是分闸。遥控执行命令指示 RTU 按接收到的选择命令，执行指定的开关操作。遥控撤销命令指示 RTU 撤销已下达的选择命令。

4. 遥调

遥调是监控后台向测控装置发布变压器分接头调节命令。一般认为遥调对可靠性的要求不如遥控高，所以遥调大多不进行返送校核。因此，变电站改造时需要确保监控后台上的主变挡位遥控对象号正确。

13.1.3 动态 PMU 及 WAMS 量测数据

电网广域监测系统采用同步相角测量技术，通过逐步布局全网关键测点的 PMU，实现对全网同步相角及电网主要数据的实时高速率采集，因此 WAMS 能够使调度人员实时监视到电网的动态过程。

WAMS 的数据可大致分为以下三类：

(1)电网正常运行时实时采集的动态相量数据，即 PMU 子站以 25～100Hz 实时上送的动态相量数据。

(2)电网发生扰动时的三态数据，包括来自能源管理系统(energy management system，EMS)的稳态数据、PMU 采集的基波动态向量数据、扰动过程中 PMU 记录的录波数据或来自故障管理信息系统的故障录波数据的暂态数据，其中波形瞬时值记录是电网动态过程的原始信息资源，可用作电力系统中期和长期动态过程异常现象分析，如低频振荡、振荡传播等，这类数据一般长时间存储。

(3)模型、统计及告警等，包括所有的静态数据，电网设备、参数、拓扑、图形、系统配置、告警和事件记录、历史统计信息等一切需要永久保存的数据。

实际的 WAMS 数据来源于分布在各个变电站和发电厂 PMU 的实际采集，记录的具体数据如表 13.1 所示。

表 13.1　WAMS 量测数据

序号	变电站记录的物理量举例	发电厂记录的物理量举例
1	A 相电压幅值/相角	A 相电压幅值/相角
2	B 相电压幅值/相角	B 相电压幅值/相角
3	C 相电压幅值/相角	C 相电压幅值/相角
4	A 相电流幅值/相角	A 相电流幅值/相角
5	B 相电流幅值/相角	B 相电流幅值/相角
6	C 相电流幅值/相角	C 相电流幅值/相角
7	正序流幅值/相角	正序流幅值/相角
8	有功功率	有功功率

序号	变电站记录的物理量举例	发电厂记录的物理量举例
9	无功功率	无功功率
10	频率变化率	频率变化率
11	NA	电气功角幅值/相角
12	NA	机械功角幅值/相角
13	NA	机组主励磁电流
14	NA	机组主励磁电压

WAMS 作为电网动态测量系统，其前置单元 PMU 能够以数百赫兹的速率采集电流、电压信息，通过计算获得测点的功率、相位、功角等信息，并以每秒几十帧的频率向主站发送。

电网动态数据系统是基于 PMU 采集的相量数据，该系统特点为采集频率较高(一般不低于 25 帧/s)、上送速度快且具有精确的全球定位系统(GPS)，主要包括电压、电流的三相幅值和相角。利用其进行在线故障诊断不仅实时性较好，同时由于其采样频率较高，在故障信息精细化分析方面略强于稳态数据，但是其布点不全，使得在故障监视范围内存在盲区。电网动态信息采用间隔带时钟方式上送，主站收集并存储的信息为同步断面数据，但相量采集装置只考虑基波，信息存在数据缺失和不准确问题。

13.1.4　暂态故障录波信息

电网暂态数据主要是通过故障录波器采集的电压、电流原始波形数据，采样频率很高，完整、详细地描述了电网故障全过程，可以对故障进行精细化分析，是故障分析最宝贵的数据源。但是故障录波数据上送速度较慢、稳定性较差，而且由于故障录波器型号差异、设备老旧等原因，调度中心侧难以实现对所有故障录波器接入，在故障监视范围内也存在盲点。

智能电网是覆盖发、输、变、配、用及调度等过程的全景实时电力系统。支撑系统得以准确、安全、实时及可靠运行的基础是电力系统多源异构大数据的快速采集、响应和分析。电力系统中存在大量数据记录装置，它们有专用型、非专用型之分，专用型数据记录装置根据系统运行状态，按照动态或暂态形式记录系统运行的轨迹，如故障录波器、PMU；非专用型数据记录装置具备一定的数据记录能力，能够断电存储或瞬时存储。

随着电网之间联系的加强，网架结构更加合理，输电能力得到有效提高，但恶劣天气、局部故障引起事故波及范围扩大的概率也大大提高。同时电网在发生故障时产生的信息量大大增加，客观上会增加电网运行人员判断事故性质、处理故障以及恢复供电所需的时间。

　　故障时会产生大量的波动数据，这些数据对分析故障和保证电力系统的稳定运行有着至关重要的作用，准确记录故障时的暂态数据，为分析故障原因和改进电力系统提供基础便尤为重要。目前主要依靠录波设备完成这一过程。

　　电力系统故障录波器是研究现代电网的基础，也是评价继电保护动作行为及分析设备故障性质和原因的重要依据，性能优良的故障录波器装置对保证电力系统安全运行及提高电能质量起到了重要的作用。电力系统故障录波器已成为电力系统记录动态过程必不可少的精密设备，其主要任务是记录系统大扰动如短路故障、系统振荡、频率崩溃、电压崩溃等发生后引起的系统电压、电流及其导出量的变化，其中系统有功功率、无功功率及系统频率的变化全过程尤为重要。

　　故障录波器通常称为电力系统的"黑匣子"，电力系统发生故障及振荡时，故障录波器通过判据启动后，立即开始自动准确地记录故障前和故障过程中的电压、电流、频率等各种电气量的变化情况，故障录波数据是分析处理事故和制定防治方案的重要依据。

　　在现今社会，人类对电力的需求量越来越大，电网规模也在不断扩大，电压等级越来越高，运行方式日趋复杂化，还有各地区的电网联系越来越紧密，故障录波装置所测得的实际数据，特别是在故障状态的数据，对故障的处理无疑具有重大的分析价值。录波数据不仅成为分析故障和评价保护动作的重要依据，而且还能为运行人员提供珍贵的现场资料，有助于明确电力系统运行规律。

　　同时，在系统发生故障时，会形成大量的数据，但在实际的分析过程中可能只需要其中的一小部分信息，许多涉及故障范围外的录波装置所记录的各种信息对故障的分析并没有直接的帮助。因此，故障录波装置就需要能对记录的信息进行分类、过滤，将混杂在一起的信息分离开来，并结合 PMU 采集到的线路的电压、电流、无功功率和频率等，对故障时的数据进行整体分析，保证保护动作的正确性，并直接实现实时在线测量线路中的电压、电流相量信息变化。

　　在电网全景感知录波系统中，录波数据不仅是分析电力系统运行行为以及不同设备动作行为的基础，也是事前验证、事中掌握、事后评价各种动态过程的基础。随着电力系统录波器的设计以及制造技术的不断发展与完善，经过多年的努力，国内使用的故障录波器已经由最初的电机型式、光电型式逐渐发展成为高精尖的数字型故障录波器。同时，在微机技术处理技术引入电力系统后，为了提高采集数据的速度与精度，各个厂家都开始使用数字信号处理器技术。因此，数字型故障录波装置的工作性能得到了极大的提高，其录波的准确度、内置存储容量大大增加，并能准确记录故障的发生时间，其数据的传输能力也得到了极大的提高。

当电力系统发生故障后，故障录波器将对故障前后的电气量进行记录，通常会以不同的采样频率分段进行，如图 13.1 所示，分为 A、B、C、D、E 五个时段，分别如下。

A 时段：电力系统大扰动发生前的电气数据，采集的是高速的瞬时原始波形，记录时长大于等于 0.04s。

B 时段：电力系统大扰动发生后初期的电气数据，采集的是高速的瞬时原始波形，可以输出每一个周波的有效值和直流分量值，记录时长大于等于 0.1s。

C 时段：电力系统大扰动发生后的中期电气数据，记录的是连续的工频有效值，记录时长大于等于 1.0s。

D 时段：电力系统动态过程的电气数据，每隔 0.1s 记录一个工频有效值，记录时长大于等于 20s。

E 时段：电力系统长过程的动态电气数据，每隔 1s 输出一个工频有效值，记录时长大于等于 10min。

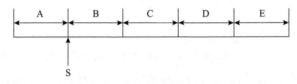

图 13.1　故障录波器录制时段

A、B、C 三个时段的采样数据对故障分析尤为重要，反映的是故障的暂态过程，所以这三个时段都以较高的采样频率来记录数据，其记录的时长应该大于 140ms，随后的 D、E 时段基本已经达到稳态，数据的分析价值不高，所以采样频率较低。

故障录波器被触发启动时，就如图 13.1 所示从 S 时刻开始按照 A、B、C、D、E 的顺序进行记录。如果在故障录波器已经启动记录的过程中再次检测到符合启动的条件，并且此刻处于 B 时段，那么从 t 时刻开始按照 B、C、D、E 的顺序进行记录，否则就要从 S 时刻开始按照 A、B、C、D、E 的顺序重复执行。

13.1.5　非实时电量信息

节能降损工作对国民经济有着非常重大的意义，为推行节能降损，需要监测分析所有电力设备的损耗情况，采集和计算所有电力设备的供售电量数据，从而提供可靠的数据源用于线损情况分析和深化应用。一般来说，为了采集供售电量数据，国家电网公司的各级调度部门及一些发电厂均建设有调度自动化系统、电量采集系统、线损管理系统等。

电量采集系统是集电表、电量数据采集端、通信协议、厂站系统于一体，融合了操作系统技术、数据库技术、网络传输技术、软件应用技术等多项技术，能够实现采集和计算电量数据、统计和分析监测电能损耗、对电能使用进行实时监控等功能的一个综合技术应用平台。

一般来说，电量采集系统主要功能包括数据采集功能分析、管理系统数据库的功能分析、自动计算、报表服务、系统管理分析、系统监视及其他功能。电量采集数据为非实时采集，一般采集时限为 5～15min。

13.2　多态多维信息数据分析

13.2.1　静态资产信息的特点分析

随着电网的飞速发展，电力系统由传统型逐渐向智能型转化。电网智能量测装置的升级及遍布使得电力大数据应用广泛，而静态资产信息作为变电站内一切设备的基础信息，时刻关系着电网的运行和状态估计。根据电网实时运行状态对电力系统装置进行参数估计，利用输电线路、变压器等物理等效模型和电力系统潮流计算与状态估计得到的电力系统节点运行量，便可以反推电力系统运行设备的实时参量，应用不同的电力系统潮流计算方式会影响电力系统参数估计的准确性。因此，可以利用电网的静态资产信息参数进行传统电力系统潮流计算和电网线路动态参数估计。

1. 传统电力系统潮流计算

对于传统电力系统潮流计算，其高级分析都利用电网静态的结构参数，假设电网静态结构参数矩阵为 α_0。静态参数矩阵的表达形式如下：

$$\alpha_0 = \begin{bmatrix} \alpha_{01} & \alpha_{02} & \cdots & \alpha_{0N} \end{bmatrix}^{\mathrm{T}} \tag{13.1}$$

矩阵元素代表变压器绕组铭牌电抗值，输电线路电抗、电阻、电纳等理论计算值，电力系统分析利用计算电网运行状态值、节点电压/电流、有功/无功、线路潮流等。假设 β_0 为电网运行值矩阵，则矩阵表达形式如下：

$$\beta_0 = \begin{bmatrix} \beta_{01} & \beta_{02} & \cdots & \beta_{0M} \end{bmatrix}^{\mathrm{T}} \tag{13.2}$$

静态结构参数矩阵可以通过电力系统某种函数运算求得，电网运行值矩阵如下：

$$\beta_0 = \varphi \alpha_0 \tag{13.3}$$

2. 电网线路动态参数估计

电力系统配电网呈辐射状分布，不构成环网，因此在分析配电网结构参数时，可单独将每根配电线路进行等值简化建模，对于长度小于 300km 的配电网输电线路，常用集中参数表示的 π 型等值模型来表示，如图 13.2 所示。其中，Z 为线路阻抗，$Z=R+\mathrm{j}X$，R 为电阻，X 为电抗；Y 为线路对地导纳，$Y=G+\mathrm{j}B$，G 为对地电导，B 为对地电纳。安装在配电网节点上的 SCADA 系统和 PMU 等量测装置的量测数据包括变电站上节点的电压向量以及相关支路的电流向量，根据电压、电流可以计算出各节点的注入功率。采用 π 型等值电路，在已知电力系统节点实时量测值下，可对输电线路的电阻 R、电抗 X、电纳 B 进行计算。

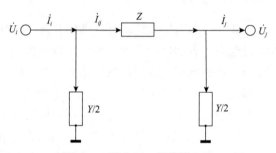

图 13.2　配电网 π 型等值电路

据图 13.2 中 π 型等值模型，由基尔霍夫电流定律和基尔霍夫电压定律可列写如下方程：

$$\dot{I}_i - \dot{U}_i\frac{Y}{2} = \dot{I}_j - \dot{U}_j\frac{Y}{2} \tag{13.4}$$

$$\dot{I}_{ij} = \dot{I}_i - \dot{U}_i\frac{Y}{2} \tag{13.5}$$

$$\dot{U}_i = \dot{U}_j - \dot{I}_{ij}Z \tag{13.6}$$

式中，电压向量及电流向量为实时量测值，通过代入整理可得配电网电阻、电抗、电纳实时计算公式如下：

$$Y = G + \mathrm{j}B = \frac{2\left(\dot{I}_i - \dot{I}_j\right)}{\dot{U}_i + \dot{U}_j} \tag{13.7}$$

$$Z = R + \mathrm{j}X = \frac{\dot{U}_i - \dot{U}_j}{\dot{I}_{ij}} = \frac{\left(\dot{U}_i - \dot{U}_j\right)\left(\dot{U}_i + \dot{U}_j\right)}{\dot{I}_i\dot{U}_j + \dot{I}_j\dot{U}_i} \tag{13.8}$$

利用式(13.7)和式(13.8)，在上述已知量测数据的情况下，便可计算出配电网输电线路的动态参数。动态参数的估计过程区别于静态参数估计，它采用量测值来反推线路的结构参数。

13.2.2　稳态四遥信息的特点分析

电网稳态数据基于远程终端单元采集，其特点为采集频率低、上送速度快、布点全，主要包括遥信变位、保护动作信号、事件顺序记录动作信号和厂站事故总信号等信息。利用其进行在线故障诊断具有实时性好、监视范围全面的优点，但其采集频率低的特点决定了它难以对故障进行精细化分析，只能得到故障的概要信息。电网稳态信息采用变化上送方式，信息传输和处理存在较长且不等的延时，主站所收集的电网稳态信息都为非同步断面数据。

虽然 WAMS 相比 SCADA 系统有诸多优点，但是由于技术和经济的限制，短时间内 WAMS 不可能完全取代 SCADA 系统，这两套量测系统将长期共存。就当今电力系统而言，PMU 配置数量较少，满足不了可观测性要求。充分利用 PMU 数据的优点，并与 SCADA 数据有效融合以提高状态估计精度是较为合理的解决方案。电网中的断面数据是指连接两地区之间的多条支路所形成的联络线簇数据。常规 SCADA 量测在加入 PMU 时标量测后，构成了混合量测系统，传统静态状态估计方法发展成为全过程动态状态估计方法，就能获得电网全过程数据断面。

当前电力系统信息传送主要采用循环式传送和问答式传送两种模式，常用问答式传送模式。在问答式传送模式下，主站控制所有的活动，而厂站只对询问要求应答。从主站辐射出多条通信回路，有些是点对点式的工作，更多的是共线式的，以半双工方式工作。在共线式通道上，主站发出请求和厂站回答这两者之间的时间多用于问答式传递方式的过程，而主站终端是独立的，非同步方式工作。工作时，主站依次向各厂站发出查询请求，厂站按照请求回应。当同一回路上有几个厂站时，依次接收回答信息。

根据不同的需要来确定查询周期，由于自动发电控制要实现闭环控制，周期较短，为 2～6s，10s 左右调度员就可以得到潮流量数值。有时各量测值并不是在同一周期内取得的，而是在数个采样周期内取得。显然周期越短，所取得的值同步性越好，但计算机的负担会越重。一般根据信息性质决定查询及响应时间长短。对于一般异常情况及报警，其响应时间一般为 2～3s。正常情况下，在几个周期内可以查询一遍所有信息。厂站内部扫描各个点的速度比主站查询周期快得多，所以响应时间主要由主站的查询周期决定。

量测时延与采用的通信协议及数据传输模式有关。循环式传送是 RTU 按一定的周期将采集到的量测信息传送到调度中心，该周期由量测量的重要性和电力系统的拓扑结构决定。重要的量测信息循环周期在 10s 以内，一般的量测信息传输循环周期在 20s 以内（RTU 传送的时间周期为 2～3s）。

问答式传送模式下量测终端将各种量测信息采样后存放在 RTU 的数据库中，调度中心根据需要向厂站端发送查询报文。

RTU 采集到的量测信息都存于控制中心 SCADA 系统后台数据库中，状态估计程序按照人为设定的周期从后台数据库中读取实时量测信息，用于状态估计。

量测量的时延定义为从量测采样到量测量被应用的时间段，主要包括从量测采样到量测在 RTU 中处理发送所需要的时间 Δt_1、通信时间 Δt_2、量测信息从到达 SCADA 系统到被应用的时间 Δt_3。

循环式传送模式下 Δt_1 主要与量测采样和发送处理时延时间 Δt_{1a} 相关，问答式传送模式下还要加上量测信息等待询问时间 Δt_{1b}，在 $[0, k]T_1$ 内服从均匀分布，T_1 为该量测量的扫描周期。

通信时间 Δt_2 与传输波特率及网络介质等有关，数量级为毫秒。Δt_3 服从 $[0, T_2]$ 上的均匀分布，其中 T_2 为 SCADA 系统后台数据库中最近更新的量测信息到状态估计取用的间隔时间，即该量测信息的更新时间。

在两种模式下，传输时延最小为

$$d_{\min} = \Delta t_1 + \Delta t_2 + \Delta t_3 \tag{13.9}$$

循环式传送模式下：

$$d_{\max} = d_{\min} + T_2 \tag{13.10}$$

问答式传送模式下：

$$d_{\max} = d_{\min} + kT_1 + T_2 \tag{13.11}$$

则可以近似认为量测时延 d 在 $[d_{\min}, d_{\max}]$ 服从均匀分布，其期望和方差分别为

$$E(d) = \frac{d_{\max} - d_{\min}}{2} \tag{13.12}$$

$$D(d) = \frac{(d_{\max} - d_{\min})^2}{12} \tag{13.13}$$

考虑量测时延后，量测误差除了一般考虑的正态分布的量测噪声 v，还应该考虑由量测时延造成的量测偏差 e_t。e_t 可以近似认为与被量测量的变化率 b 及时延 d 呈线性关系，即 $e_t = k_t bd$，其中 k_t 为修正系数，可以根据系统结构和传输特性绘制的特性曲线求得。在传输时延一定的条件下，负荷平稳时，e_t 很小，可以忽略；负荷变化较快，如负荷有较大的爬坡速率时，则必须考虑 e_t。

13.2.3　动态 PMU 及 WAMS 量测数据的特点分析

1. WAMS 量测特性

广域测量系统的测量信号有几十种，今后随着 WAMS 的发展还会更多，这些参数归纳起来有如下几种分类：

(1) 按照信号的变化频率可分为缓变信号和速变信号；

(2) 按照物理量的类型分为电量类信号及非电量类信号；

(3) 按照信号的性质，可分为模拟量、相量及开关量；

(4) 按照信号所属物理元件，可分为发电厂测量信号、变电站测量信号和直流输电系统测量信号。

广域量测系统中主站系统负责控制和管理 PMU，同时接收来自子站或其他主站的测量数据、事件标识以及实时记录文件等数据信息，并且对接收的 PMU 数据进行预处理，并存储在实时数据库及历史数据库中，供实时和离线分析应用。主站系统具有强大的计算功能，它具备实时频率特征分析、进行扰动识别、仿真曲线对比以及长期连续记录动态数据等应用功能。

主站系统通过局域网交换机与 SCADA/EMS 间互联。WAMS 主站系统能够从 SCADA/EMS 获得状态估计的数据，同时 SCADA/EMS 可以从 WAMS 主站系统获取电网动态监视数据。对于暂态信息和继电器保护动作，主站系统则从现有故障信息管理系统获取电网的暂态信息和继电保护动作信息。

按照监测区域分层分区的原则，WAMS 包括三级系统，即国调监测系统、区域电网监测系统和省级电网监测系统。WAMS 之间的信息交换是树状结构，数据通信方向为双向的，和 EMS 中单双工的方式不同。PMU 能够和与之相关的、不同级别的主站通信。不同的 WAMS 主站之间以及与子站之间能够相互通信，交换实时数据或历史数据等。可见在数据传输及分享利用方面，WAMS 充分利用了现代信息处理和通信技术，无论是数据的传输、采集还是共享等方面都比传统的 EMS 有了大大的提升。

2. 相量测量单元

广域量测系统是以 PMU 为动态记录分析和建模的系统。PMU 的研究起步于 20 世纪 80 年代的美国，之后凭借其良好的性能，全世界大多数国家和地区，如美国、欧洲以及中国等都在电力网络中安装了多台 PMU，建造广域量测系统，取得了良好的效果和应用前景。

PMU 主要原理是接收同步时钟源的时间信号，在测量值加上同步时间标记，并将其实时送到调度中心的数据集中。WAMS 主站系统则将 PMU 测量值折算到统一的时间坐标系内，得到电网的同步相量。PMU 具有连续记录功能，可以记录长达半个月的动态数据，也可以触发记录暂态数据，具有极好的采样、计算和存储能力。

如图 13.3 所示，PMU 安装分为集中式和分布式两种：量测量集中于单个集控室的厂站，使用集中式 PMU，与调度中心主站通信；分布式 PMU 用于量测点空间分布较为分散的厂站，如发电厂，通过数据集中器将各个 PMU 的数据整合集中，传送到主站。

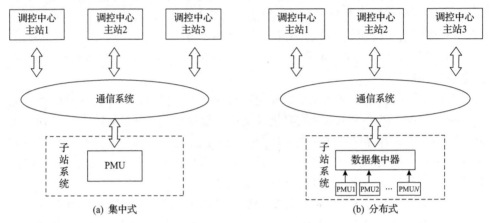

(a) 集中式   (b) 分布式

图 13.3　集中式和分布式 PMU 配置图

3. 同步相量测量原理

PMU 装置可利用内置的 GPS 接收模块接收卫星信号，产生标准同步时钟信号和同步采样脉冲；此外 PMU 装置具有守时电路，即使失去卫星信号仍能在较长时间内维持同步采样。

GPS 由空间卫星、地面测控站和用户设备三大部分组成，是美国于 1993 年全面建成并运行的新一代卫星导航、定位和授时系统。GPS 卫星分布在 6 条近似圆形的轨道上，每条轨道运行 4 颗卫星，在距地球大约 10000mi（1mi=1.61km）的高度上每 12h 绕地球运行一周，能够保证覆盖全球，全天候连续实时地向用户提供高精度位置、速度和时间信息。它是实用化的卫星导航和定位系统，在众多行业领域得到了广泛应用。

广域量测系统中主要是应用 GPS 的时间同步性来提高完善电力系统检测、采样和保护等基本功能。在地面测控站的监控下 GPS 传递的时间能与国际标准时间保持高度同步性，其提供的高精度时钟误差在 1μs 以内。因此，广域量测系统中各种装置的共同时间平台采用 GPS 实现不同区域设备的同步采样。

一般来说，广域量测系统中的 GPS 接收器是由接收模块和天线构成的民用定时接收器，能够在任意时刻同时接收其视野内多颗卫星的信号。PMU 内部软硬件设置能够保证对接收到的信号进行以秒计时的解码处理输出功能，得到精度达到 $1\mu s$ 的标准时间信号。以该信号为标准统一电网中运行的各时钟，则能够保证各个厂站时钟的高精度同步运行。与传统方法相比，这种时钟同步方式具有精度高、范围大、不需要通道联络、不受地理和气候条件限制等众多优点，是电网时间统一的理想方法。

13.2.4　暂态故障录波信息的特点分析

输电网是将发电厂、变电所或变电所之间连接起来的送电网络，主要承担输送电能的任务。根据输电电压的不同，输电网可以分为高压输电网（110～220kV）、超高压输电网（330～750kV）和特高压输电网（1000kV 及以上）。输电网是由输电设备和变电设备构成的。输电设备主要有输电线、杆塔、绝缘子串、空线路等。变电设备主要有变压器、电抗器、电容器、断路器、接地开关、避雷器、电压互感器、电流互感器以及电力保护、监视、控制、通信系统。电力系统运行中，输电网络的事故与异常主要可以划分为母线故障、输电线路故障、系统振荡、系统瓦解等，下面对这几类事故的现象进行简单介绍。

1. 母线故障

母线故障在电力系统的故障中所占比例不大，据资料统计，母线故障占系统所有线路故障的 6%～7%。但母线失压故障对整个系统影响较大，后果十分严重，因为所有送电线路将失去电源，造成大面积停电，使电力系统解列成几个部分。尤其是人为的误碰、误操作使母线保护误动作，大量的电源和线路被切除，造成巨大损失。电力系统的母线发生故障，尤其是重要变电站的母线上发生故障时，可能会造成系统潮流发生转移从而相关线路发生过载或者大面积用户停电，还可能引起系统严重的稳定事故，造成更为严重的停电事故。母线故障发生的主要原因有母线保护误动作、拒动或是母线发生真正的短路，以及出线故障引起的越级跳闸等。

2. 输电线路故障

随着国民经济的迅速增长，我国输电线路的建设步伐也在不断加快。220kV及以上输电线路作为省级电网的骨干电力网络，其输电线路的故障必然对电网带来冲击，威胁电网的安全稳定运行，严重影响用户的用电可靠性。然而，省级电网的 220kV 及以上架空输电线路总长度达数万千米，穿越野外恶劣环境地区，常常由于自然灾害、人为破坏等原因而导致跳闸。影响输电线路安全稳定运行的因素众多，通过对输电线路故障的统计与分析，找出输电线路跳闸的主要原因、诱发因素的时空分布规律，进而有针对性地开展输电线路跳闸防治工作具有十分重大的意义。在电力网络中输电线路的故障主要分为下几种情况。

1) 单相接地短路

单相接地是 10kV(35kV) 小电流接地系统单相接地，单相接地故障是配电系统最常见的故障，多发生在潮湿、多雨天气，由树障、配电线路上绝缘子单相击穿、单相断线及小动物危害等诸多因素引起。单相接地不仅影响了用户的正常供电，而且可能产生过电压，烧坏设备，甚至引起相间短路而扩大事故。单相接地短路故障是一种最为常见的电力系统故障，整个电力事故中发生概率在 65% 以上。发生单相接地故障时，如果系统是中性点直接接地运行方式，应该迅速隔离、切除相应的故障。如果系统是中性点不是接地或者是经过消弧线圈间接接地的运行方式，允许系统在发生接地故障时短时间内运行。应该快速查找出故障点位置，隔离或者直接修复相应的故障，使系统恢复正常运行。

2) 两相接地短路

一般两相接地短路故障在电力系统发生的概率不会超过 10%。在中性点直接接地的运行方式的系统中，两相接地短路故障通常发生在线路同一点上；对于中性点不是直接接地的运行方式的系统中，通常系统中是出现一点接地故障后，在系统中绝缘性较为薄弱的地方会因为系统中其他两相对地电压升高处被击穿，而形成第二个故障点，所以常常出现系统中有两点位置不同的故障。

3) 两相短路及三相短路

系统发生两相或者三相短路故障的概率一般比较低，不会超过整个电力系统故障事故的 5%，而且这种故障发生后对系统造成的影响最为严重，通常要求对这类故障能够快速地切除。

4) 断相

系统发生断相的概率一般比较低，大约是 1%。系统出现此类型的故障时，会发生非对称的运行，系统长期在这种情况下运行会对电力设备产生很大影响，应由运行调度人员手动断开其他非故障相的线路或者由相继电保护装置自动切除。当上述这类故障发生以后，如果处理不当可能会扩大故障区域，甚至演变为连锁大面积的停电事故。系统的故障也可能发生转移，由一种类型变为另一种类型，这类事故出现的概率也比较低。

3. 系统振荡

在电力系统正常运行时，所有发电机都以同步转速旋转，这时并列运行的各发电机之间相位没有相对变化，系统各发电机之间的电势差为常数，系统中各点电压和各回路的电流均不变。当电力系统由于某种原因(如短路、故障切除、电源的投入或切除等)受到干扰时，并列运行的各同步发电机间电势差、相角差将随时间变化，系统中各点电压和各回路电流也随时间变化，这种现象称为振荡。电力系统的振荡有同步振荡和异步振荡两种情况，能够保持同步而稳定运行的振荡称为同步振荡，导致失去同步而不能正常运行的振荡称为异步振荡。

比起单个元件单一性的故障，系统振荡对整个电力网络的影响更为严重，尤其是对输电网络的打击，出现系统瓦解的可能性也是很大的。系统发生振荡时，各主要的发电机和电力联络线上的某些母线节点的电压、电流、频率会发生不同程度的周期性变化。电力公司相关的规程规定系统同步振荡时，可用相对长一点的时间来消除系统中的振荡源。电力公司规定在处理系统的异步振荡时，系统发生超过 3min 异步振荡还不消除，就应该按照规定对系统进行解列操作。系统振荡产生的主要原因有：系统中发生事故特别是临近重负荷长输电线路的地方发生短路事故时，易引起稳定破坏而失去同步；大容量机组跳闸或失磁，使系统联络线负荷增大或使系统电压严重下降，造成联络线稳定极限降低，易引起稳定破坏等。

4. 系统瓦解

系统瓦解是指由于电力系统稳定性受到严重的破坏，使系统中电压、频率发生不可逆转的变化，严重偏离标准值，或者是由于自然灾害引起的重大电力事故，系统出现连锁反应，发生大面积的停电事故。系统瓦解对重要的电力用户会产生严重的影响，对电力公司也会有很大的经济损失。一般此类型的系统瓦解事故是由某一条重要输电线路或某一组大容量的变压器出现过负荷引起事故造成的连锁反应。为了防止电力事故的扩大，对于单个元件出现事故时，要求能够及时、迅速地处理。

在电网故障诊断中所提到的电网主要指输电网络，而输电网络承担着输送电力的重要任务，是发电厂与终端用户的纽带，是电力系统中的一个重要环节。在诊断故障过程中，不能仅依靠故障录波系统，现阶段广域测量系统广泛采用在电力系统监控上，保护都需要经过相应的 PMU。也正是每个 PMU 装置采集到的保护动作信息、断路器跳闸信息等开关量状态信息，以及线路的电压、电流、无功功率及频率等实时地送到调度中心。在输电线路的两端或者一端配置 PMU 设备，可以直接实现实时在线测量线路中的电压、电流相量信息变化。输电线路出现故障时，其电气量信息优先发生变化。

13.2.5　非实时电量信息的特点分析

非实时电量信息与其他四种信息有本质上的不同，相比于 SCADA、WAMS、故障录波器等秒级甚至毫秒级的量测信息，电量信息在国家电网的采集系统中一般为 5～15min 进行一次电能表的数据采集，称为非实时电量信息，具有一定的周期性规律。随着电表精细化工程的推进，海量的电量信息也不断接入电量采集系统中，电量采集系统常用的不平衡分析、线损计算等功能也常用来与 SCADA 系统的相故障信息进行相互验证。

13.3　多态多维信息修正

13.3.1　数据预处理

1. 刷新频率处理

静态资产信息是静态资产的固有属性，因此不存在上送频率，同时暂态录波信息多经 PMU 装置进行上送，故欲对实时信息进行处理需同步动态 WAMS 量测数据及稳态 SCADA 量测数据。由于技术的限制，目前 SCADA 数据的刷新频率为 0.1~5Hz，而 PMU 按 50Hz 或 100Hz 的刷新频率来传送数据。这将导致在 SCADA 更新 1 次的时间内，PMU 已更新多次。在一般的状态估计中，可以只采用有 SCADA 上传时刻的数据并和该时刻的 PMU 数据组成混合量测数据进行状态估计，但是这浪费了大量的 PMU 数据。若能填补 PMU 上传时刻的 SCADA 数据，形成多时间标尺的数据集，从而进行多时间尺度的状态估计，以最大限度地利用 PMU 数据的价值，则是较为理想的解决方案。若选取 SCADA 刷新频率为 1Hz，PMU 刷新频率为 20Hz，则这两种量测数据的更新周期关系如图 13.4 所示。

图 13.4　两种量测数据更新周期关系图

由图 13.4 可以看出，在 SCADA 更新周期 T 内，PMU 比 SCADA 多采集了 18 组数据。采用曲线拟合方法来填补 SCADA 数据空缺。曲线拟合是从 1 组离散的测量数据 (x_i, y_i) $(i=1, 2, \cdots, n)$ 出发，寻找变量 y 与 x 的函数关系式 $y=f(x)$。得到关系式 $y=f(x)$ 后即可得到任意 x 对应的 y 值。对于 1 条任意的曲线，如果分段处理，就都可以近似地用多项式拟合，其拟合结果能保证精确性。

2. 异常数据处理

1) 数据的水平处理

在进行数据分析时，将前后两个时间的负荷数据作为基准，设定待处理数据的最大变动范围，待处理数据超过这个范围就视为不良数据。采用平均值的方法使其变化平稳。

2）数据的垂直处理

负荷数据预处理时，认为冲击负荷具有数据集的周期性，即不同数据集同一时刻的负荷应具有相似性，同时刻的负荷值应维持在一定的范围内，对超出范围的不良数据修正如下：

$$\text{if} \quad |L(d,t) - L(t)| > \theta(t) \tag{13.14}$$

$$\text{then} \quad L(d,t) = \begin{cases} L(t) + \theta(t), & L(d,t) > L(t) \\ L(t) - \theta(t), & L(d,t) < L(t) \end{cases} \tag{13.15}$$

3）缺失数据的修补

若某一数据集中出现大量缺失或不良数据，则此数据集就可以认为是数据缺失。对于缺失数据的处理通常可以利用相邻几个数据集的正常数据进行补遗。不同的数据集类型的负荷数据差异较大，因此修补数据时一定要采用相同类型的数据做加权平均处理：

$$L(d,t) = \omega_1 L(d_1,t) + \omega_2 L(d_2,t) \tag{13.16}$$

式中，$L(d_i,t)$ $(i=1, 2)$ 为距离第 d 个分段最近的两个负荷值；ω_1 和 ω_2 为加权平均的权重。

13.3.2　数据修正

在对数据的修正过程中，对有功量测数据和无功量测数据建立量测方程如下：

$$\begin{bmatrix} Z_p \\ Z_q \end{bmatrix} = \begin{bmatrix} h_p(\theta,U) \\ h_q(\theta,U) \end{bmatrix} + \begin{bmatrix} v_p(\theta,U) \\ v_q(\theta,U) \end{bmatrix} \tag{13.17}$$

式中，Z_p 为有功量测数据；Z_q 为无功量测数据；$h_p(\theta,U)$ 和 $h_q(\theta,U)$ 分别为有功量测方程和无功量测方程；$v_p(\theta,U)$ 和 $v_q(\theta,U)$ 分别为有功量测误差和无功量测误差；θ 为母线电压角度；U 为母线电压幅值。

建立有功目标函数 J_p 和无功目标函数 J_q 如下：

$$J_p(\theta,U) = \left(Z_p - h_p(\theta,U) \right)^{\mathrm{T}} R_p^{-1} \left(Z_p - h_p(\theta,U) \right) \tag{13.18}$$

$$J_q(\theta,U) = \left(Z_q - h_q(\theta,U) \right)^{\mathrm{T}} R_q^{-1} \left(Z_q - h_q(\theta,U) \right) \tag{13.19}$$

对于给定量测数据 Z_p 和 Z_q，状态变量 θ 和 U 就是使目标函数 $J_p(\theta,U)$ 和

$J_q(\theta,U)$ 为最小的 θ 和 U 值。线性化处理后，得到基本加权最小二乘的 PQ 解耦状态估计迭代修正公式：

$$\Delta\theta = \left(H_p^\mathrm{T} R_p^{-1} H_p\right)^{-1} H_p^\mathrm{T} R_p^{-1} \left(Z_p - h_p(\theta,U)\right) \tag{13.20}$$

或

$$\Delta\theta = \left(H_q^\mathrm{T} R_q^{-1} H_q\right)^{-1} H_q^\mathrm{T} R_q^{-1} \left(Z_q - h_q(\theta,U)\right) \tag{13.21}$$

式中，H_p 和 H_q 为常数矩阵。

线性化后的量测方程表示为

$$\begin{bmatrix} Z_p \\ Z_q \end{bmatrix} = \begin{bmatrix} H_p\theta \\ H_q U \end{bmatrix} + \begin{bmatrix} v_p(\theta,U) \\ v_q(\theta,U) \end{bmatrix} \tag{13.22}$$

在常规状态估计中，改写有延时的量测方程，利用连续两个时刻采集变化对有时差的测点进行补偿，将量测方程写为

$$\begin{bmatrix} Z_p + \varphi_p P_\Delta \\ Z_q + \varphi_q Q_\Delta \end{bmatrix} = \begin{bmatrix} h_p(\theta,U) \\ h_q(\theta,U) \end{bmatrix} + \begin{bmatrix} v_p(\theta,U) \\ v_q(\theta,U) \end{bmatrix} \tag{13.23}$$

式中，P_Δ 和 Q_Δ 为有功和无功(电压)测点采集量变化；φ_p 和 φ_q 为由时差补偿因子 φ_i 构成的对角阵：

$$\varphi_i = \frac{\Delta T_i}{\Delta T_o} \tag{13.24}$$

式中，ΔT_o 为两个连续断面的时间间隔；ΔT_i 为某测点相对于两侧时间需要补偿的时差。

引入补偿因子后对连续采集量测数据的时间间隔没有统一要求，有延时量测可采用最新采集数据，同时不需要准确知道量测数据的实际时差，减小了量测一致性求解复杂度。考虑到设备有功与无功量测具有相同的时差，可用同样的时差补偿因子。

对式(13.24)进行处理，可得到加权最小二乘补偿状态迭代公式为

$$\begin{bmatrix} \Delta\theta \\ \Delta\varphi_p \end{bmatrix} = \left(N_p^\mathrm{T} R_p^{-1} N_p\right)^{-1} N_p^\mathrm{T} R_p^{-1} \left(Z_p - h_p(\theta,U) + \varphi_p P_\Delta\right) \tag{13.25}$$

$$\begin{bmatrix} \Delta U \\ \Delta\varphi_q \end{bmatrix} = \left(N_q^\mathrm{T} R_q^{-1} N_q\right)^{-1} N_q^\mathrm{T} R_q^{-1} \left(Z_q - h_q(\theta,U) + \varphi_q Q_\Delta\right) \tag{13.26}$$

式中，$\Delta\theta$ 和 ΔU 为节点电压角度和幅值迭代修正量；$\Delta\varphi_p$ 和 $\Delta\varphi_q$ 分别为有功、无功补偿因子迭代修正量；N_p 和 N_q 分别为有功、无功量测增广矩阵；$N_p = \left[H_p \big| E_p \right]$，$N_q = \left[H_q \big| E_q \right]$，$E_p$ 和 E_q 为 $m \times c$ 矩阵，m 为有功（或无功）量测数据个数，c 为引入时差补偿因子个数，且每行最多只有一个元素，其值为 $-P_\Delta$（或 $-Q_\Delta$）。

13.4 多态多维信息互校验技术

13.4.1 静态、稳态、动态、暂态的混合校验技术

1. 混合量测数据匹配问题

混合量测数据，包括静态线路参数、稳态 SCADA 量测数据、动态 WAMS 量测数据及暂态故障录波信息，所有量测数据可从设备两端的 RTU、PMU、故障录波器获得，由于暂态故障录波信息可以经 PMU 装置上传至 WAMS，因此统称 WAMS 量测。由于 SCADA 系统和 WAMS 采用的是不同的技术平台，两种测量数据存在很多差异，不经过处理即将二者结合为混合测量数据为状态估计服务，会出现一系列的数据兼容问题，导致引入的 WAMS 量测不但不能发挥其最大作用，甚至还会降低传统状态估计的性能，因此需要对混合测量状态估计的数据兼容问题加以重视。

应用的 WAMS 和 SCADA 数据主要有以下四种差异：①数据成分不同；②数据刷新频率不同；③数据传输延时不同；④数据的精度不同。数据成分差异决定了 WAMS/SCADA 混合测量状态估计数据结合方法的不同，其他三种差异决定了混合测量数据的兼容性。SCADA 系统和 WAMS 采集数据在状态估计使用前需要考虑两者的匹配问题，主要包括时间的匹配和相角的匹配。

2. 混合量测相角匹配问题

PMU 量测值包括电压相角、电压幅值、电流相角、电流幅值、有功功率和无功功率，部分与 SCADA 系统数据重复。由于历史、资金等问题，有些电网实际配置 PMU 不能对整个电网实现全网动态观测。SCADA 和 PMU 还将在未来一段时间内共同存在。若想利用好混合量测数据，则必须考虑两个系统数据在相角上的差异问题。

SCADA 系统与 PMU 系统量测数据在参考点选取上存在差异。在 SCADA 量测中不能直接量测相角，在进行状态估计时，一般指定某一节点作为参考点，令其电压相角为零。估计后得到的其余节点相角即该节点与参考点的相角差。而 PMU 量测的是对应节点电压及支路电流的相角量测，其相角量测值为量测点与全

球定位系统参考点之间的相角差。

若要在状态估计计算中使用 PMU 的相角量测，就必须首先对 PMU 相角量测进行一定的转换，使量测的相对于 GPS 参考点的相角差转换为相对于状态估计指定参考点的相角差。

可以按照下面原理进行调整。首先应得到不同参考点之间的相角差，然后据此来修正所有 PMU 相角量测值。如图 13.5 所示，对于母线 i，在 SCADA 状态估计中，其电压相角为 θ_i，而 PMU 量测的角度值为 δ_i，则有

$$\theta_i = \delta_i + \phi \tag{13.27}$$

那么，参考点的相角差为

$$\phi = \theta_i - \delta_i \tag{13.28}$$

显然，如果用 m 个母线的状态估计电压相角值与 PMU 电压相角量测值之差的平均值，可以得到一个较好的参考点相角差：

$$\phi = \sum_{i=1}^{m} \frac{\theta_i - \delta_i}{m} \tag{13.29}$$

但是上述方法需要预先将 SCADA 量测数据计算一次状态估计，并根据状态估计的结果来估计参考点相角差。考虑到参考点相角差是随时间改变的函数，进行参考点相角差估计十分麻烦，在工程上不实用。

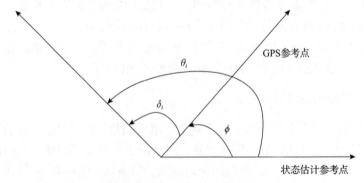

图 13.5   PMU 和 SCADA 状态估计参考相角关系示意图

有文献采用的方法是，指定安装了 PMU 的某一节点为 SCADA 状态估计的参考点。由参考点的相角差可直接得到：

$$\phi = 0 - \delta_{\text{slack}} = -\delta_{\text{slack}} \tag{13.30}$$

根据参考点相角差可以对所有 PMU 相角量测值进行修正，使其参考点由 GPS

参考点变为状态估计参考点,这样就不需要先进行传统状态估计计算以确定参考点相角差。若有 m 个 PMU 相角量测值,则每个 PMU 相角量测值修正为

$$\delta'_k = \delta_k + \phi, \quad k = 1, 2, \cdots, m \tag{13.31}$$

上述方法适用在 PMU 配置不多的电力系统中。而目前电力系统大多安装的 PMU 数量较多,基本上可以保证总有 PMU 安装在传统状态估计参考点的节点上,这样两者的参考点相同,避免了二次转换,应用方便。

3. 混合量测时间匹配问题

同样,混合量测数据必须考虑时间匹配问题。SCADA 和 PMU 数据在采样间隔长短和数据一致性方面有很大的不同,前者采样间隔为 3～5s,数据一致性较差,后者采样间隔为 5～30ms,数据一致性很好。而且 PMU 所采集的数据具有精确的时间标识,标明采集数据的时间。相反,SACDA 装置的量测数据则不带时间标记,无法确定采集数据的时间。因此,需要考虑数据在时间上与 PMU 数据的匹配问题。

SACDA 量测量在时间上存在与数据采集的不匹配问题,它们之间存在时延现象,这种时延主要由系统的硬件设备固有的属性,如数据的发送、传输、接收、存储等造成的,特别是在传输和存储两个环节上更容易产生时延。时延特性也导致了不同 RTU 量测数据到达调度中心的时间不一致,而 PMU 同步性好,这样就导致了某时刻测量的 PMU 数据整齐地到达调度中心,而同一时刻的 SCADA 数据却是陆续到来。换句话说,同一时间断面上的 PMU 数据容易获得,而 SCADA 数据则必须放宽获取时间窗口,以使得到的数据在同一时间断面上的概率较大。

对此混合量测采用静态状态估计算法时,考虑到当前相角量测的精度及稳态时相角量测变化很小这一特点,一是采用动态调整 SCADA 量测数据权重来克服同步性差的问题,或者采用时延统计特性修正 SCADA 量测值达到消除时间差异性的影响。

4. 基于量测数据的三态参数校验方法

参数辨识是控制理论的重要分支,其原理是根据量测数据来确定系统的模型参数,在电力系统、生物医学系统、环境系统、经济系统等中获得了广泛应用。简而言之,参数辨识为利用模型的输入数据、输出数据,经过不断地调整优化后,得到最符合量测数据及系统特征的数学模型,参数辨识的基本原理如图 13.6 所示。

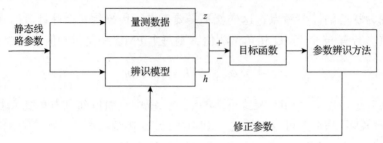

图 13.6　参数辨识示意图

输电线路参数辨识的过程为：在给定线路参数初值作用下，量测数据为 z，电网实际模型输出量为 h，两者之差为残差 ε，经过估计算法不断调整优化模型结果和参数，使得模型结果接近量测实际结果，即目标函数值最小，此时得到的结果最优。综上分析，该线路的参数辨识模型及输入该模型中的量测数据共同决定了辨识参数的可靠性和精确性。

量测数据可从线路两端的 RTU、PMU、故障录波器获得，在量测数据的基础上，为了解决线路参数不精确或者错误问题，获得更可靠的线路参数，众多的专家学者相继提出了各种参数辨识方法。基于故障录波数据的参数辨识方法在线路换位、不换位条件下都适用，线路模型为考虑到三相互感 π 型等值电路。该方法首先建立参数辨识模型，即建立微分方程组，方程个数为录波数据长度，再应用基于最小二乘或人工智能技术的参数优化算法求解线路参数，这种方法往往仅对单相故障有效，而且仅能精确辨识故障相的电阻和电感参数，无法精确辨识其他相参数及三相互感参数。为解决这一问题，建立曲线拟合模型，利用曲线拟合技术，通过拟合录波序列求得录波时间序列的精确导数，能够大大提高时域方法的辨识精度，能精确辨识三相互感参数，但时域方法的参数辨识精度受录波数据拟合效果的影响。最常用的拟合技术为 Prony 方法，但该算法对噪声信号敏感，容易出现数据曲线过度拟合情况，影响辨识精度。

理论上，应用准确的量测数据对线路参数进行辨识，便能够得到非常准确的线路参数。但在实际电力系统中，这些方法的辨识性能与系统特性、负荷状况、线路几何关系、系统动态、量测数据的精度等密切相关。应用 SCADA/WAMS 量测数据对线路参数进行辨识，当量测数据精度较低，或者存在不良数据时，都会影响参数辨识算法的收敛性，甚至获得偏差非常大的辨识参数。

5. 多维多态数据对电网参数大误差校验方法

1) 暂态数据的处理分析与优化

这里以傅里叶算法为例，对暂态数据进行分析和优化，并根据得到的数据消除系统误差改进系统参数。

利用全波 DFT(离散傅里叶变换)计算故障后的第 m 次采样的 k 次谐波分量为

$$I_k^{\text{DFT}}(m) = \frac{2}{N} \sum_{n=m-N+1}^{m} i[n]\text{e}^{-\text{j}\frac{2\pi}{N}nk} = I_k(m) + I_k^{\text{dc}}(m) \tag{13.32}$$

式中，$I_k(m) = A_1\text{e}^{\text{j}\varphi_k}$。

以基波分量的求解计算为例，即 $(k = 1)$，有

$$I_1^{\text{DFT}}(m) = \frac{2}{N} \sum_{n=m-N+1}^{m} i[n]\text{e}^{-\text{j}\frac{2\pi}{N}n} = I_1(m) + I_1^{\text{dc}}(m) \tag{13.33}$$

式中，$I_1(m) = A_1\text{e}^{\text{j}\varphi_1}$。

在以上计算中，可以明显发现电流信号在经过 DFT 计算后不仅有周期分量，还有一个 $I_1^{\text{dc}}(m)$ 的误差。而这一部分正是要消去的非周期分量，$I_1^{\text{dc}}(m)$ 会严重影响短路电流的幅值，进而影响保护装置对短路情况的判断。进一步分析 $I_1^{\text{dc}}(m)$：

$$\begin{aligned}
I_1^{\text{dc}}(m) &= \frac{2}{N} \sum_{n=m-N+1}^{m} A_0\text{e}^{-n\Delta t/\tau}\text{e}^{-\text{j}\frac{2\pi}{N}n} \\
&= \frac{2}{N} A_0 \sum_{n=m-N+1}^{m} E^n\text{e}^{-\text{j}\frac{2\pi}{N}n}
\end{aligned} \tag{13.34}$$

式中，$E = \text{e}^{-\Delta t/\tau}$。

根据以上计算，要在改进的部分消去 $I_1^{\text{dc}}(m)$，采用采样的方法，依次消去直流分量，并最终将其值控制在很小的波动范围，使其对短路电流的干扰降到最小。

根据采集的暂态数据对以上数据进行误差处理和优化。

由前面的计算公式可以看出，只有消去 $I_1^{\text{dc}}(m)$，才能得到需要的精确的 $I_1(m)$。

如前所述，第 m 次采样为

$$I_1^{\text{DFT}}(m) = \frac{2}{N} \sum_{n=m-N+1}^{m} i[n]\text{e}^{-\text{j}\frac{2\pi}{N}n} = I_1(m) + I_1^{\text{dc}}(m) \tag{13.35}$$

则第 $m+1$ 次采样为

$$\begin{aligned}
I_1^{\text{DFT}}(m+1) &= \frac{2}{N} \sum_{n=m-N+2}^{m+1} i[n]\text{e}^{-\text{j}\frac{2\pi}{N}n} \\
&= I_1^{\text{dc}}(m+1) + I_1(m+1)
\end{aligned} \tag{13.36}$$

式中

$$I_1^{dc}(m+1) = \frac{2}{N} \sum_{n=m-N+2}^{m+1} A_0 e^{-n\Delta t/\tau} e^{-j\frac{2\pi}{N}n}$$

$$= \frac{2}{N} A_0 \sum_{n=m-N+2}^{m+1} E^n e^{-j\frac{2\pi}{N}n} \tag{13.37}$$

在对传统的傅里叶全波等算法进行分析后，可得到以下处理公式：

$$I_1^{DFT}(m+1) - I_1^{DFT}(m) = \frac{2}{N} \sum_{n=m-N+1}^{m} i[n] e^{-j\frac{2\pi}{N}n} - \frac{2}{N} \sum_{n=m-N+2}^{m+1} i[n] e^{-j\frac{2\pi}{N}n}$$

$$= i[m+1] e^{-j\frac{2\pi}{N}(m+1)} - i[m-N+1] e^{-j\frac{2\pi}{N}(m-N+1)} \tag{13.38}$$

进而得

$$I_1^{DFT}(m+1) = I_1^{DFT}(m) - i[m+1] e^{-j\frac{2\pi}{N}(m+1)} - i[m-N+1] e^{-j\frac{2\pi}{N}(m-N+1)} \tag{13.39}$$

由于 $e^{-j\frac{2\pi}{N}(m-N+1)} = e^{-j\frac{2\pi}{N}(m+1)}$，可得 DFT 的递推公式，使后一次的计算可以利用前一次的结果：

$$I_1^{DFT}(m+1) = I_1^{DFT}(m) + \frac{2}{N}(i[m+1] - i[m-N+1]) e^{-j\frac{2\pi}{N}(m+1)} \tag{13.40}$$

$$I_1^{DFT}(m+2) = I_1^{DFT}(m+1) + \frac{2}{N}(i[m+2] - i[m-N+2]) e^{-j\frac{2\pi}{N}(m+2)} \tag{13.41}$$

又根据传统傅里叶算法可以得到衰减直流分量误差的递推关系：

$$\frac{I_1^{dc}(m+1)}{I_1^{dc}(m)} = E e^{-j\frac{2\pi}{N}} \tag{13.42}$$

第 $m+2$ 次采样的 DFT 结果为

$$I_1^{DFT}(m+2) = I_1(m+2) + I_1^{dc}(m+2) \tag{13.43}$$

式中，$I_1(m+2) = A_1 e^{j\varphi_1}$ 为基波分量；

$$I_1^{\text{dc}}(m+2) = \frac{2}{N} \sum_{n=m-N+3}^{m+2} A_0 e^{-n\Delta t/\tau} e^{-j\frac{2\pi}{N}n}$$

$$= \frac{2}{N} A_0 \sum_{n=m-N+3}^{m+2} E^n e^{-j\frac{2\pi}{N}n} \tag{13.44}$$

这部分表示误差分量。

根据傅里叶算法可以得到

$$\Delta I_1^{\text{dc}} = I_1^{\text{dc}}(m+2) - I_1^{\text{dc}}(m) = I_1^{\text{DFT}}(m+2) - I_1^{\text{DFT}}(m) \tag{13.45}$$

可以推导出 ΔI_1^{dc} ：

$$\frac{N}{2A_0} \Delta I_1^{\text{dc}} = \frac{N}{2A_0} I_1^{\text{dc}}(m+2) - \frac{N}{2A_0} I_1^{\text{dc}}(m)$$

$$= E^{m+2} e^{-j\frac{2\pi}{N}(m+2)} + E^{m+1} e^{-j\frac{2\pi}{N}(m+1)} - E^{m-N+1} e^{-j\frac{2\pi}{N}(m-N+1)} - E^{m-N+2} e^{-j\frac{2\pi}{N}(m-N+2)}$$

$$= E^{m+2} e^{-j\frac{2\pi}{N}(m+2)} - E^{m-N+2} e^{-j\frac{2\pi}{N}(m+2)} + E^{m+1} e^{-j\frac{2\pi}{N}(m+1)} - E^{m-N+1} e^{-j\frac{2\pi}{N}(m+1)}$$

$$= E^{m+1} e^{-j\frac{2\pi}{N}(m+1)} (1 - E^{-N}) \left(E e^{-j\frac{2\pi}{N}} + 1 \right)$$

$$= E^{m+1} e^{-j\frac{2\pi}{N}(m+1)} (1 - E^{-N}) \left(e^{-j\frac{2\pi}{N}(m+1)} + E e^{-j\frac{2\pi}{N}(m+2)} \right) \tag{13.46}$$

显然，可以看出这个结果是个复数，它的实部与虚部的比值 M 为

$$M = -\frac{\cos\dfrac{2\pi(m+1)}{N} + E\cos\dfrac{2\pi(m+2)}{N}}{\sin\dfrac{2\pi(m+1)}{N} + E\sin\dfrac{2\pi(m+2)}{N}} \tag{13.47}$$

于是可以推出

$$E = -\frac{\cos\dfrac{2\pi(m+1)}{N} + \sin\dfrac{2\pi(m+1)}{N} M}{\cos\dfrac{2\pi(m+2)}{N} + \sin\dfrac{2\pi(m+2)}{N} M} \tag{13.48}$$

傅里叶算法中针对直流分量部分处理可以得到

$$I_1^{dc}(m) = \frac{I_1^{dc}(m+1) - I_1^{dc}(m)}{Ee^{-j\frac{2\pi}{N}}} = \frac{I_1^{DFT}(m+1) - I_1^{DFT}(m)}{Ee^{-j\frac{2\pi}{N}} - 1} \tag{13.49}$$

可以根据以上数据得出第 m 采样点精确的基波向量：

$$I_1(m) = I_1^{DFT}(m) - I_1^{dc}(m) \tag{13.50}$$

根据以上对暂态数据的处理可以消去非周期的衰减直流分量部分，计算出能正确反映短路情况的周期分量部分。其计算出的数据明显具有更高的可靠性，误差也明显减小。根据以上数据结合 PMU 测得的数据，对系统的运行状态进行估计和改正，消除出现的误差，改进系统线路和相应设备的参数。

2) 测量数据与暂态故障数据的校验分析

现状分析虽然目前绝大多数调度中心都已实现了多态数据的采集，但数据不稳定、可靠性有待提高是共性问题，也是导致在线故障诊断实用化程度一直不高的最关键因素之一。以往专家和学者提出了各种故障诊断算法，其正确性前提均是数据可靠性高，但是在实际电网运行环境中，运行效果不甚理想，因为电网实际故障时的数据与理想情况下的数据是有差别的，主要原因如下：

(1) 数据本身不可靠，主要体现在电网故障时存在数据丢失、上送速度慢以及电网正常运行时存在误遥信等情况。

(2) 接入方式对数据可靠性的影响，最为典型的是保护动作信号的接入。

因此，在线故障诊断在算法设计过程中需要充分考虑电网数据现状，综合运用调度端的多源信息进行分析，以减小数据可靠性不高对在线故障诊断正确率的影响。

解决在线故障诊断正确率低的方法之一是综合利用调度端的各类数据，深度挖掘短路故障的特征信息，利用信息的冗余度，实现信息的校验与补充，提高在线故障诊断的正确率。

新厂站或新设备投运后开关、保护联动实验的遥信变位和开关节点抖动、通信异常等引起的误遥信是造成电网在线故障诊断经常出现误判的两个重要因素。解决上述问题的根本途径是引入电气量信息，作为状态量故障判断的校验。由电网故障机理分析可知，电网故障时电压突然降低、电流突然增大，利用 SCADA 及 PMU 实测的三相电压、电流数据，采用模式匹配的方法，其计算公式如下：

$$\Delta U = U_\varphi - U_{\varphi|0|} \tag{13.51}$$

$$\Delta I = I_\varphi - I_{\varphi|0|} \tag{13.52}$$

式中，ΔU 为故障时电压突变量；U_φ 为故障后电压相量幅值；$U_{\varphi|0|}$ 为故障前电压

相量幅值；ΔI 为故障时电流突变量；I_φ 为故障后电流相量幅值；$I_{\varphi|0|}$ 为故障前电流相量幅值。

当电压、电流突变量满足设定的限值时，即可认为电网发生短路扰动。将该信息作为上述状态量判断的校验，可克服由此造成的故障误判弊端。

同时从数据源的特性出发，稳态和动态数据在故障后秒级时间范围内即可上送调度中心，利用其可以得到故障辨识阶段的所有信息。暂态数据在故障后数分钟内可以上送调度中心，利用其可以得到故障处理阶段的所有信息。因此，综合利用稳态、动态和暂态数据进行分析即可满足调度事故处理实时性和全面性的要求。同时可以利用暂态数据对系统和设备的参数进行校验，以达到更高的准确度。

在以上对大量数据处理分析之后，将暂态数据与稳态数据结合，综合分析故障时出现的冲击电流、过电压、频率振荡以及高频谐波等数据对电气设备的影响，同时结合稳态数据，对电气设备的参数进行校验，使电气设备的参数在满足正常运行的前提下，在故障时能够承受突然出现的大电流、高电压、高次谐波和大功率的冲击，保证设备具有足够的安全裕量，使系统能够安全稳定运行。这就要求综合处理后的数据，对设备的额定电压、额定电流、额定容量以及相应的最大承受电压、电流、容量等参数进行准确校验。同时，针对变压器等含有大绕组的设备，需要考虑到绕组的漏电感参数、线圈阻抗等。

3）基于多态数据的电网等值模型参数辨识策略

电网等值模型通常分为静态等值模型、暂态等值模型和动态等值模型。静态等值模型能准确表征等值网络端口电量稳态特性；暂态等值模型能准确表征等值网络端口电量暂态特性；动态等值模型则能完全表征等值网络动态特性。针对不同的电网技术应用，需采用不同的等值模型。

电网等值模型的准确性取决于模型参数辨识方法的有效性，现有参数辨识方法辨识过程复杂，所需采集信息量大，辨识效率不高，难以实时跟踪等值模型参数变化。基于电网中高电压、大电流背景下，出现概率最大的负荷的投切、断路器的开断闭合等系列系统内部结构变化，从端口观察，这些变化造成断口处电压电流发生相对较小的变化，其中电压变化在几百伏到几千伏之间，这些可归类为满足电网约束的小幅变化。获取一个电网运行状况下的暂态电压电流故障分量数据，利用暂态信号的丰富信息，在一个电网运行状况下独自完成电网等值参数辨识，可实现实时的电网等值。利用一个电网正常运行状况下的暂态电压电流故障分量进行电网等值模型参数辨识需要面对以下两个难题：

（1）微弱暂态电压电流故障分量信号的提取。在电网正常运行的微小扰动情况下，测量点的电量变化是微弱的，对于一个超高压系统，其电压暂态变化量一般在几百上千伏范围内波动。按目前 0.2 级的电压互感器考虑，电压稳态背景设为 500kV，则从电压互感器二次侧获取的电压已不能清晰反映电压的暂态变化量。

在采用更高精度等级的电压互感器后，即使微弱的电压暂态变化量都可由互感器二次侧反映，要从强稳态背景下提取微弱暂态电压电流故障分量信号也是相当困难的技术。

(2)基于暂态电压电流故障分量的电网等值模型参数辨识。若电网微弱暂态电压电流故障分量信号已可提取，利用一个电网运行状况下的暂态电压电流故障分量进行电网等值模型参数辨识也是困难的。在利用端口暂态电压电流故障分量信号辨识与之匹配的电路网络参数时，一些电路网络参数也无法辨识。而且，由于机电暂态下的电网动态等值模型与电磁暂态下的电网暂态等值模型之间存在差异，不能直接基于暂态电压电流故障分量信号对电网动态等值模型参数进行辨识。若再考虑等值模型参数的非线性，由于非线性参数是随着相关电量大小变化的，将会使得参数辨识变得更为困难。因此，探究如何解决上述问题是基于暂态电压电流故障分量信号辨识电网等值模型参数的关键。

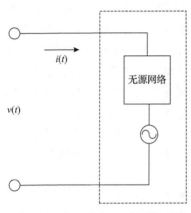

图 13.7　电网等值模型基本结构

电网等值模型基本结构如图 13.7 所示，戴维南等值模型中无源网络为简单 RL 串联电路，电磁暂态等值模型中无源网络为复杂电路网络。

在单输入量 $v(t)$ 和单输出量 $i(t)$ 的情况下，电网等值模型的暂态特性可以用 K 阶微分方程表示：

$$\sum_{k=0}^{K} a_k \Delta v^{(k)}(t) = \sum_{k=0}^{K} b_k \Delta i^{(k)}(t) \tag{13.53}$$

式中，$\Delta v(t)$ 和 $\Delta i(t)$ 为等值网络端口暂态电压和电流故障分量信号，$\Delta v^{(k)}(t)$ 和 $\Delta i^{(k)}(t)$ 分别为暂态电压电流故障分量的 k 阶导数。微分方程的阶次 K 和系数 a_k、$b_k (k = 0, 1, 2, \cdots, K)$ 决定了系统的暂态特性。式 (13.53) 所示微分方程约束于电网等值模型的无源部分，辨识模型可求取无源网络参数，进而可根据网络电压约束关系确定等值电动势值。

基于暂态电压电流故障分量信号辨识电网静态等值模型、暂态等值模型和动态等值模型会面临上述问题，因此不能直接基于上述微分方程辨识各类等值模型参数，需要做相应改进才可适用于各类电网等值模型。本节主要针对各类等值模型，提出基于暂态电压电流故障分量辨识等值模型参数的基本步骤和关键技术问题，将在下面章节中针对具体研究对象重点研究如何解决所述关键技术问题。

4)电网静态等值模型参数辨识

电力系统暂态过程中，可采用如前所示 K 阶微分方程表征等值网络端口电压电流故障分量的暂态特性。基于等值网络微分方程模型可以准确表征网络的暂态特性，若在暂态过程中等值网络内部不发生扰动，则当系统运行至稳态时所建微分方程仍然能够准确表征等值网络的稳态特性。因此，针对不同的静态等值模型，希望能够在稳态状态下建立微分方程线性系数与电网静态等值模型参数的关联表达式，求取静态等值模型参数，具体研究步骤如下：

(1)在电网端口测量点获取微弱暂态电压和电流故障分量信号 $\Delta v(t)$ 和 $\Delta i(t)$；

(2)建立与端口暂态电压电流故障分量信号匹配的高阶微分方程

$$\sum_{k=0}^{K} a_k \Delta v^{(k)}(t) = \sum_{k=0}^{K} b_k \Delta i^{(k)}(t) ;$$

(3)利用端口暂态电压电流故障分量信号求解与之匹配的微分方程线性系数 a_k、$b_k(k=0,1,2,\cdots,K)$；

(4)在稳态状态下建立微分方程线性系数与电网静态等值模型参数的关联表达式；

(5)依据关联表达式求出电网静态等值模型参数。

以上研究步骤中，在稳态状态下建立微分方程线性系数与电网静态等值模型参数的关联表达式是最重要的步骤，也是研究的关键科学问题。

5)电网暂态等值模型参数辨识

建立与端口暂态电压电流信号匹配的高阶微分方程后，构建与高阶微分方程一致的电路网络(电路网络可有多个)，利用端口暂态电压电流故障分量信号可辨识与之匹配的电路网络参数。该方法构建的电路网络能够反映端口暂态电压电流故障分量的暂态特性，有助于获得电网更精确的电路网络等值模型。但是利用端口暂态信号直接辨识与之匹配的电路网络参数时，部分参数难以辨识，且辨识结果具有多值性，有时甚至相差数十倍。从模型可观测性方面分析，在相同的激励作用下，若等值模型参数的变动对等值网络端口响应的影响较大，则可认为该参数在响应中的可观测性较大，比较容易辨识。若等值模型参数的变动对等值网络端口响应影响较小，则很难从端口响应中观测到该参数的贡献信息，该参数在响应变化中的可观测性较小，较难辨识。从数值计算方面分析，等值网络模型结构确定，则模型参数辨识可归结为一般的优化问题。优化问题在寻优过程中往往需要确定目标函数关于寻优变量的梯度，从而由梯度确定寻优方向。显然，梯度绝对值较大，相应寻优方向性较强，该参数比较容易辨识。若对梯度绝对值相差悬殊的参数同时进行辨识，则梯度矢量中的各分量数值将有很大差异，在这种情况下，欲准确辨识全部参数是比较困难的，梯度绝对值较小的参数往往难以辨识。

基于灵敏度与梯度具有相同的变化规律，针对暂态等值模型参数辨识，本方法希望求取模型参数灵敏度率先找到能直接准确辨识的电路网络参数并求得其参数值，将其代入暂态等值模型，然后对多值性参数加以约束求解其参数值，具体研究步骤如下：

(1)在电网端口测量点获取微弱暂态电压电流故障分量信号 $\Delta v(t)$ 和 $\Delta i(t)$；

(2)构建与高阶微分方程 $\sum_{k=0}^{K} a_k \Delta v^{(k)}(t) = \sum_{k=0}^{K} b_k \Delta i^{(k)}(t)$ 一致的电路网络；

(3)寻找能直接准确辨识的电路网络参数，利用端口暂态电压电流故障分量信号求解其参数值；

(4)对于多值性参数，考虑增加附加条件或对其做一些假设条件，如局部约束或全局约束，得到其辨识方法。

在以上研究步骤中，主要的技术难点是寻找能直接辨识的电路网络参数和多值性参数的准确求解。

6)电网动态等值模型参数辨识

电磁暂态下的电网等值模型通常为由可观测量表示的与等值网络端口暂态电压电流故障分量信号匹配的高阶微分方程，机电暂态下的电网动态等值模型通常为含有不可观测量的微分代数方程，不能直接基于上述暂态电压电流故障分量电网等值模型参数辨识方法对电网动态等值模型参数进行辨识。针对电网动态等值模型，首先需推导其与等值网络端口暂态电压电流故障分量信号匹配的微分方程模型，并基于电网暂态等值模型参数辨识方法对微分方程模型参数进行辨识，其中如何对多值性参数加以约束将是算法实现的关键；然后通过推导微分方程模型与动态等值模型之间的参数关系求取动态等值参数。动态等值模型机械参数则需通过对机械运动方程推导其参数辨识模型来求取。若考虑非线性等值模型，具体研究步骤如下：

(1)基于暂态电压电流故障分量电网等值模型参数辨识方法对电磁暂态下的电网等值模型参数进行辨识；

(2)建立机电暂态下的电网动态等值模型与电磁暂态下的电网等值模型之间的参数关系；

(3)按照建立的参数关系，求解电磁暂态下每一辨识时段中的电网动态等值模型参数值；

(4)对于电网动态等值模型的非线性参数，参照前面的非线性参数辨识方案进行辨识；

(5)由辨识出的非线性参数变化规律得到机电暂态下的电网动态等值模型。

以上研究步骤中，建立机电暂态下的电网动态等值模型与电磁暂态下的电网等值模型之间的参数关系是研究的关键科学问题，主要的技术难点是电网动态等值模型非线性参数的辨识和非线性参数变化规律的寻找。

13.4.2 基于变电站不平衡模型的多态多维校验技术

随着电表精细化工程的推进、计量准确度的提高，系统对变电站不平衡模型合理性的要求也进一步提升。但与此同时，电力企业的信息系统不断推广，系统中存在海量的电力数据，多系统来源的电力数据具备高度的实时性和科学性，挖掘数据规律及价值可以及时准确地发现和解决变电站不平衡异常问题。但现阶段，变电站不平衡模型的异常仅依靠电能采集系统进行统计、计算，根据计算结果进行现场排查，不仅没有充分利用各个系统的数据，还造成排查工作量大，耗费较多的人力物力。更甚者，现场排查人为影响较大，易出现无法查明原因的情况，因此如何利用不同系统的数据分析来预判变电站不平衡模型的异常原因成为当前提升不平衡率合理性的重要方向。本节提出基于数据比对的变电站不平衡模型异常排查方法，充分挖掘非实时电量信息以及其他多态多维信息的大数据规律，通过数据分析和比对，提高调度对变电站电量平衡管控能力。

基于 13.4.1 节多态多维量测混合校验技术，由 SCADA 系统中获取整个变电站的电网拓扑模型设备包括但不限于变压器、母线、母联、旁路、所有进线、所有出线、开关、容抗设备等。电网拓扑模型中各设备(也可称为物理设备)均参与平衡计算，如图 13.8 所示，因此需将其静态资产信息、动态 WAMS 量测信息、暂态录波信息等共同形成多个计量点，每一个物理设备均对应一个设备计量点，通过定期同步、变化同步、事件同步等方式从电网模型数据服务接口请求或接收数据，获取变电站的电网拓扑模型及各设备运行信息等电网模型数据，以识别本周期内的电网模型变化，对变化部分采用变化前备份、变化后增加的增量方式维

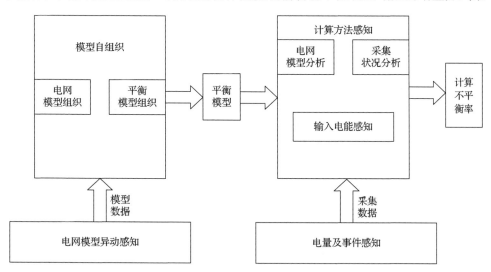

图 13.8 校验方法模型

护模型历史变化信息，从而保持备份中电网模型与 SCADA 系统中的电网模型一致，如图 13.9 所示。

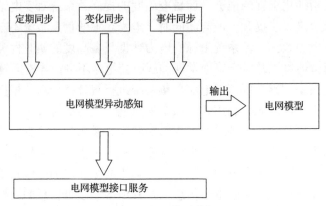

图 13.9 电网模型感知图

定期从电量采集系统中获取计量点的配置信息及电量数据。定期从电量及事件感知接口请求或接收数据，获取配置信息和电量数据如图 13.10 所示。从电量采集系统中获取计量点配置信息及从计量装置读取电量计量结果，对应查找计量点计量装置和对应周期的计量结果数据，同时识别本周期内计量装置的变化信息，对变化部分采用变化前备份、变化后增加的增量方式维护计量装置历史变化信息。计量装置主要包括电流互感器、电压互感器、智能电能表等。从计量装置采集到的电量数据主要包括电流、电压示数等。

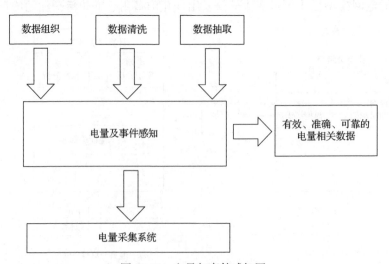

图 13.10 电量与事件感知图

在同步的电网拓扑模型中，通过设备 ID 查找电量采集系统中对应的业务逻辑计量点和计量装置，解决时间同步、设备与计量点对应关系不存在、设备与其对应的电量采集系统中计量装置运行状态矛盾、设备在周期内停运后对应计量装置数据同步选取等问题，使各计量点的数据保持一致。例如，从 SCADA 系统中获取的某一设备运行状态为投运，而电量采集系统中对应的计量点和计量装置运行状态若为停运，则相互矛盾，则采用自动或者人工干预等方式对运行状态矛盾进行处理。

针对不同变电站电网拓扑模型、不同拓扑变化情况、不同计量装置变化情况、不同计量数据采集情况构建不同的平衡模型不平衡率计算规则；不同类型平衡包括变电站平衡、母线平衡、变压器平衡、线路平衡。根据电网模型及平衡相关规则定义组织出各类平衡计算模型，详细如下。

1）变电站平衡模型

变电站平衡是指变电站内所有计量输入、输出电量的差值之和。

2）母线平衡模型

母线平衡是指变电站同一电压等级或不同电压等级中，总路计量与各分路出线计量之间的差值。它可以监控并直观地反映出各个变电站运行中计量装置的正确与否以及站内自身损耗和主变损耗。

通过母线平衡计算，可以发现计量装置有无问题、二次接线有无错误、互感器倍率有无错误、PT 二次保险和接线是否正常、主变损耗是否正常等一系列问题。

3）变压器平衡模型

变压器平衡是指某一变压器所有绕组的输入、输出电量的差值之和。

4）线路平衡模型

线路平衡是指该线路各端所有计量的输入、输出电量的差值之和。

首先，根据平衡计算模型，关联计量点底码数据（即计量装置的示数），组织对应计量点定期获取开始底码（起始时间的计量点底码）和结束底码（结束时间的计量点底码）进行电量计算；然后基于上述电量进行输入总电量与输出总电量计算；最后基于输入/输出总电量计算不平衡率。针对所有平衡模型，不平衡率计算过程如下：平衡期应按规定周期（此周期即采集频率，如日、月）的收、支电量进行平衡。根据基尔霍夫电流定律，电路中流入任意一节点（断面）的电流之和必然等于流出该节点（断面）的电流之和，即任何节点（断面）的电流代数之和必然为零，其代数表达式如下。

输出电能：

$$W_C = \sum_{i=0}^{n} \left(\mathrm{ZM}_{Ji} - \mathrm{ZM}_{Si} \right) R_i \tag{13.54}$$

式中，ZM_{Si} 为各设备正向有功开始底码；ZM_{Ji} 为各设备正向有功结束底码；R_i 为各设备电流、电压互感器变比。

输入电能：

$$W_R = \sum_{i=0}^{n} \left(\mathrm{FM}_{Ji} - \mathrm{FM}_{Si} \right) R_i \tag{13.55}$$

式中，FM_{Si} 为各设备反向有功开始底码；FM_{Ji} 为各设备反向有功结束底码；R_i 为各设备电流、电压互感器变比。

不平衡率：

$$\Delta S = \frac{W_R - W_C}{W_R} \times 100\% = \frac{\displaystyle\sum_{i=0}^{n} \left(\mathrm{FM}_{Ji} - \mathrm{FM}_{Si} \right) R_i - \sum_{i=0}^{n} \left(\mathrm{ZM}_{Ji} - \mathrm{ZM}_{Si} \right) R_i}{\displaystyle\sum_{i=0}^{n} \left(\mathrm{FM}_{Ji} - \mathrm{FM}_{Si} \right) R_i} \times 100\% \tag{13.56}$$

经多态多维量测数据提供的实时电流曲线、日电流曲线、周电流曲线、月电流曲线，故障时状态曲线等通过电量计算公式，可为异常分析提供完备的比对数据支持。

13.5　本 章 小 结

本章针对目前智能电网调度控制系统平台形成的多态多维数据存在不准确、不同步的问题，首先分析了电网中多维多态信息的类型及相关特点，提供了数据处理方案；其次提出了多态多维数据的校验，通过对静态、暂态、稳态、动态及非实时电量的多态多维数据的分析，为后期各高级软件的应用提供了精确、同步的优质数据，以达到既定目标；最后利用各态数据的特点进行电网大数据的全面融合校验，为高级应用软件和其他业务系统提供了准确、同步的电网同断面数据，提高了电网的决策能力。

第 14 章　全网模型图形自动拼接技术

14.1　国内外研究现状

随着电力系统的发展和自动化水平的提高，以及组件技术、信息交换技术、跨平台技术、面向对象技术等新技术的推进，相关行业标准的不断完善，电网能量管理系统(又称电网调度自动化系统)得到了广泛应用。电网调度自动化系统是以计算机技术为基础的现代电力综合自动化系统，目前我国电网建立了较完善的五级调度体系，即国家调度中心，跨省、自治区、直辖市的区域调度中心，省级调度中心，地区调度中心，以及县级调度中心，分别对应的名称为国调、网调、省调、地调和县调。在各级调度系统中，一般只建立本级调度管辖范围内详细的电力系统网络模型，外网部分采用等值处理方式。

但是电网规模越来越大，信息量越来越多，电力公司内部及各个电力公司之间的数据交换越来越频繁，电网调度采用的分级监控调度方式，使得各级调度系统的电网模型和采集信息相对独立，它们相互之间使用的数据格式不一定相同，容易形成"信息孤岛"。同级或上下级调度间越来越多的系统之间需要模型共享和信息交换，例如，一个大型电力系统原始数据的获得需要通过对其子系统数据的合并实现，或者因一个电力公司控制区的 EMS 功能受相邻区域电网的影响比较大，需要了解很多外网的数据，包括网络结构和量测数据来提高计算精度。因此，数据在使用前，一般要转换成相对通用的数据格式。由于这些系统的 API(application programming interface，应用程序接口)、研发平台和数据模型都各不相同，而且很多应用仍使用特有的数据库，信息共享需要进行大量的数据转换，因此效率相当低下。所以如何实现标准化的信息共享和集成，具有重要的实际意义。

14.1.1　IEC 61970 概述

国际电工委员会(IEC)是最早建立的非政府性的国际电工标准化组织,主要致力于推动电子及电气工程领域内的标准国际化。IEC 的目标是提高电气、电子工程以及相关领域中的国际标准化并促进对上述标准的评定、修改等合作,从而增进国家间的相互交流和了解。基于美国电力科学研究院(EPRI)的 CCAPI 项目成果,国际电工委员会第 57 技术委员会(电力系统控制与相关通信的第 13 工作组)启动 IEC EMS-API(能量管理系统应用程序接口)项目,制定了 IEC 61970 系列标准。

IEC 61970 标准的核心任务是降低 EMS 添加新应用的成本和耗时,对系统中正常工作的应用进行维护。IEC 61970 标准的两个主要部分是 CIM（common information model，公共信息模型）与 CIS（component interface specification，组件接口规范）。CIM 规定此信息交换内容的语义，CIS 规定信息交换的内容。本标准规定外部可见的接口，包括为支持不同厂商提供产品的互操作性所必需的语义和语法。

14.1.2 CIM/E 研究现状

CIM 是 IEC 61970 协议的核心，是一种抽象模型，描述电力行业的几乎所有主要对象，并且使用对象类、属性以及二者之间的联系来描述电力系统中的数据。只要在 CIM 的基础上规范一种公共的描述语言，系统及应用就可以访问并且交换公共数据，而不用考虑信息的具体内部描述方式。CIM 只用于表示各种抽象模型，可在各种应用和系统中使用。CIM 的使用远远超出了它在 EMS 中应用的范围。事实上，该标准可以理解为一种跨领域、跨平台的集成工具，任何领域如果需要的是一个或多个公共电力系统模型，并且该模型要能满足系统及应用间交互和插入的兼容性，并且不涉及具体的实现，都可以使用 CIM。

控制中心之间模型共享的实现方式有很多种，在欧洲互联电网（以下简称欧洲电网）项目中，采用基于 CIM/XML（XML 指可扩展标记语言）模型拼接的方式，实现欧洲电网的模型共享和互联，但进展缓慢，目前还处于测试阶段。CIM/E（common information model for energy，电力公共信息模型）是用于描述电力系统及其设备的信息模型。国内基于 CIM/E 的模型拼接的方式在 2010 年实现了国调、网调、省调等调度中心之间的共享。IEC 61970 标准中的 CIS 部分，想借助 CORBA 中间件技术，实现模型数据的准实时共享，但效果不好，该部分标准已经被取消。

近年来，我国的一些网调、省调等调度机构遵循 CIM/E、CIM/G（电力系统图形描述规范）、DL476、消息邮件服务等标准，基于 CIM/E 的模型拼接技术、CIM/G 图形的 ID 转换技术，建立了自下而上的模型拼接系统。CIM/E 是在 CIM 和 E（电力）语言的基础上形成的一种新的电网模型交换的数据载体，由于 E 语言的高效、简洁的特性，所以 CIM/E 相比于 CIM/XML 描述模型数据的效率更高，形成的模型文件更加简洁。目前 CIM/E 规范已经逐步广泛地应用到电力系统中的各个领域。虽然 CIM/E 和 CIM/XML 都能作为电力系统中模型信息数据共享的载体，但研究表明更加简洁高效的 CIM/E 更适合在 EMS 中使用。CIM/E 在 EMS 的各种应用系统中得到了广泛研究与应用。

通过对各区域符合 IEC 61970 标准的电网模型和图形的整合、重建，得到了所属电网比较完整和详细的模型、图形和实时数据。各区模型、图形和数据的获取整合，为全电网分析应用提供了基础模型和实时数据断面，支撑省地一体化在线安全稳定预警、保护整定计算等应用。

14.1.3　模型拼接研究现状

随着电网规模的日趋庞大和内部结构的更加复杂，模型拼接成为各调度部门的主要工作内容之一。电网模型拼接，指的是某系统内部的电网模型与其外部系统模型进行拼接整合，拼接后的模型拥有更全面的电网数据和拓扑结构。在电力系统中进行网络分析时，各个区域的电网模型往往需要通过模型拼接形成大地区的电网模型来提高安全性、稳定性和计算精度。

当前在网络建模方面遇到的主要问题是，由于内外网络联系密切，外部网络的运行情况，如接线方式和潮流情况，对内部网络，尤其是对内外网络边界区域的潮流影响很大。网络模型建立不当，会直接影响网络分析和模拟计算的准确性。另外，内部网络的建模问题也很重要，网络模型太复杂，会使维护工作量增大甚至无法维护；网络模型太简单，会导致系统状态描述不全面，无法满足分析和计算要求。

此外，我国实际各级电网调度系统的拼接需求程度往往不同，相应的拼接标准和规范尚未完全统一。许多电网能量管理系统并不适用 CIM 标准，升级拼接系统往往需要调整内部的模型甚至重新封装整个系统，成本高昂。因此，我国目前相对完善的拼接系统主要在国调、网调和省调中，地市级和县级应用较少，总体上我国基于 CIM 的电网模型拼接并未大范围推广，尚处于摸索和试点阶段。

目前，电网调度采用各系统电网模型独立创建，独立维护，并与其他系统实时交换电力系统网络模型的方式。各系统进行模型交换的方式有以下几种：

（1）下级调度控制中心将上级调度控制中心需要的电网模型和量测信息发送到上级调度控制中心，上级调度控制中心接收多个下级调度控制中心发送的网络模型和量测信息，并与直接管理的内部相应模型信息合并，构成完整的电网模型和量测信息以进行分析计算。

（2）上级调度控制中心掌控的电网信息比下级更全面，下级调度控制中心无法完成或完成起来非常困难的外网等值问题，可由上级调度控制中心统一进行，并下达给各下级调度控制中心，各下级调度控制中心接收外网等值模型，与本地内网模型合并后进行分析计算。

（3）相邻电网模型交换方式。各调度控制中心对所管辖的内部网络进行等值计算，将内部电网等值到与相邻电网连接的边界，发送给相邻电网调度控制中心。同样，本地电网调度控制中心也可接收相邻电网调度控制中心发送的等值结果，并与内部网络合并。

但是当前还没有建立涵盖 10kV 低压线路、用户负荷等电网模型的多级图模自动拼接，限制了可控负荷参与电网调节的能力。中低压电网的快速发展，对供电可靠性与灵活性的要求不断提高，为实现省、地、配、用一体化运作，提升各级系统之间的协作和相互支撑能力，需要开发多级图模自动拼接技术。

14.2　电网模型数据融合方式

CIM 已经广泛应用于电力系统，CIM 只是一个抽象的模型，它既未定义模型数据库的规范，也未定义数据交换的格式。在具体的工程应用中，需要对 CIM 的实现方式做出明确、可行的规定。本节详细介绍电力系统中常用的 CIM/E 电网模型交换标准，CIM/E 是基于 CIM 的电力系统模型交换格式，用于电力系统应用之间的信息交换。目前，电力系统的大多数应用都是基于 CIM/E 进行电网模型数据交换，CIM/E 是在 E 语言的基础上形成的模型描述与交换规范，主要用于在线模型交换。

E 语言采用了面向对象技术，并且兼容面向关系的技术。E 语言使用简易的语法与不多的各种符号，就能够简洁并且高效地表达 EMS 中的各种数据信息模型。E 语言具有简洁高效的特点，适用于大电网模型的描述和交换。E 语言所形成的数据是纯文本格式，相比 XML 语言，E 语言和人们的自然习惯更加相符，应用程序处理起来也更加容易。

E 语言模板通常用来定义数据类的各属性与相应属性的详细信息。CIM/E 模式可以是 CIM 的子集，也可以是它的扩展。E 语言的模板除了能够定义数据信息的格式信息，使数据的格式能够自我描述，从而方便程序处理，而且 E 语言模板方便了今后的属性的扩展。CIM/E 的建模方法与 CIM/XML 相同，面向所有的电网设备建模，定义了电网设备类，包含区域、负荷、间隔、厂站、变压器、基准电压、母线段等各类对象，并对这些对象的属性提出了相关要求。CIM/E 文档根据 E 语言规范对电网物理模型中的对应设备类及其属性进行编排。

14.2.1　模型融合流程

各类型数据统一在负荷调控系统收口，如图 14.1 所示，包括集成融合终端实时同步最新的用户信息、用户采集系统同步的用电信息、主网调度技术支持系统同步的地区高压线路模型、配网调度技术支持系统同步的配网拓扑模型等数据。同时，负荷调控系统与主网/配网调度技术支持系统、用户采集系统实现数据共享，与集成融合终端交互控制指令及控制结果等信息。各类型数据在负荷调控系统汇集，在同一个平台上进行融合和处理，构建各种线路模型，如 220kV 下挂了哪些 10kV 配网电源，10kV 配网电源下挂了哪些用户模型，从上至下建立起整个线路模型，为能效优化模型以及最优配网运行方式计算提供数据来源。

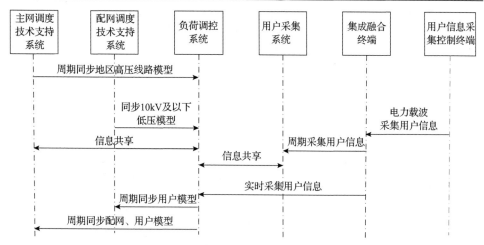

图 14.1　各类型电网模型数据流图

　　用户采集系统会将用户的用电信息同步至负荷调控系统，集成融合终端将用户信息同步至负荷调控系统，主网调度技术支持系统将用户信息和用电信息进行合并处理，得到用户用电模型。此后主网调度技术支持系统将此模型同步至配网调度技术支持系统，配网调度技术支持系统侧有 10kV 及以下低压线路模型，将用户用电模型与配网低压线路进行整合，进一步得到配网调度技术支持系统和用户的映射模型，用户和配网调度技术支持系统的融合过程如图 14.2 所示。

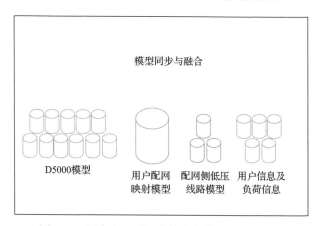

图 14.2　用户和配网调度技术支持系统模型融合

　　在得到配网调度技术支持系统和用户融合后的模型后，将用户和配网调度技术支持系统模型同步至主网调度技术支持系统，主网调度技术支持系统进一步将地区 330kV、66kV 等高压线路模型，与下挂的 10kV 低压侧配网调度技术支持系统和用户的映射模型进一步融合，得到整个地区从上至下的完整模型，用于能效优化模块及最优配网运行方式计算等。整个融合过程如图 14.3 所示。

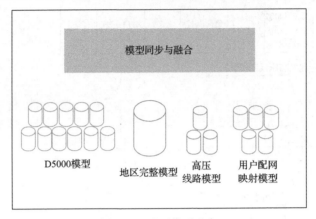

图 14.3 地区模型融合

14.2.2 E 语言格式规范

为了提高电力系统模型数据的描述效率和大量数据的在线交换效率，出现了电力系统数据模型描述语言，即 E 语言。E 语言是基于 CIM 面向对象抽象开发出的一种新的 EMS 数据描述语言，使 CIM/XML 描述方式的效率问题得到了解决。它将 CIM 的面向对象与传统面向关系的数据描述相融合，吸收面向对象方法优点的同时又保留了面向关系的高效率。

CIM/E 文件对文件中的每行开头两个字符进行了规定，通过这种方式可以使文档的处理和描述更有效。CIM/E 对英文字母的大小写敏感。E 语言使用几个英文半角符号与文件中每行开头的第 1 个或第 2 个字符组合，表示不同的相关含义，如 "<"、">"、"@"、"#"、"/" 等符号，E 语言有三种数据描述方式：横表式、单列式和多列式。

E 文件基本格式描述如下：

(1) 注释引导符。注释使用双斜杠 "//" 引导开始。注释可以独立成为一行，也可以在一行的后面，可以位于文件的所有地方，起注释作用，是 E 语言的可选部分。

(2) 文件声明引导符。E 语言的文件声明在类或实体的前面，使用左尖括号和并列的感叹号 "<!" 引导开始，标记结束使用感叹号和并列的右尖括号 "!>" 表示。在文件声明中说明文件中用到的实体、文件类型和具体时间等，各部分之间使用空格分隔。系统声明的格式的实际样例如下：

```
<!Entity=辽宁 type=电网模型 time='2020-03-30 14:13:15'!>
```

(3) 类或实体起始符。使用尖括号 "<类名>" 或者 "<类名::实体名>" 表示。在 "<类名::实体名>" 形式下，类名指的是类或实体起始符和类或实体结束符中间的各个对象实例所对应的类，而其中的实体名指的是这些数据的具体拥有者。

例如，实体起始符"<ControlArea::辽宁>"则表示该类或实体起始符和类或实体结束符中间的各个对象实例是属于 ControlArea 类的，而且这些具体的对象数据是辽宁电网所拥有的，就是表示它们是辽宁电网的 ControlArea 数据。

(4)类或实体结束符。和类或实体起始符相比，其是在尖括号内，类名的前面加上单斜杠，形成"</类名>"或者"</类名::实体名>"的形式。类和实体名的后面可以有多个属性名与值，属性名、值之间用等号"="连接，各个属性名和值间使用空格分开。若类或实体起始符和类或实体结束符中间的对象实例只有一个，则这种情况可以用下面的形式表示：

<类名::实体名　属性 1=值 1　属性 2=值 2　属性 3=值 3/>

(5)属性引导符。用来说明属性名和数据的排列方式(即横表式和多列式)，也称为数据块头定义标记符，有两种方式，具体的表达方式如下。

①采用单地址符"@"表示时的语法为

@属性名 1　属性名 2　属性名 3　…

各个属性之间用空格分开。这种结构的数据块中每个对象对应一行，每个属性对应一列，称为横表式，适用于描述属性比较少而且对象比较多的数据，或者是描述表格类数据，如图 14.4 所示。

②采用单地址符和并列的井号"@#"表示时的语法为

@#属性名　对象 1　对象 2　对象 3　…

属性名和各个对象之间使用空格分隔开。这种结构的数据块中每个对象对应一列，每个属性对应一行，称为多列式，适用于描述属性比较多的对象数相对稳定的数据，如图 14.5 所示。

```
//注释：E语言数据的横表式描述方式
<!系统声明!>
<类名::实体名>
@属性名1  属性名2  属性名3
#对象1值1  对象1值2  对象1值3
#对象2值1  对象2值2  对象2值3
#…
</类名::实体名>
```

图 14.4　横表式描述方式

```
//注释：E语言数据的多列式描述方式
<!系统声明!>
<类名::实体名>
@属性名   对象1   对象2  …  对象n
#属性     值11    值12   …  值1n
#属性     值21    值22   …  值2n
#…
</类名::实体名>
```

图 14.5　多列式描述方式

(6)数据引导符。类或实体起始符与结束符中包含若干个数据行，使用井号"#"标记每一行数据的开始，使用空格分隔开每一行数据中的不同值。在每个数据行的第一列"#"符号后加若干个空格，再加上单独一列从 1 开始的编号序号，表示该数据行在该数据块中的顺序，如"#1"数据表示第一个数据行。

(7)空格分隔符。E 语言中使用的分隔符为空格，空格分隔符由一个或者多个连续的空格或者制表符(Tab)构成。若某个字符串本身包括空格字符，那么需要将其放在单引号中，如"'字符串'"。

(8)实体连接符。使用两个冒号"::"表示，用于连接类和实体，如"<Control Area::辽宁>"。

(9)赋值连接符。使用等号"="表示，用于连接类或实体起始符中或者文件声明中的属性名及其值，如"<!Entity=辽宁　type=电网模型　time='2021-03-3014: 15:25'!>"。

(10)名称连接符。使用小数点"."表示，用于层次结构的类或实体的连接。类及其属性层次的表达如"导电设备类.变压器绕组"，实体层次的表达如"辽宁. 沈阳"等。

14.2.3　CIM/E 格式文件

根据 CIM/E 类定义模板，EMS 应用中的数据能够被转换导出成一个 CIM/E 文档，图 14.6 描述了该过程。CIM/E 格式的模型文件可以进行解析然后导入另外一个系统中以供使用。CIM/E 类定义模板中定义了 CIM/E 文档中所用到的模型描述的格式。

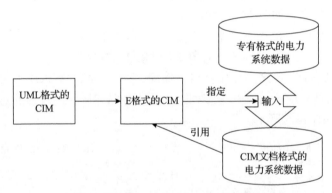

图 14.6　基于 CIM/E 的模型数据交换机制

CIM/E 文件的命名格式为"区域_日期_时间.CIME"，如"沙岭站_20200330_ 141315.CIME"。

CIM/E 格式文件举例如下：

```
<!Entity=辽宁 type=电网模型 time='2021-10-13 09:15:14'!>
...
<Substation::辽宁>
@Num m RID name path Name type Control Area Control Area p
q x y i_flagmGdis_flagmUnXf_flagregion_id
```

//序号 标识 中文原名 标准全名 厂站类型 所属区域 标识 最高电压类型 ID 总有功总无功 厂站经度 厂站纬度 电流量测标识 地刀量测标识 机组量测标识 变压器量测标识 所属系统区域

\# 830 113997365970468883 NULL 辽宁.沙岭站变电站 113715890926649347 113715890926649347 NULL NULL 0.0000 0.0000 NULL NULL NULL 24

\</Substation::辽宁\>

...

\<Breaker::辽宁\>

@Num m RID name path Name type I_node J_node Substation BaseVoltage VoltageLevel status region_idmvarating

//序号 标识 中文原名 标准全名 断路器类型 物理连接首节点 物理连接末节点 厂站标识基准电压标识 电压等级标识 状态 所属系统区域 遮断容量

\# 1 114560315923890240 NULL 辽宁.沙岭站/220kV.1#整流变间隔 2253 开关普通开关 23999616353836 23999616353837 113997365970468883 112871465677750279 113152941040336915 0 24 40.0000

...

CIM/E 简单的格式，减小了文件的大小，提升了文件解析的效率。CIM/E 适用于较大模型的离线和在线交换，模型的实时在线交换是大电网发展的必然要求。

14.3　多级图模自动拼接

14.3.1　CIM/E 文件解析

基于 CIM/E 文件的模型拼接，是通过 CIM/E 文件解析、模型调度边界拆分、模型拼接等一系列技术手段，对各模型进行有效合成，形成一个完整的全网模型。规范的模型合并方法主要包含 CIM/E 解析、模型拆分、模型拼接、结果导出及纵向新版本生成等技术，基于 CIM/E 文件的模型合并是一个复杂的过程，其中大量的工作是对模型文件的处理。解决大批量文件处理效率问题是模型合并的关键技术之一。为此，必须根据 CIM/E 文件的特点，采用共享内存高速索引技术，开发 CIM/E 文件的专用解析器。

1. 将 CIM/E 文件转换成简单的结构化的共享内存文件

共享内存文件设计为文件描述区、类描述区、记录描述区、RDF ID 索引区和数据库关键字索引区等。

文件描述区记录文件的整体结构，如文件标识号、类个数、类描述区首地址、类实例(记录)描述区首地址、各索引区地址等、存放在共享内存的开始位置。

类描述区记录文件中每一个类的记录个数，记录存放的首地址、数据库关键字、索引首地址等。

记录描述区记录具体的模型信息，包括 RDF ID、数据库关键字、各属性及属性值、属性类型(基本属性或关联属性)等，每一类的数据连续排放。

RDF ID 索引区记录每一个 RDF ID 对应类描述的物理号、对应记录描述的物理号等，RDF ID 索引区采用广义快速排序等算法对整个文件中的 RDF ID 统一处理。

数据库关键字是在映射过程中为系统数据库形成内部关键字，目的是建立与数据库的联系，在后面的数据入库时非常有用，数据库关键字可以是文件中一个 Naming 属性对应的值，也可以自动生成，采用哪种方式取决于系统的需要。数据库关键字索引区描述对应类描述的物理号、对应记录的物理号等。数据库关键字索引区采用广义快速排序等算法针对每一个类建立索引。

映射过程：遍历 CIM/E 文件，确定文件中的记录个数和类个数，文件命名与 CIM/E 文件命名一致，文件大小由对应的 CIM/E 文件的记录个数确定；初始化共享内存文件，填写文件描述区，划分文件结构；读取 CIM/E 文件，映射共享内存的类描述区、记录描述区，最后创建索引。

2. 基于共享内存文件的索引机制，采用二分、散列等算法，提供三类快速访问接口

1)查询接口

查询接口主要包括根据类名查询类的所有记录、根据 RDF ID 或数据库关键字查询某条记录、根据 RDF ID 查询该记录的所有关联记录等。每个查询的类实例以记录方式返回，主要包含 RDF ID、数据库关键字、名称、关联信息等。

2)更新接口

更新接口主要用来设置记录状态(有效、无效、主、辅等状态)。

3)特殊接口

在模型合并过程中，经常会利用网络拓扑关系查询设备，为此解析器提供两种特殊的接口：通过拓扑节点查找该节点连接的所有设备；通过设备查找其所有的节点(在模型拆分时很有用)。

CIM 文件解析器从两个方面成功地解决了效率问题：

(1)利用共享内存技术成功地避免了大量的输入/输出；

(2)采用快速排序与检索算法，提高共享内存中海量数据的检索效率。

CIM 文件解析器是模型合并的基础，后续的所有操作都是基于共享内存文件及其访问接口进行的，为模型合并提供了效率保障。

模型合并是将拆分后的各个模型通过边界设备连接起来，从而在逻辑上形成一个全电网的完整模型。

14.3.2　边界管理

1. 边界定义

为了做到模型边界的自动处理，需要对模型边界进行简化处理，模型边界的定义不必要完全根据调度范围划分。

省、地、配、用等各系统模型边界定义如下：

(1)省地边界指 330kV 变电站主变低压侧；

(2)地配边界指 66kV 及以下电厂，以电厂的出线为边界；

(3)330kV 电厂没有边界。

根据省、地、配、用模型边界的特点，本系统实现了边界管理的自动化、灵活化、多样化模式。

在 MAINTENANCE 关系库中创建边界定义表，此表包含的域及其含义见表 14.1。

表 14.1　边界定义表

字段名	类型	长度	键字	描述
SRC1	VARCHAR	16	否	区域 1
SRC2	VARCHAR	16	否	区域 2
ALIASNAME1	VARCHAR	128	否	区域 1 边界设备名
ALIASTYPE1	VARCHAR	128	否	区域 1 边界设备类型
STID1	VARCHAR	128	否	区域 1 边界设备所属厂站
ALIASNAME2	VARCHAR	128	否	区域 2 边界设备名
ALIASTYPE2	VARCHAR	128	否	区域 2 边界设备类型
STID2	VARCHAR	128	否	区域 2 边界设备所属厂站
DEVNAME1	VARCHAR	128	否	区域 1 边界设备内侧设备名
DEVTYPE1	VARCHAR	128	否	区域 1 边界设备内侧设备类型
DEVNAME2	VARCHAR	128	否	区域 2 边界设备名
DEVTYPE2	VARCHAR	128	否	区域 2 边界设备内侧设备类型
STAT	INTEGER		否	是否有效标识：1-有效，其他-无效
MAIN	INTEGER		否	主设备标识：1-以区域 1 边界设备为主，2-以区域 2 边界设备为主，默认值为 1

2. 边界检测

系统自动检测线路、变压器等设备边界，通过外网厂站的定义，程序自动定位边界线路，实现自动的线路边界设置，检测逻辑见图 14.7。对于变压器边界，自动查找最高电压≥330kV 并包含 66kV 的变压器，设定边界，并检查边界的匹配性，检测逻辑见图 14.8。同时提供用户定义任意类型边界的界面，以适应模型边界的复杂需求。

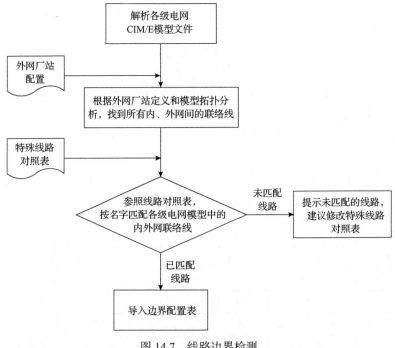

图 14.7　线路边界检测

3. 分词匹配

对于调度机构间的边界厂站，存在部分模型来自一个地调机构，部分模型来自另一个地调机构的情况。不同调度机构建模不一致，故这类边界厂站图不能使用任意一方地调机构的。此部分主要研究上述情况边界厂站图的共享问题。

多源厂站图共享技术的关键是不同调度机构模型命名的匹配问题。这里采用文本相似度计算的向量空间模型对不同调度机构模型中的边界厂站设备进行匹配。

文本相似度计算的向量空间模型的基本思想是基于分词技术将文本分为若干个特征项，通过特定的手段计算出每个特征项在该文本中的权重，进而将整个文本用以特征项的权重为分量的向量来表示，将文本用特征向量的方式表示为数学

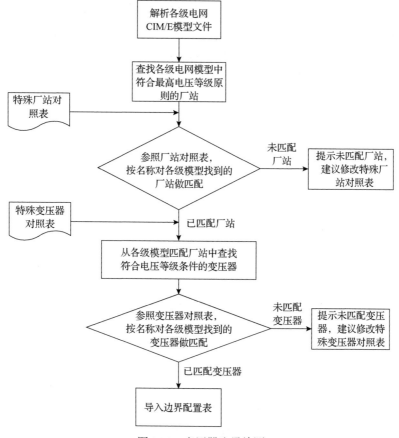

图 14.8　变压器边界检测

模型后，再基于特征向量进行文本之间的相似度计算。向量空间模型的一个基本假设是：一个文本所表达内容的特征仅与某些特定的语义单位在该文本中出现的频数有关，而与这些语义单位在文本中出现的位置或顺序无关。

将模型文件中的名称进行向量化表示。向量化表示的步骤为：对于给定的名称 d，首先确定其所含的 n 个互异的特征项 $\{t_1,t_2,\cdots,t_n\}$，将名称用特征项集合表示为

$$d\{t_1,t_2,\cdots,t_n\} \tag{14.1}$$

式中，$t_i(1 \leqslant i \leqslant n)$ 为名称的特征项。而后计算出各个特征项 t_i 在名称 d 中的权重，可以把 $t_1,t_2,\cdots,t_n$ 看成一个 n 维的坐标系，而 $w_1,w_2,\cdots,w_n$ 为相应的坐标值，从而将名称 d 抽象为 n 维空间中以各个特征向量的权重作为分量的向量，即将名称表示为

$$V_d=\{w_1,w_2,\cdots,w_n\} \tag{14.2}$$

式中，V_d 为名称的特征向量。以特征项在名称中出现的次数作为该特征项的权重。得到两个名称的特征向量以后，名称 d_1 和 d_2 之间的相似度 $S(d_1, d_2)$ 可以通过它们的特征向量之间的关系来衡量。用两个向量的夹角余弦值来衡量名称相似度，相似度越大，表示两个文本之间的相似程度越高。假设两个名称的特征向量为

$$V_{d_i} = \left(w_{i1}, w_{i2}, \cdots, w_{in} \right) \tag{14.3}$$

$$V_{d_j} = \left(w_{j1}, w_{j2}, \cdots, w_{jn} \right) \tag{14.4}$$

则计算相似度的公式为

$$S\left(d_i, d_j\right) = \frac{\sum\limits_{k=1}^{n} w_{ik} w_{jk}}{\sqrt{\left(\sum\limits_{k=1}^{n} w_{ik} w_{ik}\right)\left(\sum\limits_{k=1}^{n} w_{jk} w_{jk}\right)}} \tag{14.5}$$

以上就解决了不同调度机构间模型名称匹配问题，实现了多源厂站图的共享，完成了图形单端维护，全网共享，减少了不同调度系统间图形共享的工作量。

4. 相似度动态校验

相似度是相似元的数量、相似元的数值以及每个相似元对系统相似度影响权系数等因素的函数。设边界 A 由 k 个要素组成，边界 B 由 1 个要素组成，边界 A、B 间动态数据存在 n 个相似要素，构成 n 个相似元，记为 $q(u_i)$。每一组相似元对边界相似程度的影响权重为 β_i，则边界的相似度可以定义为

$$Q(A, B) = \frac{n}{k + l - n} \sum_{i=1}^{n} \beta_i q(u_i) \tag{14.6}$$

判定标准：Q 值在 0~1 取值，越接近 1 相似度越高，反之相似度越低。将相似度理论应用到边界参数动态匹配中，可以从动态特性上判断不同系统边界的匹配程度。

14.3.3 模型自动拼接

1. 模型校验

建立正确的全电网模型是负荷调控最基本的要求，全网源模型来自不同的系统，合并后模型正确与否取决于源模型的质量，因此对源模型的全面校验是建模正确性的保障。在以往的应用中，经常因为模型的校验方式不合理，模型只有投

入在线后才能发现模型参数、拓扑等方面的问题，引发后续一系列的问题。正确、全面的校验能够确保模型的正确性，避免风险。该功能的意义在于大大减轻用户模型协调的工作量，将模型问题暴露在模型提交端，有利于模型问题的及时解决。

模型校验基于 CIM/E 文件，校验的条件和范围能够通过配置文件进行配置和修改。对 CIM/E 文件初步校验包括模型拓扑校验、重命名校验、关联校验、量测校验和典型参数校验。

1）拓扑校验

拓扑校验原则为将某端没有与其他设备相连的设备视为空挂设备，提示拓扑错误；将没有节点号的设备视为拓扑有错误。

2）重命名校验

为满足大电网模型信息交换的需要，所有模型相关表的记录中文名在本表要唯一。重命名校验即检查每个表中是否有中文名重复的记录。

3）关联校验

检查每个表的记录与其他表的关联是否正常。通过设置每个表要校验的关联域。

检查每条记录的每个关联域，若为空则说明关联有错；若这个域有值，则检查关联的这个标识在对应关联表里是否存在，若不存在则说明关联有错。

4）量测校验

设置每种设备检查类型的量测记录，根据配置检查模型设备是否关联必要的量测记录。

5）典型参数校验

通过配置，设置要检查哪些设备的哪些参数和每种参数的检查规则，规则包括是否允许为零、是否允许为空、参数值允许最大值和最小值。

根据配置，检查每种设备的每条记录的各个属性值是否满足检查规则。

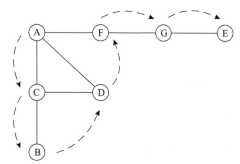

图 14.9　深度优先搜索

2. 拓扑搜索

拓扑搜索是利用拓扑关系，通过拓扑搜索计算裁掉各模型中外部模型信息，只保留各自内部模型信息，从而确定各个调度系统的模型范围。本节采用深度优先搜索算法对电网拓扑进行搜索。深度优先搜索的思想是：假设初始状态为图 14.9 中所有顶点，且均未被访问，则从某个顶点 v 出发，首先访问该顶点，然后依次从它的各个未被访问的邻接点出发深度优先搜索遍历图，直至图中所有和 v 有路径相通的顶点都被访问到。若此时尚有其他顶点未被访问到，则另选一个未被访问的顶点作为起始点，重复上述过程，直至图中所有顶点都被访问到。

下面以图 14.9 为例说明深度优先搜索，从顶点 A 开始。

第 1 步：访问 A。

第 2 步：访问（A 的邻接点）C。

在第 1 步访问 A 之后，接下来应该访问的是 A 的邻接点，即 C、D、F 中的一个。但在本节的实现中，顶点 ABCDEFG 是按照顺序存储的，C 在 D 和 F 的前面，因此先访问 C。

第 3 步：访问（C 的邻接点）B。

在第 2 步访问 C 之后，接下来应该访问 C 的邻接点，即 B 和 D 中一个（A 已经被访问过，就不算在内）。而由于 B 在 D 之前，所以先访问 B。

第 4 步：访问（C 的邻接点）D。

在第 3 步访问了 C 的邻接点 B 之后，B 没有未被访问的邻接点，因此返回到访问 C 的另一个邻接点 D。

第 5 步：访问（A 的邻接点）F。

前面已经访问了 A，并且访问完了 A 的邻接点 B 的所有邻接点（包括递归的邻接点在内），因此此时返回到访问 A 的另一个邻接点 F。

第 6 步：访问（F 的邻接点）G。

第 7 步：访问（G 的邻接点）E。

因此访问顺序是 A→C→B→D→F→G→E。

通过基于深度优先搜索算法的拓扑连接关系计算，裁掉各级模型中外部模型信息（包括外部模型的量测信息），只保留模型内部信息和边界信息。

3. 拼接流程

模型拼接的具体流程如图 14.10 所示：

(1)各地调系统采用周期或变化的方式，通过 SFTP 发送 CIM/E 模型文件和 CIM/G 图形文件至省调系统。

(2)省调模型管理系统收到新的文件后，启动文件校验流程，若文件未通过校验，则将文件校验的错误信息返回地调。

(3)模型管理系统对通过校验的模型文件进行注册登记，只有通过校验并注册登记的模型文件才可以参与模型合并。

(4)将登记的最新的模型文件按照调度边界进行整合，最终形成全省大模文件。

(5)拼接后的大模文件与当前库中全模型进行比较，形成本次的模型增量文件，并导入关系库和测试态实时库。

(6)校验测试态新导入模型，若通过，则同步到实时态实时库；若不通过，则回退关系库和测试态实时库至导入前的状态。

(7)保存每次拼接的全模型 CIM/E 文件和省调、地调 CIM/E 文件版本。当需要回退时，可将系统模型恢复到指定版本。

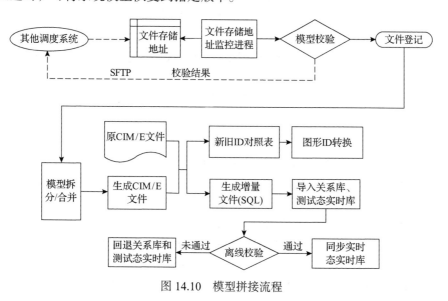

图 14.10　模型拼接流程

14.3.4　图形校验

1. 图形文件要求

图形文件包含以下内容：

(1)静态图形(如文字等)；

(2)设备对象及其关联的量测量；

(3)设备对象的拓扑关系；

(4)有关图形的基本信息(如放大倍数、层次、到父图的引用等)。

图形文件的约定包含以下方面：

(1)各电压等级元件的颜色在不同图形系统中应一致；

(2)设备图元的颜色、尺寸、状态变化(如开关的开合)在不同图形系统中应一致，基本图元由省调统一定义；

(3)设备元件的拓扑着色、失电颜色在不同图形系统中应一致；

(4)厂站接线图和电网接线图的布局、详略程度、显示风格应一致；

(5)静态图形(如背景、无动态数据的图形)的显示风格、文字的字体、颜色及尺寸应一致；

(6)设备对象的操作菜单、对话框、消息框等应一致(或尽量一致)；

（7）设备对象在检修、挂牌、人工置数/状态、有告警等状态下的显示风格应一致；

（8）所有用户界面的详细设计应由用户确认并一致（或尽量一致），该用户界面包括导航栏和菜单栏，对话框的内容和格式，画面部分的颜色如菜单栏、窗口边界、显示背景及操作过程步骤等；

（9）窗口管理（如多窗口、多屏幕管理）、画面管理（如画面的类型、调用方式）及全图形显示功能应一致（或尽量一致）；

（10）事项一览表（如人工置数一览表）的风格应一致（或尽量一致）。

2. 图形 ID 转换

在模型拼接过程中，根据 CIM/E 模型拼接结果及入库信息生成关键信息对照表，省调图形关键信息转换模块会按照图形关键信息对照表，对各地调图形进行关键信息自转换，从而保证各地调图形与省调在线系统模型信息的对应。同理，图形 ID 转换适用于配电、用电模型拼接过程。

各级系统统一按照 CIM/G 标准上传图形文件到省调，即图形文件是 CIM/G 文件。省调根据模型拼接形成的 ID 对照关系，将图形中地调、配调 ID（G 文件 KeyID 属性）转换成一体化模型中的 ID，如图 14.11 所示，从而实现图形的自动同步。

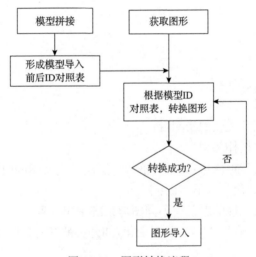

图 14.11　图形转换流程

14.4　电网模型拼接实例

本节以内蒙古区域的滨河站模型的拼接为例，进行上述模型拼接方案的测试。

滨河站在地调侧 CIM/E 模型文件（"包头_20200330_141315.CIME"）的片段如下所示：

...

<Substation::包头>

@Num mRID code pathname bv_id status caculate_sesubarea_id type ControlArea p q x y i_flag mGdis_flag mU nX f_flag graph_name region_id record_app

//序号 标识 英文标识 中文名称 最高电压类型 ID 厂站状态 是否参与状态估计区域 ID 厂站类型 区域 ID 总有功 总无功 厂站经度 厂站纬度 电流量测标识 地刀量测标识 机组量测标识 变压器量测标识 接线图名称 模型所属区域 记录所属应用

#209 113997367295869173 bhb 包头.滨河变 1128714656777502797372800 变电站 113715892319158275 NULL NULL 109.9000 40.5400 NULL NULL NULL BT.包头_滨河变_220kV.fac.pic.g 103 37119

</Substation::包头>

...

<ACLineSegment::包头>

@Num mRID code coding pathname namingpath Desdevid StartSt EndSt BaseVoltage r xb ch I_node I_node ratedMW eq_flag amprating chk_lim sound_name ratedCurrent region_id record_app

//序号 标识 英文标识 英文名称 中文名称 中文名称描述 线路 ID 一端厂站 ID 二端厂站 ID 电压类型 ID 正序电阻 正序电抗 正序电纳 首端连接点号 末端连接点号 功率限值 等值标识 电流上限 越限检验标识 语音文件名 允许载流量 模型所属区域 记录所属应用

#259 116530640358212416 LN.滨万线滨万线 包头.滨万线滨万线 包头.滨万线 0 113997367295869039 113997367295869173 1128714656777750280 0.5820 1.82301 2.2390 103000111008009 10300024500802 90.00000 610.00000 LGJ-240/3061 0.0000 103 32783

</ACLineSegment::包头>

...

<ACLineDot::包头>

```
@Num mRID code coding pathname naming describe ACLineSegment
bay_id Substation I_node BaseVoltage VoltageLevel P Q region_id
record_app
```

//序号 标识 英文标识 英文名称 中文名称 中文名称描述 线段 ID 间隔 ID 厂站 ID 连接点号 电压类型 ID 电压等级 ID 有功量测 无功量测 模型所属区域 记录所属应用

```
#421 116812117062976530 LN.滨万线 NULL 包头.滨河变/110kV.滨万线
NULL NULL 1165306403582124 1611427884227258720 113997367295869173
103000245008029 112871465677750280 113152942365737434 0.0000
0.0000 103 32783
```

```
</ACLineDot::包头>
```

...

滨河站在省调侧 CIM/E 模型文件（"内蒙古_20200330_141315.CIME"）的片段如下所示：

...

```
<Substation::内蒙古>
@Num mRID name pathname type ControlArea p q x y i_flag mGd
is_flag mU nX f_flag bv_id Graph_name region_id
```

//序号 标识 中文原名 标准全名 厂站类型 所属区域标识 总有功 总无功 厂站经度 厂站纬度 电流量测标识 地刀量测标识 机组 变压器量测标识 基准电压标识 接线图名称 所属系统区域

```
#5535 113997365819473992 内蒙古.滨河站 内蒙古.滨河站 变电站
113715890842763282 NULL NULL 109.89374 0.5441 NULL NULL NULL
112871465912631298 NM.220kV滨河站.fac.pic.g 15
```

```
</Substation::内蒙古>
```

...

```
<ACLineSegment::内蒙古>
@Num mRID name pathname StartSt EndSt rated M Wrated Current
BaseVoltager x bch r0 x0 b0 chr egion_id
```

//序号 标识 中文原名 标准带路径全名 首端厂站标识 末端厂站标识 功率限值 允许载流量 基准电压标识 正序电阻 正序电抗 正序电纳 零序电阻 零序电

抗 零序电纳 所属系统区域

　#120　116530640358212416 NULL 包头.滨万线 113997367295869039

113997365819473992 0.000061 0.0000 112871465912631302 0.0080

0.0250 0.5600 NULL NULL NULL 103

　</ACLineSegment::内蒙古>

　　...

　<ACLineDot::内蒙古>

　@Num mRID name pathname ACLineSegment Substation I_node

BaseVoltage VoltageLevel P Q region_id

　//序号 标识 中文原名 标准带路径全名 交流线段标识 所属厂站标识 物理连

接节点 基准电压标识 所属电压等级标识 有功值 无功值 所属系统区域

　#118590 116812115586581191 内蒙古.滨河站/110kV.万滨线 内蒙古.

滨河站/110kV.万滨线 116530640358212416 113997365819473992

15000072006609011287 1465912631302 113152940889342168 0.0000

0.0000 15

　</ACLineDot::内蒙古>

　　...

　　在上述文件片段信息中，表示的是省地两级之间有联系的厂站标识和交流线
段标识。两级模型以滨河站 110kV 出线为边界，完成拼接，之间有一根联络线
（ACLine Segment），两根联络线共有两个端点（ACLine Dot）。

　　拼接后形成的更多的模型文件的片段如下所示：

　　...

　<Substation::内蒙古全网>

　@Num mRID name pathname type Control Area p q x y i_flag mGd

is_flag mU nX f_flag bv_id Graph_name region_id

　//序号 标识 中文原名 标准全名 厂站类型 所属区域标识 总有功 总无功 厂

站经度 厂站纬度 电流量测标识 地刀量测标识 机组 变压器量测标识 基准电压

标识 接线图名称 所属系统区域

　#255　113997365819473992 内蒙古.滨河站 内蒙古.滨河站 变电站

113715890842763282 NULL NULL 109.89374 0.5441 NULL NULL NULL

112871465912631298 NM.220kV滨河站.fac.pic.g 15

```
</Substation::内蒙古全网>

...

<ACLineSegment::内蒙古全网>

@Num mRID name pathname StartSt EndSt rated MW ratedCurrent
BaseVoltage r x bch r0 x0 b0 ch region_id
```

//序号 标识 中文原名 标准带路径全名 首端厂站标识 末端厂站标识 功率限值 允许载流量 基准电压标识 正序电阻 正序电抗 正序电纳 零序电阻 零序电抗 零序电纳 所属系统区域

```
#120 116530640358212416 NULL 包头.滨万线 113997367295869039
1139973658194739992 0.000061 0.0000 112871465912631302 0.0080 0.0250
0.5600 0.0000 0.0000 0.0000 103

</ACLineSegment::内蒙古全网>

...

<ACLineDot::内蒙古全网>

@Num mRID code coding pathname namingdescribe ACLineSegment
bay_id Substation I_node BaseVoltage VoltageLevel P Q region_id
record_app
```

//序号 标识 英文标识 英文名称 中文名称 中文名称描述 线段 ID 间隔 ID 厂站 ID 连接点号 电压类型 ID 电压等级 ID 有功量测 无功量测 模型所属区域 记录所属应用

```
#421 116812117062976530 LN.滨万线 NULL 包头.滨河变/110kV.滨万线
NULL NULL 116530640358212416 114278842272587206 113997367295869173
103000245008029 112871465677750280 113152942365737434 0.0000
0.0000 103 32783

#11859011681211586581191 内蒙古.滨河站/110kV.万滨线 内蒙古.
滨河站/110kV.万滨线 116530640358212416 1139973658194739992
1500007200609011287 1465912631302 113152940889342168 0.0000
0.0000 15 32783

</ACLineDot::内蒙古全网>

...
```

通过这种方式对各级电网模型进行自动拼接，拼接后的模型拥有更全面的电网数据和拓扑结构，提升了各级系统之间的协作和相互支撑能力。

14.5　本 章 小 结

本章讨论了模型图形自动拼接技术，首先介绍了 IEC 61970 系列标准，包括该标准的由来和组成，分析了 CIM 标准电网模型，总结了 CIM/E 模型特点。对各级电网模型之间的拼接方法、原则进行了详细阐述，重点介绍了各级电网模型拼接的总体实现方案和具体的实现流程，并且最后用实际电网模型中厂站模型的 CIM/E 文件进行了上述拼接方案的验证和拼接结果的说明。

第 15 章　低压负荷消纳清洁能源调控策略

15.1　国内外研究现状

国际和国内能源领域目前的供给侧发展趋势增速趋于平稳，亟待能源结构的优化转型。因此，为了更好地促进可再生能源的消纳，不仅需要充分利用电力市场、相关基础设施及发展环境，寻求需求侧能源消费结构改善的可持续发展路线，同时也要合理调用需求侧资源的柔性可控能力，以应对高比例可再生能源接入电力系统的灵活互动及调控需求。

随着智能电网的发展，用电节约化、高效化以及各类需求侧响应措施的大力推广，电力需求侧负荷资源种类更趋多样化，用电特性也呈现一些新变化，主要体现在：

(1) 灵活可调性增强。部分电力用户中的工业负荷、商业负荷以及居民生活负荷中的空调、冰箱等负荷能够根据激励或者电价响应电网需求并参与电力供需平衡，表现出了灵活、可调、可控的新特征。

(2) 不确定性增强。这种不确定性既表现在负荷自身用电特性上，也表现在负荷根据激励或电价响应时的不确定性上。此外，负荷侧不确定性还表现在时间上和空间上，如电动汽车充放电的时间不确定、充放电地点不确定等。

(3) 部分新型负荷具有一定的双向性。以电动汽车、储能等为代表的新型负荷具有"源荷"双重特征。既可以充电时表现为负荷，也可以放电时表现为电源，通过一定的调控措施能够与电网双向互动。随着相关技术的发展，电动汽车、储能等在电力负荷中的比例不断增加，迫切需要进行相关技术的研究和试点示范。

负荷特性的新变化引起了电力学者和相关行业的共同关注，特别是负荷侧资源体现出的灵活可调性成为业界研究的热点。未来智能电网需要容纳较大比例的主动负荷，这里将负荷的灵活可调性定义为负荷的柔性，即负荷大小可在用户指定的区间内"伸缩"，依靠负荷增减或在该节点上向用户直接供电的分布式发电出力的调整实现。本章将"柔性负荷"的内涵定义为用电量可在指定区间内变化或在不同时段间转移的灵活可调负荷，其外延包含具备需求弹性的可调节负荷或可转移负荷，具备双向调节能力的电动汽车、储能、蓄能以及分布式电源、微网等。作为发电调度的补充，柔性负荷调度能够削峰填谷、平衡间歇式能源波动并提供辅助服务，有利于丰富电网调度运行的调节手段。然而，柔性负荷数量多、分布分散、单体容量较小，如何引导柔性负荷参与电网调控运行是亟待解决的难题。

目前对于负荷资源的调用，在价格或激励的引导下，响应行为从控制形式的差异性角度可分为自主执行、约定执行和直接控制三种形式。对于前两种形式，以用户级层面进行参与，由用户根据收益参考或合约内容进行操作和实现，其中自主执行的响应是预设了动作行为库，取代了用户执行过程，但本质上依然是用户选择的约定执行行为，因此负荷异构性的影响相对较小。对于直接控制，由于大量的负荷分布零散，且通常是由负荷聚合商与用户协定后，获得负荷群控制权限，从而通过信息物理融合系统直接执行控制操作。在此过程中，聚合商需基于负荷状态，对负荷对象的综合可调节能力进行评估，确定负荷对象调节的优先级。目前的相关工作中，负荷集群控制的研究对象主要面向热水器、空调、电热泵等典型的温控负荷，其具体控制实现的研究在模型建立、控制逻辑及优化策略等方面各有侧重。

为了应对上述挑战和机遇，世界电力工业已将发展智能电网作为应对未来挑战的共同选择。开放互动是智能电网的重要特征之一，目前对于互动的研究与应用主要局限于源网协调和互动用电等方面，研究热点包括集中式可再生能源的友好接入技术、分布式发电/微网与大电网的相互作用、电动汽车/储能与电网的互动和用户侧需求响应技术等。这些研究从单个环节和局部问题出发，侧重于解决电网当前阶段面临的关键技术问题，缺少电源、电网、负荷互动对电网运行控制影响的整体思考和系统性研究。只有电源、电网、负荷的全面互动和协调平衡才能适应未来智能电网的发展需求，这种良性互动不仅必需而且可能。一方面，大规模和分布式可再生能源的快速发展、未来电动汽车充放换电设施的大量接入、储能和微网的不断发展，都对电网造成不同程度的冲击。目前我们所遇到的可再生能源消纳等新问题，其重要原因之一是我们仍然按"发电跟踪负荷"的常规电网运行控制理论来应对新需求，没有让可控负荷成为电网调节和消纳新能源的重要手段，没有让电源、电网、负荷形成真正的互动，未能充分发挥智能电网的作用。另一方面，随着新理论、新技术、新材料的快速发展，电源、电网和负荷均具备了柔性特征。通过间歇式能源与具有良好调节和控制性能的柔性电源的协调配合，使之一起向可预测、可调控的方向发展。与电网友好的可控常规负荷及微网、储能、电动汽车、需求响应等将发展成能够适应电网调控需求的柔性负荷。信息交互的完善使得电源、电网、负荷不仅能感知自身状态的变化，同时还能获知其他个体的全面信息。这一切为电源、电网、负荷相互之间的全面互动提供了可能。

因此，研究低压负荷的调控策略，实现电源与负荷之间的良性互动，促进清洁能源消纳，是应对智能电网能源结构变革的重要手段，也是电网快速发展的必然趋势。

15.2　常规机组自动增益控制策略

常规机组 AGC 是指通过对控制区域内常规水电、火电机组的有功功率调节，实现电网有功实时平衡、输电潮流安全校正，保证电网频率和联络线功率运行在计划值附近。

15.2.1　数据处理

1. 数据来源

AGC 接收和处理 SCADA 系统的实时遥测、遥信数据，数据类型主要包括：

(1) 系统频率；

(2) 联络线交换功率；

(3) 系统时差；

(4) 遥测分区控制误差 (area control error，ACE) (上级调度下发或外部计算)；

(5) 机组有功功率；

(6) 新能源发电有功功率；

(7) 机组、电厂或新能源场 (站) 调节上下限；

(8) 机组、电厂或新能源场 (站) AGC 允许受控状态；

(9) 机组、电厂或新能源场 (站) AGC 可受控状态；

(10) 机组、电厂或新能源场 (站) 升 (降) 功率闭锁信号等。

2. 实时数据处理

实时数据处理任务在每个 AGC 数据采集周期内被调用，接收和处理实时遥测和遥信数据，包括区域频率、时差、网调 ACE、联络线交换功率、走廊交换功率计划、PLC (可编程逻辑控制器) 控制上下限、PLC 调节步长、机组有功出力、机组 AGC 受控状态、机组升 (降) 闭锁信号等。重要数据的量测除主测点外，还应从不同量测点获得一个或多个后备量测。一旦主测点无效，程序应自动选用后备量测。

当发现下列情况之一时，自动作为无效测点处理：

(1) 电网稳态监控模块带有不良质量标识；

(2) 量测值超出指定的合理范围，且检测坏数据在标识位置上；

(3) 量测值在指定的时间内不发生任何变化，且检测旧数据在标识位置上；

(4) 调度员指定不能使用。

当发现下列情况之一时，自动作为无效量测处理：

(1) 所有主备测点都是无效测点；

(2)存在多个有效测点,但它们之间的偏差太大。

若无效量测导致重要量测数据无效,则区域 AGC 自动进入暂停状态;若机组的重要量测无效,则机组 AGC 自动进入暂停状态。

提供对 ACE 量测数据的滤波处理功能,能有效过滤由于噪声和随机波动引起的高频随机分量。

3. 控制建模

AGC 功能应提供方便的控制区域、控制对象建模手段,主要包括以下方面:

(1)支持建立控制区域模型,描述控制区的内外部属性;

(2)应支持水电、火电机组单机控制方式和全厂控制方式以及梯级水电厂多厂控制方式建模;

(3)应支持建立风电场、光伏电站等新能源场(站)的控制对象模型;

(4)应支持控制模型的校验和在线装载功能,更新控制模型不影响实时控制运行。

15.2.2　区域控制策略

1. 控制目标

自动发电控制功能模块通过控制区域内发电设备的有功功率,使本区域发电功率跟踪负荷和联络线交换功率的变化,以实现电力供需的实时平衡。AGC 应实现下列目标:

(1)维持系统频率与额定值的偏差在允许的范围内;

(2)维持对外联络线净交换功率与计划值的偏差在允许的范围内;

(3)实现 AGC 性能监视、PLC 性能监视和 PLC 相应测试等功能。

2. ACE 计算

应根据不同的控制模式实时 ACE 计算,并支持遥测 ACE 接收和 ACE 滤波功能。

(1)应提供如下三种 AGC 控制模式。

①FFC(flat frequency control,恒定频率控制)。AGC 的控制目标是维持系统频率恒定,此时 ACE 计算公式中仅包含频率分量:

$$\text{ACE} = B(f - f_0) \tag{15.1}$$

式中,B 为区域频率偏差系数(MW/Hz);f 为实测系统频率(Hz);f_0 为额定频率(Hz)。

②FTC(flat tie-line control,恒定联络线交换功率控制)。AGC 的控制目标是

维持联络线交换功率的恒定，此时 ACE 计算公式中仅包含联络线交换功率分量：

$$ACE = I - I_0 \qquad (15.2)$$

式中，I 为区域联络线实际潮流功率之和（MW）；I_0 为区域计划净交换功率（MW）。

③TBC（tie-line and frequency bias control，联络线和频率偏差控制）。AGC 同时控制系统频率和联络线交换功率，此时 ACE 计算公式中同时包含频率分量和联络线交换功率分量，在适当的频率偏差系数取值下，ACE 能正确反映本区域内的有功不平衡功率：

$$ACE = B(f - f_0) + (I - I_0) \qquad (15.3)$$

式中，B 为区域频率偏差系数（MW/Hz）；f 为实测系统频率（Hz）；f_0 为额定频率（Hz）；I 为区域联络线实际潮流功率之和（MW）；I_0 为区域计划净交换功率（MW）。

(2) 应支持接收遥测 ACE 值（上级调度机构下发或外部计算），直接用于 AGC 控制，并和本地计算的 ACE 值互为后备。

(3) 应具有 ACE 滤波功能，以消除高频随机分量对控制系统的影响。

3. 区域调节功率

根据区域调节功率的大小和给定的阈值，将 AGC 控制区划分为死区、正常区、帮助区和紧急区，如图 15.1 所示。

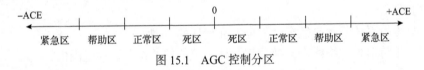

图 15.1　AGC 控制分区

在计算区域调节功率时，综合考虑如下因素。

(1) ACE 值和 ACE 积分值。

(2) 与 AGC 性能评价标准相关的修正分量。

(3) A 标准策略：A1 准则又称过零准则，要求每一个控制区的 ACE 在每个评价周期内必须至少过零一次；A2 准则要求将每一个控制区每个评价周期内的 ACE 平均值控制在规定的范围以内。A 标准是依据区域 ACE 在评价周期内是否过零（A1 值）和 ACE 平均值是否超出（A2 值）对控制区的联络线控制和频率调节的实际水平进行评价，并结合控制区 ACE 曲线与时间轴围合而成的相当于电量的面积，乘以相关的惩罚系数，对控制区进行惩罚或奖励。

死区：只有 ACE 积分值起作用。

正常区：不考虑 ACE 方向，将控制命令下发给机组。

帮助区：只允许功率增量与 ACE 恢复方向相同的机组改变出力。

紧急区：所有 AGC 机组均向有利于 ACE 恢复的方向改变机组出力。

(4) CPS 标准。

① I 类控制性能标准 CPS1。I 类控制性能标准记为 CPS1，根据不同的统计时间又可以分为分钟 $\text{CPS1}_{\min}$、小时 $\text{CPS1}_{\text{hour}}$、日 CPS1_{day}、月 CPS1_{mon}、年 $\text{CPS1}_{\text{year}}$，对应的计算公式分别如下：

$$\text{CPS1}_{\min} = \left(2 - \text{CF}_{\min}\right) \times 100\% = \left(2 - \frac{\text{ACE}_{\min}\Delta f_{\min}}{K\varepsilon_1^2}\right) \times 100\% \tag{15.4}$$

$$\text{CF}_{\min} = \frac{\text{ACE}_{\min}\Delta f_{\min}}{K\varepsilon_1^2} \tag{15.5}$$

$$\text{CPS1}_{\text{hour}} = \text{AVC}\left(\sum_{i=1}^{60} \text{CPS1}_{\min,i}\right) \tag{15.6}$$

$$\text{CPS1}_{\text{day}} = \text{AVC}\left(\sum_{i=1}^{60\times24} \text{CPS1}_{\min,i}\right) \tag{15.7}$$

$$\text{CPS1}_{\text{mon}} = \text{AVC}\left(\sum_{i=1}^{60\times24\times30\text{或}31} \text{CPS1}_{\min,i}\right) \tag{15.8}$$

$$\text{CPS1}_{\text{year}} = \text{AVC}\left(\sum_{i=1}^{60\times24\times365\text{或}366} \text{CPS1}_{\min,i}\right) \tag{15.9}$$

式中，K 为控制区域的静态频率响应系数；ε_1^2 为互联电网对给定年 1min 平均频率偏差(与给定基准频率)的均方根控制目标值；$\Delta f_{\min}$ 为电网频率偏差的 1min 平均值。

控制区有责任控制日、月、年 CPS1 值大于 100%。

② II 类控制性能标准 CPS2。II 类控制性能标准要求控制区在评价周期内平均 ACE 的绝对值小于控制目标值 L_{10}，满足上述要求的 10min 时间段记为一个合格点。用合格点占总 10min 时间段个数的百分比来标记 CPS2。

控制区有责任控制日、月、年的 CPS2 值大于 90%。

③电网频率 1min 均方根控制目标值。ε_1 为互联电网对给定年 1min 平均频率偏差(与给定基准频率)均方根的控制目标值，单位为 Hz。一般采用上年全年作为一个统计周期，计算电网的 1min 平均频率偏差(与额定频率)的均方根。各电网可根据运行情况适度提高或降低控制目标值。

$$\varepsilon_1 = \sqrt{\frac{\sum_{i=1}^{n}\left(\Delta f_{\min,i}\right)^2}{n}} \tag{15.10}$$

式中，n 为该统计周期所包含的 10min 时间个数。

④10min 平均区域控制偏差控制目标值 L_{10}：

$$L_{10} = 1.65\varepsilon_{10}\sqrt{K_i K_{\text{grid}}} \tag{15.11}$$

式中，1.65 为使区域频率控制目标能达到 90%要求的统计标准差常数；K_i 为控制区域 i 的频率响应系数；K_{grid} 为整个同步互联电网的频率响应系数。

⑤一致性因子。一致性因子(compliance factor, CF)是评价各控制区的 ACE 是否对系统频率控制有利的因子。

4. 调节功率分配

根据区域功率分配方案，区域调节功率合理地分配到区域下各个可调节的 PLC。按 PLC 的可调容量和调节速率来分配，可在区域表中设置比例因子和速率因子权重，二者共同决定该区域下 PLC 的功率分配，优先考虑比例因子。

15.2.3　机组控制策略

AGC 的控制对象是机组控制器 PLC，AGC 下发控制命令给 PLC，由 PLC 调节机组的有功出力。一个 PLC 可以由一个或多个机组构成，以方便实现单机控制和全厂控制，如图 15.2 所示。

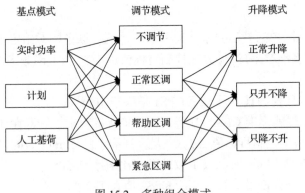

图 15.2　多种组合模式

1. 机组目标功率计算

AGC 机组目标功率包括基本功率与调节功率两部分，计算方式如下。

(1)机组的基本功率由机组的基本功率模式确定。在紧急调节区，机组从当前的实际功率向基本功率调节时，若其方向与区域调节功率的方向相反，则直接取基本功率为当前的实际功率。

(2)参与调节的机组由其调节功率模式和 AGC 控制区间共同确定。将区域调节功率分配到各参与调节的机组时，应满足如下要求。

①根据下面给出的分配因子，将区域调节功率按比例分配到各参与调节的机组：

a. 人工给定的分配因子；

b. 机组的调节速率；

c. 上述两个分配因子的加权平均。

②根据下面给出的排序指标，将参与调节的机组按上下调节方向分别排序，并按机组可承担的最大调节功率(给定值)，顺序选择机组参与调节功率分配：

a. 机组的调节速率；

b. 机组的上(下)可调容量比例；

c. 机组的上网电价；

d. 机组/电厂功率偏离计划值的比例；

e. 机组/电厂当日实发电量与计划电量的比例；

f. 上述各项指标的加权平均。

③支持按机组的不同特性(如机组类型、调节速率等)将参与调节的机组分成若干组，各组以及组内各机组之间的调节功率分配同样遵循以上原则。

④当 AGC 处于紧急区时，自动将区域调节功率按机组的调节速率分配到各参与调节的机组。此功能可人工指定启动或停止。

2. 控制指令校核与下发

AGC 在发出控制命令之前，需要进行一系列校验，以保证控制对象运行的安全性，包括以下校验：

(1)反向延时校验；

(2)控制命令死区校验；

(3)不跟踪校验；

(4)最大调节增量校验；

(5)调节限值校验；

(6)调节功率允许校验(AGC 在次紧急区时，不允许往区域调节功率的反方向调节)；

(7)机组禁止运行区校验；

(8)增(减)功率闭锁校验(包括人工设置闭锁、远方闭锁信号)；

(9)稳定断面重载或越限校验(根据稳定断面传输功率相对于机组功率的灵敏度信息，限制某些机组功率的调节方向)。

控制指令下发采取以下方式：

(1)设定值方式；

(2)升/降脉冲方式(脉冲宽度或脉冲个数)。

3. 性能监视

AGC 性能监视在每个 AGC 数据采集周期被调用,用于计算如下性能指标:

(1)区域性能指标,包括控制性能指标 A 标准、C 标准及 T 标准,ACE、频率、时差在不同时段的最大值、最小值、平均值等;

(2)PLC 性能指标,包括 PLC 投运率、调节合格率、调节速度和精度、下发的控制命令次数等,以及记录的每一个 PLC 控制命令,PLC 实际功率和目标功率的偏差等;

(3)合格率指标,包括计算频率、交换功率、ACE 等在不同阈值下的合格率;

(4)告警信息和操作信息;

(5)控制区域、电厂及 PLC 的上、下调节备用容量及调节响应速率;

(6)应能监视系统扰动,对符合相关要求的扰动,基于电网扰动控制标准,评估控制区域对扰动的恢复能力;

(7)将上述性能指标存放到历史数据库,并提供方便的查询手段。

15.3　新能源自动增益控制策略

15.3.1　断面有功控制策略

1. 分区间控制

断面既可以是电网实际断面,也可以是调度定义的虚拟断面(如全网风电总出力、各风区总出力等)。在进行断面控制时,首先需要计算出控制断面的控制偏差,该控制偏差为断面输出潮流限值与断面实际潮流值,并留有一定的稳定裕度。风电场功率控制功能模块自动将断面控制偏差按照给定的风电场功率分配策略分配给各个参与调整的风电场,将参与断面控制分配得到的分配量对参与调整风电场原计划进行修正,得到控制目标后,再将其发送至各个风电场。

1)正常区

将断面调节量分配给断面下的风场机组,此时断面的常规机组不参与断面调节,常规机组的调节量由区域 ACE 计算得到。

2)紧急区

将断面下的风场目标值限制在当前出力,防止断面越限,此时断面的常规机组只能向断面恢复方向调节。

3)帮助区

将断面越限需要下调的调节量分配给断面下的常规机组,当断面下常规机组备用不足时，下调断面下的风电机组。

2. 分层次嵌套控制

实现断面分层控制，一个风场可同时对多个断面进行有功控制，同时满足多个断面的安全约束，嵌套断面结构如图 15.3 所示。

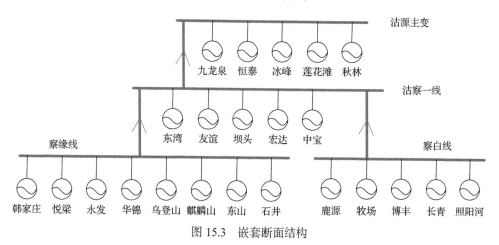

图 15.3　嵌套断面结构

当底层断面受限，而全网对风电还有接纳空间时，系统会将该断面受限出力转移给全网其他有送出空间的断面，避免不必要的弃风，同时保证各层断面都在安全限值内运行。系统在一个控制周期内，会对各风场的指令进行多次计算，保证风场最终的指令值既能满足所有相关断面的安全约束，又能避免风场不必要的弃风，提升全网对风电的接纳能力。

1) 数据模型

设某断面 i 的有功功率优化目标为 P'_{ti}，则优化目标函数可以表达为

$$\max\left(P'_{ti}\right) = f\left(P_{ti}, \Delta P_{lj}, \beta_i\right) \tag{15.12}$$

等式约束条件为

$$P'_{ti} = P_{ti} + \Delta P_{ti} \tag{15.13}$$

$$\Delta P_{ti} = \sum_{l=1}^{m} \Delta P_{lj}, \quad j = 1, 2, \cdots, m \tag{15.14}$$

不等式约束条件为

$$P'_{ti} \leqslant P_{ti\text{-max}} \tag{15.15}$$

式中，i 为断面标号；j 为与断面 i 相关的风电场标号；m 为与断面 i 相关联风电场

的数量；P'_{ti} 为断面 i 的期望有功功率；f 表示算法规则；β_i 为断面 i 的深度系数；P_{ti} 为断面 i 的实时有功功率；ΔP_{ti} 为断面 i 实时有功功率调节量；ΔP_{lj} 为与断面 i 相关的第 j 风电场的有功功率调节量；$P_{ti\text{-max}}$ 为断面 i 的有功限值。

断面 i 有功的最大化由断面 i 的实时有功功率 P_{ti}、相关风电场的实时有功功率调节量 ΔP_{lj} 和所处的深度 β_i 决定，如式(15.12)所示。

断面 i 的期望有功功率 P'_{ti} 由断面 i 的实时有功功率 P_{ti} 和断面 i 实时有功功率的调节量 ΔP_{ti} 组成，如式(15.13)所示。

断面 i 的实时有功功率调节量 ΔP_{ti} 由其相关风电场的有功功率调节量 ΔP_{lj} 决定，如式(15.14)所示。

断面 i 的期望有功功率 P'_{ti} 不应超过给定的限值 $P_{ti\text{-max}}$，如式(15.15)所示。

2)调节功率分配算法

断面调节功率分配算法流程如图 15.4 所示。各层次的断面优化搜索过程类似，因此采用递归算法将复杂的多级优化问题转化为一个与原问题相似但规模较小的问题来求解。

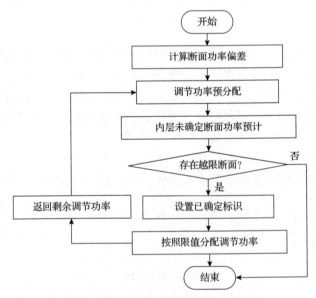

图 15.4　断面调节功率分配算法流程

(1)计算最外层断面的功率限值与实时功率的偏差，并将调节功率预分配至所有相关风电场。

(2)在每一次调节功率预分配结束后，采用深度优先搜索算法从外到内对所有断面进行校验。若断面 i 不满足约束条件 $P'_{ti} \leqslant P_{ti\text{-max}}$，则将其目标功率设定为 $P_{ti\text{-max}}$，并设置已确定标识，对其相关风电场重新预分配调节功率，并判断其子断面是否满足约束条件，以此类推，直至全部子断面满足约束条件。

（3）将断面 i 的剩余未分配调节功率返回给最外层断面，重新对其他未确定的断面相关风电场预分配调节功率，并采用相同的方法对其他断面进行校验。

（4）当所有断面均满足约束条件 $P'_{ti} \leqslant P_{ti\text{-max}}$ 时，搜索判断结束，下发控制指令到各风电场。

断面调节功率分配前首先要将该断面所属的所有可控风电场有功功率求和，以求和后的总功率与断面调节功率之和作为总调节功率，再分配给各个风电场，分配时采用给定的分配系数（如开机容量）。

15.3.2　风电场有功控制策略

1. 控制目标

风电有功控制目标支持计划跟踪控制、预测控制、断面控制、计划/断面控制、预测/断面控制、区域协调控制、设点控制和实时调峰控制等多种控制目标。

1）风电计划跟踪控制

在风电场参与计划跟踪控制时，风电场控制模式为计划跟踪模式，风电场的目标出力仅由风电场的实时计划决定。风电控制模块实时或按照一定的时间间隔读取计划模块提供的日内（滚动）计划，再将读取到的风电场日内计划值实时或按一定时间间隔发送至风电场，风电场按照接收到的计划值调整风电场的实际出力。

风电 AGC 系统通过实时监视风场对计划曲线的跟踪情况，判断该风场是否有能力跟踪计划曲线，对于没有能力跟踪计划曲线的风场，风电 AGC 系统在将计划值下发到该风场的同时，该风场的计划值调节量不再计入区域调节功率。

2）风电预测控制

在风电场参与预测控制时，风电场控制模式为预测模式，风电场的目标出力仅由风电场的超短期风功率预测值决定。风电控制模块实时或按照一定的时间间隔读取预测模块提供的风功率预测值，再将读取到的风电场预测值实时或按一定时间间隔发送至风电场，风电场按照接收到的预测值调整风电场的实际出力。

风电 AGC 系统通过实时监视风场对预测曲线的跟踪情况，判断该风场是否有能力跟踪预测曲线，对于没有能力跟踪预测曲线的风场，风电 AGC 系统在将预测值下发到该风场的同时，该风场的预测值调节量不再计入区域调节功率。

3）风电断面控制

将风电场投入断面控制时，风电场的控制模式为断面控制模式。

（1）断面在正常区：只有投入断面控制模式的风场承担断面的上调节量，保证电网优先接纳风电，在对断面下的风场进行功率分配时，按照"三公"调度要求进行合理安排，同时挖掘各风场的最大发电能力，实现对风电功率的多分层、多循环分配方案，提高电网接纳风电的能力。

(2)断面在紧急区：投入断面控制模式的风场的目标值被限制在当前出力，避免进一步恶化断面，但此时风场也不会主动下调。

(3)断面在帮助区：先调节常规机组出力，只有常规机组备用不足时才调节断面下的风场，在调节断面下的风场时仍遵循上述在断面正常区的分配原则。

4)风电计划/断面控制

在风电场参与计划和断面控制时，风电场控制模式为计划/断面模式，风电场出力受断面和计划值的双重约束控制。

(1)断面在正常区：该类风电场的目标出力仅由风电场的实时计划决定，不参与断面调节。风电控制模块实时或按照一定的时间间隔读取计划模块提供的日内(滚动)计划，再将读取到的风电场日内计划值实时或按一定时间间隔发送至风电场，风电场按照接收到的计划值调整风电场的实际出力。

(2)断面在紧急区：此时，若风场的计划值小于风场当前出力，则下发计划值；若计划值大于风场出力，则下发风场当前出力，避免断面恶化。

(3)断面在帮助区：先下调断面下的常规机组出力，常规机组备用不足时，再下调断面下跟断面的风电场出力，当断面下常规机组、跟断面风场和备用都不能满足断面调节需求时，才下调断面下跟计划或预测控制模式的风场。

5)风电预测/断面控制

在风电场参与预测和断面控制时，风电场控制模式为预测/断面模式，风电场出力受断面和预测值的双重约束控制。

(1)断面在正常区：风电场的目标出力仅由风电场的超短期风功率预测值决定，不参与断面调节。风电控制模块实时或按照一定的时间间隔读取预测模块提供的风功率预测值，再将读取到的风电场预测值实时或按一定时间间隔发送至风电场，风电场按照接收到的预测值调整风电场的实际出力。

(2)断面在紧急区：此时，若风场的预测值小于风场当前出力，则下发预测值；若预测值大于风场出力，则下发风场当前出力，避免断面恶化。

(3)断面在帮助区：先下调断面下的常规机组出力，常规机组备用不足时，再下调断面下跟断面的风电场出力，当断面下常规机组、跟断面风场和备用都不能满足断面调节需求时，才下调断面下跟计划或预测控制模式的风场。

6)风电区域协调控制

在风电场参与区域协调控制时，风电场控制模式为区域协调控制模式。采用风电优先原则进行 AGC 系统协调控制，当电网有出力上调需求时，优先调节风电，风电上备用不够时才调节火电和水电；当电网有出力下调需求时，优先降火电和水电出力，只有火电和水电下备用不够时才下调风电出力。

(1)区域在正常区：参与区域协调控制的风场始终在当前出力的基础上保持一

个步长的向上调节量，避免风电场限电，由常规机组响应区域的调节需求。

（2）区域处于上紧急区：对区域下的风电场进行反向出力调节闭锁，避免对区域进行反向调节，同时计算区域下常规机组的快速调节备用，当快速调节备用不足以在短时间内使电网恢复正常时，区域控制模式的风电场将按设定的分配方式，参与区域调节，使电网尽快恢复正常。

7）风电设点控制

在风电场参与设点控制时，风电场控制模式为设点控制模式。风电场 PLC 维持调度员给定的出力目标值，该类风场不再参与调节功率分配。

8）基于风电接纳能力的实时调峰控制

在进行调峰控制时，首先需要获取当前控制区域内部风电总接纳能力。在得到控制区内风电总接纳能力之后，将风电接纳能力与风电总实际出力之差作为风电控制偏差，将偏差作为调节量按照给定的风电场功率分配策略分配到各个风电场，在各个风电场的计划出力上叠加分配到的调节量作为风电场的目标出力，再将目标出力下发至各个风电场。

2. 调节功率分配策略

在进行风电功率控制调节量分配时，支持多原则分配策略，如公平性、安全性、经济性或综合性指标，分配策略支持：

（1）按风电场装机容量分配，即各个风电场按均等比例分配。

（2）按计划曲线比例分配，即各风电场对所需分配时段的每个时间点，按照其计划值比例进行分配。

（3）按给定策略分配，即综合各种因素后人工设定风电场权重系数，各风电场按照其权重系数比例进行分配。

（4）按调节速率分配，即按照风电场的调节速率进行分配，调节速率快则多分，调节速率慢则少分，能够以最快的方式减小给定的功率限值。

（5）按预测曲线比例分配，即各风电场对所需分配时段的每个时间点，按照其预测值比例进行分配。

（6）按发电能力分配，即实时探测各风场的最大发电能力，当风电场没有预测值或预测值不准时，风电 AGC 系统可根据该风场前几周期的出力波动和指令跟踪情况，判断该风场的最大发电能力。风电 AGC 系统再将发电能力暂时不足的风场的调节量转移给发电能力充足的风电场，待该风场涨风时，再将被转移的调节量进行偿还。

3. 风场发电能力探测

为了减小风功率预测偏差对实时控制的影响，系统根据各风场出力与目标值的跟踪情况，对各风场的发电能力进行实时探测。如果风场有功在设定时间内不能达到目标值，则认为该风场暂时不具备上调能力，系统会将该风场的目标值降低，同时为了避免该风场涨风时由于目标值过低而被限电，目标值会始终在风场实时有功功率的基础上加一定上调空间，一旦风场出力跟上目标值，系统会立即重新分配该风场的目标值。

15.3.3　协调控制策略

1. 风电场间协调控制策略

通过优化的分配策略，对断面内所有风场进行功率分配时，根据各风场发电能力的差异，允许风力暂时较强或调节性能优秀的风电场先占用送出空间，待风力或性能次之的风电场具备能力时，再让出空间，从而充分发挥各风电场的发电能力，并实现电网对风电有功功率的平滑消纳。

2. 风电机组与常规机组协调控制策略

协调控制策略考虑对各类调节资源进行优先级设置，优先调节水电或性能优异的火电、燃机机组，快速平抑包括风电波动在内的有功扰动，再将水电或其他快速调节机组的电量部分转移到慢速调节机组中，确保快速调节机组具备有效调节容量，每发生一次风电较大范围的波动，就会完成水、火、风电的一次转换。风电场一般只在紧急情况下或常规电源调节能力不足时参与调节。风电有功控制软件与常规 AGC 系统协调控制的接口方式主要分为松耦合方式和紧耦合方式，协调控制策略如表 15.1 所示。

表 15.1　协调控制策略表

ACE 调节需求		风电调节行为
紧急	上调	根据风场超短期预测出力实时计算风电上备用，优先调节风电，风电上备用不足时再调节常规机组
	下调	常规机组备用不足且调度启用"常规机组备用不足风电参与下调"功能时，风电参与调节，否则风电维持当前出力
帮助	上调	根据风场超短期预测出力实时计算风电上备用，优先调节风电，风电上备用不足时再调节常规机组
	下调	不下调，但受断面约束，不受断面约束的风场维持当前出力
正常	上调	根据风场超短期预测出力实时计算风电上备用，优先调节风电，风电上备用不足时再调节常规机组
	下调	所有没受断面约束的风场都向上调节一个步长，受断面约束的风场跟断面调节
死区		所有没受断面约束的风场都向上调节一个步长，受断面约束的风场跟断面调节

15.4　面向新能源消纳的负荷控制策略

15.4.1　可调度潜力评估

负荷群之间在完成调控任务的过程中，负荷差异性明显，且缺乏有效互通，因此通常基于任务分配优化的方式实现负荷群之间在同一调控任务下的协作，针对负荷这一典型的目标群体，充分考虑各负荷群之间的异构特性。

1. 调节资源特性分析

1）常规机组

电源侧调峰参与者包括电网中可用于调峰的火电、水电机组，一般夏季方式下中温中压火电机组参与调峰，冬季方式下水电机组参与调峰。常规机组有最小技术出力和最大发电出力约束，即

$$P_{i,\mathrm{min}}^{f} \leqslant P_{i}^{f}(t) \leqslant P_{i,\mathrm{max}}^{f} \tag{15.16}$$

此外机组运行时有爬坡速率约束，即

$$-R_{fi}^{d}\Delta T \leqslant P_{i}^{f}(t+1) - P_{i}^{f}(t) \leqslant R_{fi}^{u}\Delta T \tag{15.17}$$

式中，R_{fi}^{d} 和 R_{fi}^{u} 分别为机组 i 向下和向上爬坡速率；ΔT 为调度周期。

2）储能电站

电网侧调峰参与者为抽水蓄能机组、电池站，电网用电高峰期，释放储能来补充电网电力供应不足，在用电低谷期，将电网多余的能力储存起来。储能调峰可实现"削峰填谷"双重作用，是非常理想的调峰手段，其出力的上下限如下：

$$-P_{R_i\,\mathrm{max}} \leqslant P_{R_i}(t) \leqslant P_{R_i\,\mathrm{max}} \tag{15.18}$$

3）可控负荷

负荷侧调峰参与者主要有空调、电动汽车等可控负荷。在用电高峰时空调占了很大的比例，空调作为一种可平移负荷，室内温度达到相应标准时，在不影响用户用电的前提条件下，平移其用电时段，实现移峰填谷。电动汽车负荷在电网负荷低谷时段充电，在电网负荷高峰时段放电，电动汽车的充放电站有良好的"削峰填谷"双重效果，可极大缓解电网的调峰压力。调度中心可根据智能用电系统确定可控负荷量，电网是按照分层分区调度，上级调度命令一层层下达到基层变电站，再由集成融合终端来控制负荷点即母线下多个空调或电动汽车负荷，整个

负荷点的大小也有一定的上下限，即

$$-P_{L_i \max} \leqslant P_{L_i}(t) \leqslant P_{L_i \max} \tag{15.19}$$

2. 负荷调节指标评价

评估负荷调节质量，就是考核负荷调节跟随指令变化是否达到了要求。负荷调节功能涉及的参数主要有可用率、投运率、调节容量、正确动作率、调节速率、调节精度、响应时间及调节性能综合指标。以下介绍其中几个。

(1)投运率：指除经调度机构同意退出的时间段外，负荷调节可用时间与总时间的比值，反映了负荷调节潜在能力的大小。

(2)调节容量：指正常情况下负荷调节受控期间，有功输出所能达到的最大值和最小值之间的差值，反映了负荷发生变化时，负荷作为调节资源对电网平衡调节做出贡献的能力大小。

(3)正确动作率：指负荷调节正确响应指令次数与总的有效指令次数的比值，正确响应的定义在算法实现中会详细说明，该指标反映了负荷调节跟随指令变动而变动能力的大小。

(4)调节速率：指负荷调节响应指令的速率，即正常情况下负荷受控期间，有功输出对时间的变化率，反映了负荷改变的快慢速度，也就是对维持系统频率贡献的快慢，单位为MW/min。根据定义，调节速率表达式为

$$V_i = \frac{P_1 - P_0}{t_1 - t_0} \tag{15.20}$$

(5)响应时间：指负荷调节系统发出指令之后，可控负荷在原出力点的基础上，可靠地跨出与调节方向一致的机组调节死区所用的时间，是纯延迟时间，由通信延时和机组响应延时组成。

15.4.2 控制目标

1. 与传统调度模式对比

传统调度模式如图 15.5 所示，主要考虑发电侧调度，通过调整发电机组出力来满足用电需求，负荷在系统运行中是被动的、静止的、刚性的，尚未形成明显的互动关系。本节兼顾了能源侧的发电调控、用户负荷侧的动态调控，使部分负荷在系统运行中可看作是主动的、变化的、柔性的，从而实现发电用电资源的一体化协调调度，如图 15.6 所示。

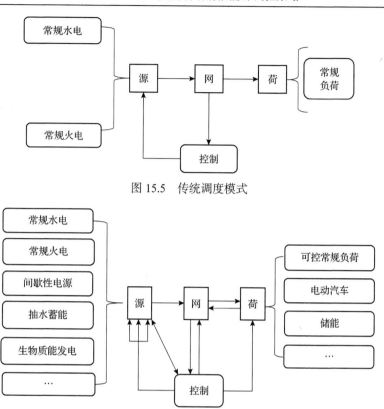

图 15.5　传统调度模式

图 15.6　源荷互动调控模式

本节提出的负荷调控系统架构，负荷侧的储能、电动汽车等可控负荷参与电网有功调节，电力用户中的工业负荷、商业负荷以及居民生活负荷中的空调、冰箱等作为需求侧资源实时响应电网需求并参与电力供需平衡，以源、荷互动提升电力系统功率动态平衡能力，实现清洁能源的最大化利用。

2. 多级协调控制流程

系统中低压负荷分布分散、个体容量较小，调度中心不便于对其进行直接控制。而负荷调控系统将可调度负荷资源上传给 AGC 系统，同时将控制指令下发给集成融合终端，具有独立、分散的决策、控制功能，适用于多类型负荷响应资源的协调接入。集成融合终端作为协调大量中小规模可调负荷资源和电网控制中心的中间机构，在负荷调控中发挥着重要作用。

负荷调控系统对外只表现出负荷群的综合外特性，如负荷群整体的可调度容量、调节速率、响应时间等，而对内则协调负荷群内部的响应资源，做出针对某一优化目标的最优决策，并向用户发送调度或控制指令。

省调控制区对 AGC 系统的改造，在现有 AGC 系统的基础上，增加了负荷调控指令模块，这是负荷调控的关键。如图 15.7 所示，图中 D_{GEi} 为系统内发电机组、风电场的实时出力，该指令由现有 AGC 模块下发；I_{GEi} 为 AGC 系统改造后的负荷调控模块对地调控制区下发的指令，地调控制区收到该指令后，结合区域内的小电源调节需求，将调节指令下发到配网控制区，配网控制区收到该指令后，根据某一优化目标将指令分解为 $F(\text{IPd},i)$ 并下发给集成融合终端；I_{Pdi} 为该集成融合终端下各负荷终端的控制指令。

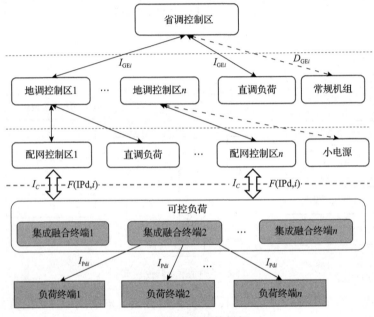

图 15.7　负荷调控框架

电源侧和负荷侧均可作为可调度的资源，二者通过现有的 AGC 指令与负荷调控指令形成互动。负荷侧的储能、电动汽车、工业大用户、居民负荷等可控负荷均可作为需求侧资源参与电网的供需平衡。通过有效的协调机制，负荷调控能够成为平抑新能源功率波动的重要手段。

15.4.3　功率分配策略

1. APC 与 AGC 的协调策略

现有的 AGC 结合常规电源和负荷受控信息进行 ACE 调整功率的分解，并将常规机组承担部分分配到机组，自动负荷控制（APC）模块接收 AGC 分解后的调整功率，分配到集成融合终端。

AGC 与 APC 软件的信息进行实时交互，如图 15.8 所示，AGC 可通过从 APC 实时获取的可控负荷的可调节量、调节速率等信息，从而更加有效地对常规机组进行控制，避免 AGC 不必要的调节对区域造成过调；APC 可以从 AGC 系统实时获取区域调节需求、区域性能指标、常规机组快速调节备用等数据，当常规机组的快速调节备用不足或区域出现紧急情况时，APC 可迅速提供调节支援，使电网尽快恢复正常。

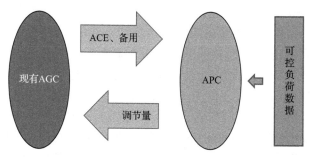

图 15.8 AGC 与 APC 的互动

该方式可实现协调电源与可控负荷对电网的调频控制，实现各机组出力的优化，保证电网在安全的前提下实现最大能力接纳风电，提高电网运行的经济性。APC 模块与 AGC 模块之间的信息是双向实时交互，APC 在下发指令前可将可控负荷总的调节量和对电网产生的功率波动信息传递给 AGC 模块，在对常规机组进行调节时，可充分考虑电网可控负荷功率的变化量，减少常规机组对电网调节的滞后性，从而提高电网运行的安全性和经济性。

协调控制策略上也可以对各类调节资源进行优先级设置，优先调节水电或调节性能优异的负荷资源，快速平抑包括风电波动在内的有功扰动；再将水电或调节性能优异的负荷资源的电量部分转移到慢速调节机组中，确保快速调节机组具备有效调节容量，每发生一次风电较大范围的波动，就会完成一次转换，从而提升清洁能源的消纳能力。

2. 负荷群与新能源间的协同策略

在给定的新能源消纳任务下，研究负荷群的调控策略，需要考虑负荷群消纳新能源的能力和用户对温度的满意度，基于此作为负荷群调控的优化目标进而求解得到负荷群的最优调控控制量，其目标函数如下：

$$\min J = \sum \left(Q_1 \| x_c(t) - r_f \|^2 + Q_2 \| y(t) - y_f(t) \|^2 \right) \tag{15.21}$$

式中，x_f 为负荷群当前负荷值；$x_c(t)$ 为负荷调节目标值；$y_f(t)$ 为 t 时刻的新能源消纳任务，且需满足 $y(t) < y_f(t)$；Q_1 与 Q_2 为用户满意度和新能源消纳的权重，且 $Q_1 + Q_2 = 1$。

为充分考虑新能源消纳情况，可以对权重系数进行变值设置，根据 Q_1 与 Q_2 的不同计算相应的调控策略，即 Q_1 与 Q_2 的权重分配可以根据当前所感知的负荷群状态不断更新计算：

$$Q_2 = Q_2 + Q_1 \times \lambda \tag{15.22}$$

式中，λ 为弃风率。

负荷群与新能源协同策略由式(15.22)可知，当弃风率为 100% 时，$Q_1 = 0$，用户的满意度变得不重要；当弃风率为 0% 时(新能源消纳水平很高)，$Q_2 = 0$，目标函数主要考虑的是用户满意度。为保证用户的满意度要求，用户满意度权重 Q_1 要保证始终在合理范围内，不能为提高新能源消纳而不顾用户的满意度。

在 Q_1 与 Q_2 的动态计算过程中，每一个周期确定负荷群的优化控制目标，并计算负荷群的调控结果，按照此时的调控方式执行下去以后，重新评估新能源的消纳利用率。如果新能源的利用率较低，为进一步提高新能源的消纳能力，可适当提高 Q_2 的权重，动态地改变 Q_1 与 Q_2 的权重分配值。因此，权重参数 Q_1 与 Q_2 随着不断感知的负荷群状态和新能源消纳水平而相应地调整，每个负荷调控过程结束以后都重新评估新能源的利用率情况，在保证电力用户满意的情况下，最大限度地提升区域内新能源消纳水平。

3. 负荷群间的协同策略

APC 模块在对负荷资源进行调节控制时，首先需要获取当前控制区域内部总的负荷可调节能力。在得到控制区内总的负荷可调节能力之后，将负荷可调节能力与负荷实际值之差作为控制偏差，将偏差作为调节量按照给定的负荷功率分配策略分配到各个集成融合终端，在各个集成融合终端的实际出力上叠加分配到的调节量作为目标出力，再将目标出力下发至各个集成融合终端。

总体而言，负荷集群调控的共性目标为最大化地匹配调节任务，即调控后负荷运行与目标之间的差量最小，即

$$\min \left| x_c(t) - \sum_i x_c^i(t) \right|^2 \tag{15.23}$$

式中，$x_c(t)$ 为 t 时刻目标功率；$x_c^i(t)$ 为 t 时刻第 i 个负荷群调控后的功率。

APC 在进行可控负荷的功率调节量分配时，支持多原则分配策略：

(1)按调节速率分配。按照可控负荷的调节速率进行分配，调节速率快则多分，调节速率慢则少分，能够以最快方式减小给定的功率限值。

(2)按可调节容量分配。按照可控负荷的可调节容量进行分配，可调节容量大的多分，可调节容量小的少分。

(3)按预测值比例分配。依据前几周期的负荷数据计算其预测值，对所需分配

的各可控负荷按照其预测值比例进行分配。

（4）按给定策略分配。综合各种因素后人工设定的可控负荷权重系数，各可控负荷按照其权重系数比例进行分配。

基于前述负荷群调节性能的评估方法，动态地根据各时刻的评估结果、负荷本身特性及目标需求，制定负荷群之间的协同交互机制。

负荷群间协同机制实现流程如图 15.9 所示。首先，根据各负荷群当前所评估的动态可调控能力上下限的中心点，作为初始分配的基准依据，按比例将调控需求分配到各负荷群；其次，计算所分配的调控任务量是否是负荷群可响应的合理范围 M，若其分配结果超出了负荷群理想用能需求约束的可调范围边界，则意味着需要一定程度上牺牲用户的部分用能体验或增加部分非必要能量损耗，需要将差量在负荷群间进行再分配，再分配过程中，由于这部分任务是超出平均能力的超额部分，在充分考虑负荷特征的情况下，应优先选择舒适区间较大，即选择温度区间、可调时间等方面灵活性较高的对象。

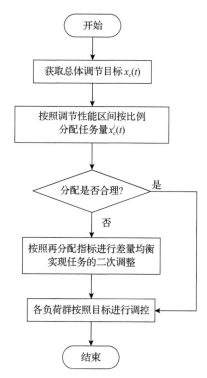

图 15.9　负荷群间协同机制实现流程

15.5　本章小结

本章讨论了低压负荷消纳清洁能源调控策略，首先从区域控制、机组控制等方面介绍了常规机组 AGC 控制策略；其次从断面控制、风电场控制等方面详细阐述了新能源 AGC 的控制策略；最后讨论了面向新能源消纳的负荷控制策略，将负荷群的状态实时感知后的变值权重调整策略通过不断地迭代优化，计算出负荷调控目标值，并介绍了负荷群之间完成调控任务的过程。

第16章 系统整体架构设计

16.1 国内外研究现状

对用电负荷进行控制和管理是近年来工业化国家提出的一项减少能源消费、节约基建投资的措施。由于大量电力设备用电时间集中，电力部分必须备有足够的发电设备，以满足短时间内高峰用电的需求。

随着特高压直流工程在我国的投产运行，整个电力系统的网络架构有了明显的增强，若特高压工程受到自然灾害等因素的影响，将会造成严重电网事故，为了能够最大限度地保证电网安全性，我国在自主研发的 D5000 系统中增加了负荷批量控制功能。负荷批量控制就是指在智能电网调度控制系统中预先设定与限电负荷相关的多个断路器，在事故异常等情况下批量执行拉路限电，实现快速控制负荷限额目标的功能，该技术可根据调度要求选取不同厂站、不同电压等级的供电线路，通过一键执行，在短时间内快速切除几百条甚至上千条负荷开关，具有拉路速度快、影响范围小的优点。负荷批量控制具有智能选线方面的功能，其可以根据优先级、负荷情况、区域范围等采取不同的选线策略，能够对无法满足标准的断路器(如挂牌闭锁、遥控闭锁、保电等)进行自动屏蔽，可以将负荷控制作为目标值，按照相应控制策略和过滤条件实时自动选线，能够得到在控制负荷目标值之上的断路器序列。在完成对应选线后可以进行遥控操作，能够通过负荷批量控制系统界面获取需要控制的信号点信息，同时能够对实时控制功能进行查看。通过对控制范围、智能选线策略、线路是否满足控制要求等进行分析，能够在一定程度上提升调控系统对负荷控制的准确度及时效性。

国外电力系统 10% 的发电容量只在 5% 的时间内发挥作用，一些国家电力系统总负荷的峰谷差达最高负荷的 50%。由于电能目前不能大量存储，电力系统中发电设备的总容量需根据最高用电负荷确定。以前各国仅是扩大电力生产和调节发电厂出力，使得发电适应用电，而现在则提出要对用电负荷进行控制和管理，改善整个负荷曲线，使电力消费在一定程度上适应已有的发电能力，从而更好地发挥现有发电设备的作用，节约能源和投资。国外一般采取两方面措施：一方面，制定了各种用电计费方法，促使用户在一天、一周、一月至一年内尽量平均地用电，减小用户的最大需要，如采用分时电价，对不同的用电时间规定不同的电价，促使用户在高峰时少用电；另一方面，最大需量电价按用户的最大需量值核收固定电费，促使用户将所装各种设备的用电时间尽量错开，以降低本身的最大需量值。这些都是对负荷间接进行管理的办法。另外，采用控制技术对一些负荷进行直接管理，除已经普遍进行了控制的公共基础设施外，各国都研究扩大负荷控制的范围，如联邦德国将室内取暖改用电器蓄热设备，在夜间加热后可供给全天调节温度所需的热量；在工业用电设备方面，可控的负荷很多，如加热炉、空气压缩机、搅拌机、供排水电泵等，这些设备可在高峰用电时暂停，或者完全移至夜间用电。为了控制用户的最大需量，国外采用最大需量监控器，能连续地对实际电能消费和预定指标进行比较，测量周期一般为 15～30min，如在此时间内用电量超过指标，就发出警报，分批切除部分负荷。有一些最大需量监控器还可将实际用电曲线随时和计划用电曲线进行比较，当超过计划用电曲线时，就逐步切除部分负荷，但可以保证在测量周期结束时的实际用电量等于计划用电量。

负荷调控就是使电力负荷能够被均衡使用，保证电力负荷的曲线平坦，从而实现电网系统的安全、稳定、经济运行，提高电力企业的投资效益，从技术角度分析电力负荷调控系统，其实质就是一个范围广、规模大的对电力系统进行监控的系统。

在我国，电力负荷调控系统的特点是拥有大量的系统远程监控终端，这些终端分布在电网系统的各个位置，完成对电网信息的采集和传输。电力负荷调控系统终端需要处理的实时信息量较少，对实时性的要求也不高，但是其采集的电能数据是第一手数据，对电力系统的后续管理来说至关重要，因此要求其可靠性和安全性高。负荷控制系统能够明确分析电力用户的相关用电数据，并在整个电力电网系统中实现全面覆盖，而且自动化水平高，维修成本也比较低。相关调查表明，将电力负荷控制系统应用到电网中，能够对用户的用电数据进行全面采集，工作效率非常高，在我国电力企业发展中极具推广价值。

在国外，目前有几种不同类型的负荷控制系统，其中技术比较成熟、采用最广的是 2000Hz 以下的音频脉动控制系统（简称音频控制系统），通过使用音频将脉冲指令进行调制，通过配电网络将指令传送到用户处，用户的接收器按所接收的指令对用电设备进行操作，音频控制与传统的远动系统比较，传送信号的频率比较低，信号功率比较大，可以利用配电网将控制信号送到广大地区的许多用户处。此外，英国国家电网公司研制了一种对电网工频电压调制的负荷控制系统，其发生信号的方法是在 50Hz 的电压周波中选取一些周波使之短时间接地，产生电压畸变，然后利用这些畸变进行编码。这种系统不需要音频控制系统中的容量甚大的注入变压器，所需的发射机功率较小，因此体积也较小。电压的畸变量可以控制在足够小的范围内，使对居民的照明及电视接收等不产生可觉察到的影响。还有一类负荷控制系统是用几千赫兹到几万赫兹高频调制的双向通信系统，整个控制系统包括小型计算机、变电所控制单元、转发器及辅助操作单元。小型计算机设在调度中心，用于发送指令及接收各变电所发来的信息。控制单元设在变电所，作为向上、下两个方向转发信息的中继站。6kHz 左右的载频信号由控制器产生。转发器设在用户处，对上与变电所控制器相联系，接收其指令或发送用电设备的地址、电表读数及设备状态等；对下转发操作指令或其他指令。辅助操作单元根据转发器收到的命令投切用户的电气设备。该系统除了投切用户的电气设备外，还能解决多年来因费用太高而没有进展的自动抄表问题，同时对配电系统本身的电气设备，如线路开关、无功补偿电容器等也要实现集中控制。

当前的负荷控制系统，对各类型的数据，如 220kV 高压线路、10kV 低压线路、用户等电网模型无法进行全网拼接；对电网各大类的数据没有优化的数据处理技术，导致数据处理性能无法满足当今电网动态实时调控的需求；现有的国内外负荷控制系统架构只能做到根据负荷的使用情况执行拉路，而不能实现调控，即无法做到根据全网的负荷供需关系，一边对发电能源进行调控，一边对用户侧负荷进行调控，使得整体的供需关系达到最优。在系统架构和负荷控制方面，还存在以下问题：

(1)用户采集系统侧的负荷控制功能多年未实际应用，存在设备老旧、未调试、长期未投运、接线不清晰、压板未投入等问题，需要逐户摸底排查用户控制负荷情况，其中用户控制开关摸排和改造工作量较大；

(2)专变"三遥"终端覆盖率低，用户分界开关装设"三遥"配电自动化终端的比例较低，且大多通过无线公网接入，遥控成功率不高；

(3)负荷精准控制协同机制有待建立和完善，目前用户采集系统侧有序用电以及调度端拉变电站开关的负荷控制方式流程相对单一；

(4)目前负荷控制全流程中，上下级调度机构限电信息流还未打通，限电指令下达、执行以及执行后汇报等各环节缺乏闭环处理，人工参与情形较多，无法避免误传误操作带来的风险；

(5)当前负荷批量控制的控制序列都通过人工在工作站点进行导入，手动维护和管理，因此无法避免人工误操作带来的风险，并且数据通过各个地调上传至省调，即数据缺乏统一的维护和管理；

(6)控制的对象是高压线路出口，如 220kV、10kV 馈线出口，此类线路下挂的是成批的用户终端，一旦拉荷，将造成大量的用户断电，带来各种安全隐患；

(7)主网和其他系统、其他系统和前置、前置和终端的交互方式不统一，造成各种类型的数据在平台上处理起来具有一定困难，电力系统的数据量是海量的，尤其是各种时序数据、采集到的遥测和遥信数据，交互方式不统一，数据分类处理的难度呈指数级增长；

(8)负荷控制的过程和结果记录目前统一在主网入库维护，被控制的对象，如工业用电用户、商业用电用户、居民用户等，都无法了解负荷被控制的意图和结果明细，即没有类似 APP 等的手段，向用户展示负荷控制的明细信息，在不能提前通知用户的前提下对用户进行限电容易造成舆情。

综上所述，当前的系统架构在现有的负荷控制功能上无法统一实现各个系统的线路模型数据的维护，也没有实现各个系统的数据共享，更没有对负荷线路进行能效优化；同时，对负荷的控制不具备针对性，控制的成功率较低等问题层出不穷，需要更智能化的技术对现有的负荷控制架构进行优化，以提升清洁能源整体的消纳水平。

16.2　系统架构以及核心功能

16.2.1　负荷调控系统架构

在现有的负荷批量控制系统架构上进行改进，设计了如图 16.1 所示的提升清洁能源消纳水平的负荷调控系统。其中，配网自动化系统、调度自动化系统、负荷智能调控软件运行在 I 区，用户采集系统运行在 III 区，集成融合终端、智能开关运行在 IV 区。I 区系统之间、I 区和 III 区系统之间通过 E 格式文本交互，作为一种新型高效的电力系统数据标记语言，E 语言将电力系统传统的面向关系的数据描述方式与面向对象的 CIM 相结合，基于少量标记符号和描述语法的定义，E 语言能间接、高效地描述电力系统各种简单和复杂数据模型，并且数据量越大效率越高。主网系统和集成融合终端之间、用户采集系统与集成融合终端之间通过 698.45 协议交互，集成融合终端与用户信息采集控制终端通过子载波通信（业务层封装 645 协议报文）。

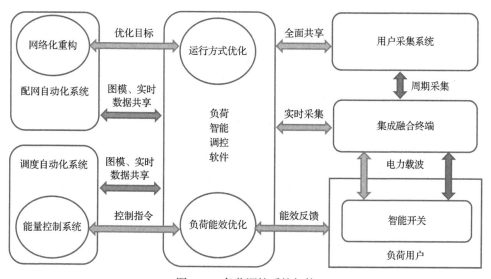

图 16.1　负荷调控系统架构

负荷调控系统在负荷调控过程中起着"全网统筹、协同控制"的领导指挥作用，运行在主网侧。通过技术升级、管理升级，纵向上实现省调、地调贯通，在系统间实现调、配、用、采的系统间贯通，功能上实现数据的共用共享，拓展电网调节资源，有序用电信息，汇聚各地电力营销、调度部门建设的系统，从而获取精准可切负荷的模型、数据，将其纳入电网常规调控范畴，实现可调节负荷在调度端互联感知，通过改造二次系统，实现控制对象可观、可控。负荷调控系统具备两大核心能力，即最优运行方式计算及负荷能效优化计算。前者是针对配网的供需关系，调整全网的拓扑结构，使得用户侧用能效率最高，网损最低；后者则是针对负荷控制策略的计算，通过建立用户能效模型，研究各类用户的用能规律，通过负荷调控技术，动态调整用户用能，精确实现对用户侧的负荷调控功能，包括对用户侧的开关执行拉闸或者恢复供电，最大限度地提升清洁能源消纳水平以及用户的用能效率。

主网调度系统接入了火电、核电、水电、集中式风电、光伏等各类型能源数据，将所有能源统一整合，计算出所有能利用的电源信息。同时，利用 AGC 系统调节不同发电厂的多个发电机有功输出以响应负荷的变化。主网自身也具备所有的高压线路模型，如 220kV、10kV 及以上线路模型等。同时，主网通过负荷调控系统接入配网、用户模型数据，将主/配网、用户模型数据进行融合，结合可利用的电源信息、主网负荷历史曲线，做最优化供电计算，能够得到各个地区的负荷控制资源池。主网根据整体的供需关系，决策是否向各个地区下发负荷控制指令，指令包含各个地区的负荷控制目标。

配网调度系统接入了分布式光伏/光电信息、储能等电源信息，在配网调度系统中，对这些电源信息进行整合计算，最后得到可利用的所有可控电源信息。配网调度系统自身也具备 10kV 线路模型，以及变压器台区(变压器供电范围内的变压器、低压线路及用电设备等，简称变台)模型。同时，配网调度系统从负荷调控系统同步全网的用户模型数据，通过各类信息进行融合，能够得到配网整体的拓扑结构模型。配网调度系统将正在运行的网络拓扑模型同步给负荷调控系统，负荷调控系统根据数据中心的整体模型数据以及配网的运行方式，基于能效利用最大化、网损最低、安全性等原则，通过算法计算出最优的配网运行拓扑模型，将最优的配网运行拓扑同步给配网调度系统，配网调度系统收到最优运行方式后，结合自身的拓扑情况，分析和决策是否将现运行的拓扑网络替换成最优的配网运行拓扑。

集成融合终端融合了多个 APP 功能，能够支持各种协议类型，可以与主站交互，也可以同负荷控制终端进行交互。一方面，将用户用电信息周期上送至用户采集系统，同时将用户信息实时同步至负荷调控系统；另一方面，接收负荷调控系统下发的负荷控制指令，分析指令内容，通过载波模块实现对用户负荷的直接控制，同时将负荷用户侧的控制结果回传至负荷调控系统并上送云端，进行能效反馈以及 Web 端的展示。

用户采集系统周期性采集集成融合终端收集到的用户用电信息，同步给主网，同时和主网实现数据共享。

用户信息采集控制终端(智能开关)融合了断路器以及智能电表的功能，同时添加了载波通信功能，可以采集用户的用电信息，通过载波通信上报至集成融合终端，也可以直接控制用户侧的负荷，实现拉路操作，控制结果也通过载波通信上报至集成融合终端。

16.2.2　动态调整配网运行方式

主网侧具备用户用电信息和模型数据，同时具备配网侧实时的运行方式。结合各类型用户的用能规律，并通过后台实时分析整个配网的供需关系，主网动态调节配网的拓扑运行方式，包含对 10kV 低压侧的馈线开关进行动态切换，通过切换线路，能够提升用户侧的用能效率，提升能源消纳水平。整体的配网运行方式调整如图 16.2 所示。

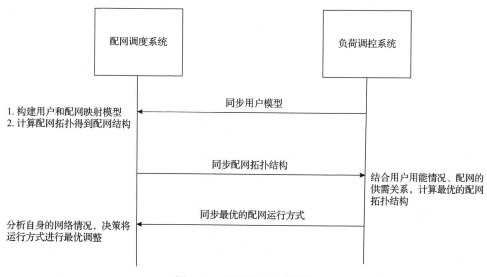

图 16.2　配网运行方式调整

16.2.3　负荷能效优化计算

负荷能效优化模块，是结合其他系统同步的地区模型、用户模型、配网模型数据，通过最优的迭代算法，能够计算出精准的、面向用户的负荷控制序列集合，最大限度地提升用户侧能效利用率。同时，能够将控制情况反馈给用户，让用户了解到经过负荷调控之后能效利用率的提升。整体的控制流程：主网调度系统计算出各地区可控负荷容量，在各个地区进行等比例分配，给各个地区下发负荷控制指令，负荷调控系统收到控制指令后，根据负荷能效优化计算得到的负荷控制序列集合，筛选出面向用户的待控制序列，然后通过负荷控制终端，直接控制用户侧开关，完成整个控制过程。其中，在给负荷控制终端下发控制指令时，下发的控制内容通常是一个控制计划，这里包括紧急状态下的实时计划、一段时间内的曲线计划（预先计算出的一个控制方案，如 15min 96 个点的曲线控制情况，根据曲线走向进行负荷控制）。在执行完控制之后，将结果通过集成融合终端上报至负荷调控系统进行结果汇总，通过 APP 的方式，将负荷能效控制情况反馈给用户侧。

16.3　分级分区协同负荷调控技术

16.3.1　分级分区协同控制整体流程

1. 负荷控制过程

基于负荷侧资源离散聚合的接入特点，深入研究省调、地调对负荷侧资源的调控技术，构建分层-分区多级协同调控架构，使得实时数据与调度指令能够在省调侧-地调侧-负荷侧快速传递。

负荷调控系统收到控制指令时，分析指令的控制范围与控制目标，从负荷控制序位资源池中，通过智能选线，选出满足目标的序位集合，封装进控制指令中，下发至集成融合终端，最后由集成融合终端下发至用户负荷侧，实现对用户负荷的控制操作。其中，下发给负荷控制终端的可能是一个实时控制计划，也可能是一段时间内的控制计划，结合具体的场景分析，前者实时性强，通常用于紧急情况下的负荷控制，后者实时性较弱，实现的是一段时间内的能效控制。整体的负荷控制过程如图 16.3 所示。

下行层面由上层应用形成并发起处置策略，将调控指令通过消息发送至后置服务器，后置服务器部署规约，实现调控指令直接穿透正向物理隔离到多元负荷控制终端，形成直控点对点模式。上行层面多元负荷控制终端实时获取调节结果后，形成标准化文件，落地到前置服务器，自动实时扫描，经反向物理隔离，再反送至生产控制大区。借助调控指令的单向点对点直通传输结构，利用多元负荷控制终端内部通信模块的规约适应性，彻底消除跨安全区的控制指令下发时效性的瓶颈，真正实现源网荷储负荷调控直控模式，可以有效支撑调频应用场景的需求。

省调侧向不同地调下发限电指令，下发到地调的指令中需要包含需要限电类

型、限荷目标信息以及具体的序位信息。结合广域传输平台特点，向不同的地调
传输文件时需要不同的任务，所以使用地调名称作为任务名称，通过任务名称匹
配到广域平台配置的任务，达到自动识别执行任务的目的，如图 16.4 所示。

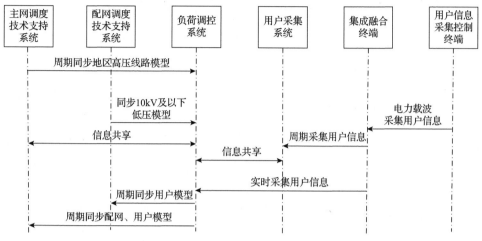

图 16.3　负荷控制过程

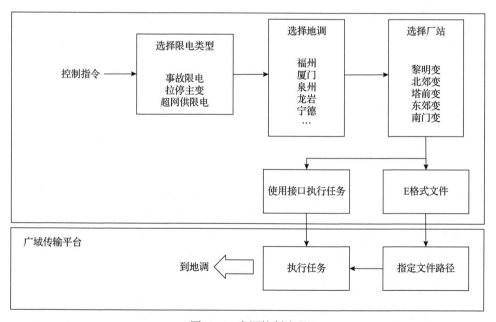

图 16.4　省调控制流程

地调侧主要是接受省调下发的指令文件，通过解析指令文件内容，来指定限
电序位卡片。在限电完成后，再通过数据传输平台将限电结果上送到省调，并将

限电详细结果做成文件，传输到三区，如图 16.5 所示。

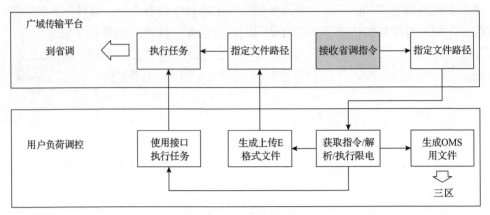

图 16.5　地调控制流程

2. 根据控制目标计算面向用户的负荷控制序列

通过多类型数据的融合处理，主网侧具备从高压至低压，一直到用户侧的全网线路模型，可以根据此数据实现对用户侧的负荷控制。

地区的负荷控制指令内部，会包含控制目标及线路类型。根据目标并结合用户的用电模型，负荷能效优化模块通过算法能够计算出精准的、面向用户的负荷控制序列集合，将控制序列封装并下发至集成融合终端的指令中。

负荷控制序列能够最大限度地提升用户侧能效利用率。整个控制过程高效、精准，且对整体电网的影响最小。主网后台决策需要进行负荷调控时，通过下发控制指令，实现对负荷的精确控制，下发的指令中会明确具体的控制序列集合。

3. 用户负荷能效反馈

负荷调控系统接收来自集成融合终端同步的控制结果(控制成功还是失败、控制的耗时等)进行分析，包括控制前、控制后的能效利用对比分析，各个线路负荷容量情况分析，整体汇总并上传至云端及 APP 端，从而让各个被控的用户了解整体的能效控制效果。

16.3.2　分级分区负荷调控技术

要实现可调负荷参与电网调频，达到与传统水电、火电机组相似的调频能力，必须构建高效、实时的技术支撑系统，使可调负荷在短时间尺度内做到快速、精确的功率调节，以秒级对电力系统的频率变化做出快速响应。因此，为满足可调负荷参与电网调频的需求，负荷调控需要先进的技术支撑。

1. 分级分区多类型模型融合技术

可调负荷资源一般分布于电网末端配网侧，具有电压等级低、单体容量小、点多面广等特点，这些分散的单体负荷资源必须通过聚合达到一定电力规模后方能参与电网调频。

负荷模型交互按照"源端维护，多级共享"的原则，由多元负荷聚合能源控制器发起，以文件形式按标准化格式动态上送至省调系统，实现自动解析和就地存储，保证负荷调控系统负荷模型的感知和解析入库。

为了解决不同系统间多类型数据问题，设计了模型融合技术，如图 16.6 所示。将用户的用电信息同步至负荷调控系统，负荷调控系统将用户模型同步至配网，配网侧建立用户和配网的映射模型，最终再次由主网同步至调度系统，进一步和地区高压线路模型融合，形成自上而下的全网拼接模型，对用户负荷调控系统进行最优能效优化使用。

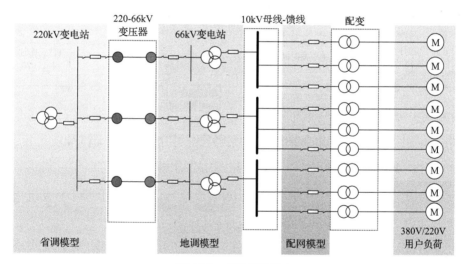

图 16.6　多级模型融合

2. 建立跨区多系统信息接口规范

为达到秒级响应能力，应借鉴传统调节资源参与电网调频的思路，依托先进的信息通信技术，按照"直采直控"原则，实现可调负荷的实时感知和高效调控，建立主网各系统之间统一的交互规范。统一的 E 文本处理技术使得大量数据能够在同一维度入库，避免了不必要的数据格式转换问题。

实时数据采集上行交互首先由省级系统负责采集本地区负荷信息，并通过规约实时转发至负荷调控系统，实现分省两级负荷实时信息共享。实时调节指令下行交互可由分中心系统根据电网调频需求，通过规约将功率调节量及方向下发至省调系统，再由省调系统通过直控模式传递至负荷终端层，实现对负荷的快速控制。同时，省调系统也可根据自身调频需求，下发控制指令至负荷终端层。由集成融合终端控制用户侧负荷，避免了主网通过用户采集系统间接控制用户存在的控制成功率低、用户控制开关摸排和改造工作量大等问题。

3. 硬隔离软加密时标文本信息快速传输方法

可调负荷资源大多不具备电力调度数据网方式的接入条件，需要通过互联网与调度端进行数据通信，应设置合理的物理隔离区来阻隔来自终端采集控制网络的安全风险，确保与调度接入网络的安全互联和数据交互。同时，要通过硬加密，如加密卡或纵向加密认证装置等方式，满足信息系统安全防护等级要求。

通过构建加密的时标文本，确保信息发送端和接收端保持报文切片的同步和对齐，进而保障了参与电网调节的负荷数据处于同一时间断面。如图 16.7 所示，通过帧同步，能够加快信息处理速度，减少端口的流量拥塞问题。

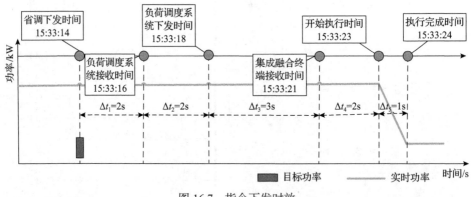

图 16.7　指令下发时效

4. 安全区采集技术

安全区采集数据用于弥补不具备调度数据网和综合信息网络的所有类别的厂站、设备、储能站、分布式光伏、分布式小水电等有数据接入需求的站端。如图 16.8 所示，在生产控制大区外建立安全接入区，部署正反向物理隔离，直接经纵向加密认证装置、电信网络和多元负荷控制终端建立通信。通过安全接入区可以将站端或移动设备的信息实时采集，支持通过安全接入区将数据转发或同步到指定的区域和系统。

安全区与集成融合终端建立 TCP 连接，支持 104 规约，以带时标文件的形式，将采集数据传输至安全 I 区、III 区或其他系统，同时可以将安全 I 区、III 区的数据通过安全区转发至其他地区或系统。

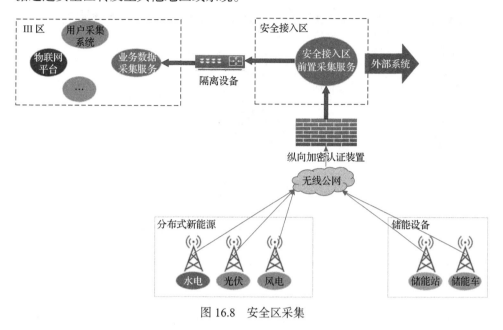

图 16.8　安全区采集

16.4　多态数据分布并行处理技术

16.4.1　分布式数据处理技术

为满足海量实时数据处理的需求，达到系统实时优化调节的要求，必须尽量缩短数据处理时间，提高响应效率。如果处理速度不够，会有大量数据堆积，造成系统拥塞或停滞。因此，采用基于分布式实时数据库的分布式数据处理架构，提高数据处理的效率，该架构具备遥信/遥测处理、模型处理、计算功能。根据负荷调控系统的特点，将数据按照区域进行分区处理。

如图 16.9 所示，分布式并行处理技术采用"物理分布、逻辑统一"的架构，提供统一访问接口，一体化透明访问集群数据；同时支持分布式数据集群按需扩展和数据多冗余机制，使其具有高数据吞吐能力，且具备高可用性；采用关系模型组织数据，并按照区域将数据表横向拆分成多个数据分片，分布存储在多个数据存储节点上；提供数据备份功能，通过操作日志同步方式实现数据冗余机制，其工作原理是当对实时数据库中数据进行更新/插入/删除时，将操作记录保存到操作日志中，通过数据复制服务将操作日志内记录推送至备份节点，备份节点将操作记录更新/插入/删除数据库，从而实现数据冗余和一致性。

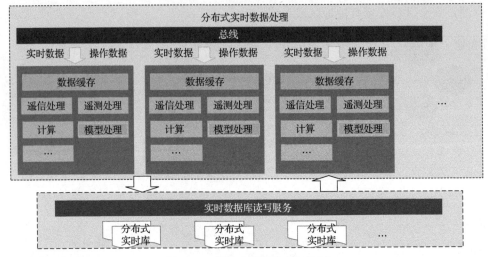

图 16.9　分布式并行处理架构图

16.4.2　分布式数据存储技术

数据的存储方式至关重要，对数据的存储、修改、查询等操作效率有着直接的影响。在大数据的情况下，数据量非常庞大，系统将数据分区域进行存储处理，将需要经常读取的数据集中存储在一起(物理上放在位置比较靠近的地方)，这样，磁盘在实际存取时就能通过少量的输入/输出次数把数据读取出来。此时，不论处理范围有多大，均能够获得非常高的读取效率。在深入研究 Hbase 存储机制的前提下，针对量测数据应用时的断面访问和批量访问特点设计了高效的存储模型。

表名规则：数据按月分表，每月一张表，如 LN_101_202203 表示某用户采集系统 2022 年 3 月的数据。

某一时刻同一变电站覆盖的所有设备数据逻辑上将在同一行，并且物理上存储在磁盘同一位置。由于 Hbase 天生擅长列式存储，大规模的列不会对访问性能造成影响，并且行存储上是稀疏的，同一行上没有值的单元不会占用存储空间。通过这样的设计，当发生断面查询时，能够很快查出某时刻指定变电站覆盖区域的所有设备断面示值，如图 16.10 所示。

16.4.3　数据质量控制技术

数据质量控制是指对数据的分析、监控、评估和改进过程进行管理，以提高数据的准确性和可靠性。其目的是确保数据质量符合业务需求，为企业的决策提供更加准确的数据支持。负荷调控系统中的实时数据采集模块增加了数据质量检查功能，根据数据采集要求，对采集到的数据自动进行质量检查，记录检查结果，若有未达标的采集数据，则更新采集任务状态，进行数据补采，以提升数据

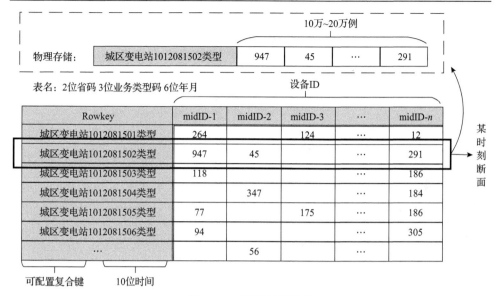

图 16.10　数据存储形式

采集质量；完善控制任务执行功能，增加按任务优先级别调度控制任务功能，记录任务执行结果，及时通知上层业务应用，提高负荷调控系统对负荷控制指令的执行能力。

16.5　本　章　小　结

本章讨论了负荷调控技术，首先基于用电采集系统，最大范围地覆盖负荷终端，并基于调度支持系统实现快速准确的数据采集与指令下发。其次，结合用户的耗能情况，调控发电设备的能源产出，同时结合供需关系，精准实现面向用户的负荷调控，提升用户侧的用能效率，精确控制到用户的用电设备、用电时段等。此外，本章提出了可调负荷参与多级电网实时调控的系统架构和关键技术，介绍了多元负荷调控终端功能、海量负荷分层分区聚合接入和灵活控制方式、多元负荷调控终端高效穿透隔离装置数据传输技术等，为提升可调负荷与电网实时互动效率提供了可靠的技术支撑。